全球和区域生态退化分析与治理技术需求评估

甄 霖 胡云锋 闫慧敏 等 著

本书由以下项目资助

国家重点研发计划项目

"生态技术评价方法、指标体系及全球
生态治理技术评价"（2016YFC0503700）

科 学 出 版 社

北 京

内 容 简 介

本书系统介绍典型生态退化问题识别及其研究热点监测和大数据制图方法，全面阐述耦合生态退化演变过程与生态技术作用机理的生态技术需求可行性评价方法框架。在此基础上，对全球与中国生态退化区和研究热点区的时空分布格局及演变，典型生态退化过程的阶段特征、演变规律和驱动机制等展开深入研究。选取国内外典型水土流失区、荒漠化区和石漠化区，对生态退化与治理技术需求进行系统评估，形成涵盖典型区退化问题、治理技术及其效果、技术需求和技术推介的"一区一表"，以期为筛选和配置具有地域针对性、退化问题针对性、驱动机制针对性的生态技术提供依据，并推动生态技术研发和应用的理论与方法创新。

本书可供从事生态恢复和治理、生态系统管理等相关领域的科研人员、政府管理部门、企业和实践应用机构，以及恢复生态学、自然资源学、生态学和遥感与地理信息系统等专业的本科生和研究生参考阅读。

审图号：GS（2020）2660 号

图书在版编目（CIP）数据

全球和区域生态退化分析与治理技术需求评估 / 甄霖等著. —北京：科学出版社，2020.6
ISBN 978-7-03-065560-8

Ⅰ. ①全… Ⅱ. 甄… Ⅲ. ①生态环境–退化–分析 ②生态环境–环境治理–环境生态评价 Ⅳ. ①X171.1

中国版本图书馆 CIP 数据核字（2020）第 105316 号

责任编辑：周 杰 王勤勤 / 责任校对：樊雅琼
责任印制：吴兆东 / 封面设计：无极书装

科学出版社 出版
北京东黄城根北街 16 号
邮政编码：100717
http://www.sciencep.com

北京建宏印刷有限公司 印刷
科学出版社发行 各地新华书店经销

*

2020 年 6 月第 一 版 开本：787×1092 1/16
2020 年 6 月第一次印刷 印张：15 3/4
字数：400 000

定价：198.00 元
（如有印装质量问题，我社负责调换）

序

  长期以来，由于受不合理的人类开发利用活动与不利的气候变化共同影响，全球生态系统退化严重。水土流失、荒漠化以及石漠化，是中国乃至全球范围内分布最广泛、最典型、后果最严重的三种生态退化过程。

  在中国，"九曲黄河万里沙"，古来闻名。黄土高原天然植被稀少、土壤疏松，历史时期就有着长期的农业开垦活动。到 20 世纪 80 年代，黄土高原的梁峁和塬面土地几乎全部被开垦，沟谷的部分坡地也被利用。在夏季暴雨作用下，坡面水土流失严重，土壤天然养分丧失，地表沟壑纵横。黄土高原通过黄河向中下游地区输送大量泥沙，因此形成的"悬河"进一步威胁到下游地区的安全。在内蒙古草原，古有"天苍苍，野茫茫，风吹草低见牛羊"的民谣。但 20 世纪后半期以来，气候暖干化，加之草地放牧强度加大和开垦范围扩大，导致严重的"草原三化"，即草地退化、沙化和盐渍化。过度放牧与滥垦造成的土地荒漠化在内蒙古草原地区的蔓延和加剧。在中国西南喀斯特岩溶地区，由于岩层漏水性强、储水能力低，开荒破坏地表植被后土壤极易流失渗漏，形成地表石灰岩裸露，生态系统生产力丧失。加之地下岩溶发育，干旱频繁发生。喀斯特地区不合理的土地开发利用带来的石漠化后果，造成"山穷、水枯、林衰、土瘦"，给西南地区人们的生存亮起了红灯。

  上述在中国发生的生态系统退化现象，在全球范围内同样普遍存在。亚洲西部的小亚细亚半岛，南亚次大陆的德干高原，欧洲的巴尔干半岛、伊比利亚半岛以及中欧平原，非洲的南撒哈拉地区，北美的阿巴拉契亚山脉，南美的安第斯山脉等地区，都是水土流失的重灾区。20 世纪 30 年代，"北美黑风暴"肆虐美国和加拿大西部草原。所经之处，溪水断流，水井干涸，田地龟裂，庄稼枯萎，牲畜渴死，千万人流离失所。前车之鉴，后人不察。60 年代，哈萨克斯坦地区也多次经历"黑风暴"侵袭，经营多年的农庄被毁，开垦的耕地颗粒无收。中国以外的石漠化区主要分布在欧亚大陆的亚热带和地中海气候区，这些区域内的喀斯特岩溶山区与中国云贵高原地理环境相似，受独特气候条件和人类活动的叠加影响，容易发生石漠化。

  人类自进入文明时代以来，就对这些严重危害人类生产生活、影响地区可持续发展的生态退化展开了有意识的修复和治理，并积累了一些行之有效的经验，留下了许多宝贵的农业生态文明遗产。近代以来，以现代物理、化学以及生物学为基础，综合运用工程学和管理学，各国和各地区的人民更是积累了丰富的、具有针对性的技术举措、技术组合和成功范式。这些成功的经验和探索，有些只在当地小范围流传，有些则被联合国等国际组织广泛推荐应用。当然，在探索的过程中，也暴露了不少科学认识上的不足和工程实践上的缺陷，出现了一些问题突出的失败案例。对于这些成功或者失败的经验、技术和范式开展分析，识别生态修复和治理技术的效果以及地域针对性、经济适宜性，遴选出适合本国、本地区条件的生态技术，是提高地区生态治理能力、促进地区生态系统恢复的关键。做好技术遴选，还要求我们全面掌握治理地区生态退化的主要类型、时空分布、演化规律、民众认知与政府能力，加强技术遴选的针对性和有效性。

对于生态退化的治理和修复，是一个综合经济、社会、生态和技术等多方面因素的综合权衡问题。实现对全球和区域生态退化多尺度的时空分布、演化机制以及技术需求分析，还需要具有现代地球信息科学、水土保持学、荒漠化防治学、地质学、技术经济学、农学、工程学、系统论等多学科背景知识和技术的优秀人才。

可喜的是，科学技术部于 2016 年启动了国家重点研发计划项目"生态技术评价方法、指标体系与全球生态治理技术评价"，其中重要的一项任务就是针对全球和区域生态退化分布及演变态势，对生态技术进行梳理、评价和优选。中国科学院地理科学与资源研究所的甄霖研究员带领胡云锋、闫慧敏等多名青年骨干，展开了 4 年多的国内外调研和分析工作，取得了很好的成果。研究团队研发了全球典型生态退化问题识别及其研究热点大数据制图的方法，对全球和中国典型生态退化的演化机制进行了深刻剖析，阐述了耦合生态退化演变过程与生态技术作用机理的生态技术需求可行性评价方法框架，形成了涵盖典型区生态退化问题、治理技术及其效果、技术需求和技术推介的"一区一表"成果。

毫无疑问，本书贡献给广大读者的这些成果，对于从事生态治理和修复的科研人员、管理干部具有重要的参考价值，并将促进生态技术的广泛交流，为生态治理和修复的理论与方法论研究做出重要的贡献。

刘纪远

2020 年 4 月 29 日于北京

前　　言

　　全球经济发展和日益增强的人类活动给业已脆弱的生态系统带来了巨大挑战，寻求尊重自然规律、环境友好的生态治理与恢复技术成为实现联合国可持续发展目标的重要内容。近年来，国内外科学家和生态治理机构研发了一系列技术体系与技术模式，对脆弱生态区退化生态系统展开了全面的治理和恢复。在"十三五"规划中，我国政府更是将生态文明建设和生态安全列为国家可持续发展战略的关键议题。长期以来，我国生态技术的研发和应用始终与国家重大生态治理工程的实施密切相关，面对我国不同发展阶段和不同地区出现的不同生态问题，有针对性地研发和引进了大量生态技术。但从生产实践效果分析，对生态技术的研究总体上滞后于生产实践需求。这样一方面导致技术研发的重复投资，造成资金的浪费；另一方面造成生态治理成效难以巩固、治理工程结束后容易反弹，或出现边治理、边破坏的局面。针对这些问题，科学技术部于 2016 年启动了国家重点研发计划项目"生态技术评价方法、指标体系及全球生态治理技术评价"（2016YFC0503700），其中一项重要的工作就是掌握全球和区域生态退化分布与演变态势，对生态技术进行梳理、评价和优选。

　　本书是国家重点研发计划"生态技术评价方法、指标体系及全球生态治理技术评价"项目课题"生态退化分布与相应生态治理技术需求分析"（2016YFC0503701）研究成果的总结和提炼，是目前国内外第一部系统阐述生态退化时空分布及治理技术需求的论著。针对长期以来生态治理和修复研究工作缺乏实施效果评价、忽视生态技术应用、忽略生态技术地域性与经济适宜性等问题，本书重点阐述全球和区域尺度生态退化问题的识别与区域划定方法，揭示全球典型脆弱生态区生态退化的演变轨迹和规律，从技术有效性、经济可行性、地域文化适宜性等多个维度构建生态技术需求可行性评估框架，并在基于驱动要素空间聚合和互联网热点发现的全球生态退化问题识别与区域划分方法上有所突破。本书立足全球和区域对比，以期为我国生态恢复和治理工作提供理论与方法支持，促使生态恢复和治理的长效运行。

　　全书共 10 章，各章内容的具体分工如下：第 1 章绪论，主要由甄霖、胡云锋、闫慧敏完成；第 2 章生态退化与生态技术需求研究概况，主要由胡云锋、甄霖、杨婉妮、魏云洁完成；第 3 章生态退化制图与生态技术需求评估方法，主要由甄霖、胡云锋、韩月琪、魏云洁完成；第 4 章全球生态退化与研究热点空间分布，主要由胡云锋、韩月琪、张云芝完成；第 5 章全球典型生态退化区生态技术需求，主要由甄霖、魏云洁、罗琦、杜秉贞完成；第 6 章中国生态退化与研究热点空间分布，主要由胡云锋、韩月琪、张云芝完成；第 7 章中国典型生态退化区生态技术需求，主要由甄霖、罗琦完成；第 8 章中国黄土高原丘陵沟壑区水土流失治理技术需求评估，主要由甄霖、魏云洁完成；第 9 章哈萨克斯坦生态变化及影响因素，主要由闫慧敏、赖晨曦、罗亮、陈好博完成；第 10 章中国西南石漠化地区生态退化与生态治理过程，主要由杜文鹏、闫慧敏、陈如霞完成；附录中全球和中国的"一区一表"主要由薛智超、罗琦、魏云洁、贾蒙蒙完成。甄霖负责全书内容的整体设计，甄霖和魏云洁负责对全书进行统稿，魏云洁负责在书稿修改过程中与出版社及各章节作者进行沟通协调。

在课题研究和本书编撰过程中，得到了中国科学院地理科学与资源研究所、宁夏沙坡头沙漠生态系统国家野外科学观测研究站、宁夏中卫市林业生态建设局和中卫固沙林场、贵州省水土保持监测站、贵州师范大学喀斯特研究院国家喀斯特石漠化防治工程技术研究中心、中国科学院亚热带农业生态研究所环江喀斯特生态系统观测研究站、环江毛南族自治县石漠化综合治理项目管理工作办公室、中国地质调查局岩溶地质研究所、安塞水土保持综合试验站、延安市安塞区水土保持工作队、延安市水土保持监测分站、国家林业和草原局中南调查规划设计院、甘肃省治沙研究所、甘肃省林业科学研究院、中国科学院西北生态环境资源研究院、兰州大学西部灾害与环境力学教育部重点实验室、黄河水土保持天水治理监督局、宁夏水土保持生态环境监测总站、盐池县水务局水土保持工作站、中国科学院新疆生态与地理研究所、中国科学院中亚生态与环境研究中心阿拉木图分中心等国内机构和孟加拉国农业大学、哈萨克斯坦地理研究所、哈萨克斯坦赛富林农业技术大学、哈萨克斯坦农业部土壤与农业化学研究所、巴拉耶夫粮食生产研究中心、俄罗斯科学院地理研究所、莫斯科罗蒙诺索夫国立大学、俄罗斯地理学会、圣彼得堡国立大学等国外机构的大力支持，项目组其他课题承担单位中国科学院水利部水土保持研究所、水利部水土保持监测中心、中国科学院兰州文献情报中心、中国水利水电科学研究院、西北农林科技大学及课题负责人和骨干对本课题的实施提供了大力支持和帮助。刘纪远研究员在百忙中为本书作序，在此一并表示衷心感谢！

由于本书涉及多学科知识和技术，加之作者水平有限，不足之处在所难免，敬请读者批评指正。

作　者

2019 年 12 月

目　　录

第1章 绪 论

本章旨在阐述生态退化分析与治理技术需求评估的重要性和意义、研究目标和总体技术路线，明晰研究所涉及的主要生态退化类型及其概念。在此基础上，系统介绍本书研究方案所涵盖的生态退化问题识别与空间定位、生态退化时空格局演变过程与未来趋势分析、生态技术需求评估的总体框架、方法体系及案例应用。

1.1 生态退化分析与治理技术需求评估的重要性和意义

2005 年，联合国千年生态系统评估（The Millennium Ecosystem Assessment，MA）表明，日益增强的人类活动导致全球约 60% 的生态系统处于退化或者不可持续状态，荒漠化、水土流失、石漠化等退化土地已经占到全球土地面积的 1/4 以上（Lal et al., 2012）。《联合国防治荒漠化公约》（United Nations Convention to Combat Desertification，UNCCD）秘书处在 2018 年世界防治荒漠化和干旱日发布的评估报告中警示，至 2050 年，土地退化将给全球带来 23 万亿美元的经济损失，但如果采取紧急行动，投入 4.6 万亿美元就可以挽回大部分损失；评估报告中的国别概况报告显示，亚洲和非洲因土地退化遭受的损失为全球最高，每年分别达 840 亿美元和 650 亿美元。2019 年 3 月，联合国大会宣布"2021—2030 联合国生态系统恢复十年"的决议，目的是支持和增强各国在预防、遏止和扭转全世界生态系统退化方面所做的努力，提高对成功恢复生态系统重要性的认识；决议同时指出，生态系统恢复和养护有助于落实《2030 年可持续发展议程》以及其他相关的联合国主要成果文件和多边环境协定。因此，寻求尊重自然规律、环境友好的生态治理和恢复技术（以下简称"生态技术"）成为实现全球可持续发展目标（sustainable development goals，SDGs）的重要内容（UNDP，2015）。

生态退化是指人类对自然资源过度利用以及不合理利用而造成的生态系统结构破坏、功能衰退、生物多样性减少、生物生产力下降以及土地生产潜力衰退、土地资源丧失等一系列生态环境恶化的现象（刘国华等，2000）。生态退化是生态系统内在物质与能量匹配结构的脆弱性或不稳定性及外在干扰因素共同作用的产物。

土地退化是导致生态系统退化的主要因素。对全球土地退化的研究表明，全球目前有 65% 的土地面积受到不同程度土地退化的影响（笪志祥等，2009）。土地退化带来了不同程度的荒漠化问题。在 1996 年 6 月 17 日暨第二个世界防治荒漠化和干旱日，《联合国防治荒漠化公约》秘书处发表公报指出，当前世界荒漠化现象仍在加剧；全球已有 12 多亿人受到荒漠化的直接威胁，其中有 1.35 亿人在短期内面临失去土地的风险。荒漠化已经不再是一个单纯的生态环境问题，而是逐渐演变为一个严峻的经济问题和社会问题。截至 1996 年，全球荒漠化土地达到 3600 万 km²，占整个地球陆地面积的 1/4；全世界受荒漠化影响的国家有 100 多个。尽管各国人民都在努力防治土地荒漠化，但全球荒漠化土地仍以每年 5 万～7 万 km² 的速度扩大。与此同时，全球石漠化情况也不容乐观。全球喀斯特地貌面积占全球土地面积的 10%，总面积达 $5.1×10^7 km^2$，其地理分布十分广泛，无论是热带还是寒带、大陆或者岛屿，都有喀斯特地貌发育（袁道先，2008；章程和袁道先，2005）。

中国是生态退化最为严重的国家之一，荒漠化、水土流失、石漠化、森林生态系统退化等问题突出（刘国华等，2000），威胁着生态系统功能和人类生计（刘纪远等，2006；甄霖等，2009）。在中国，中度以上脆弱生态区面积约占陆地总面积的 55%，荒漠化、水土流失、石漠化等主要集中在西北和西南地区，约占陆地总面积的 22%（国家发展和改革委员会，2015）。《中国荒漠化和沙化状况公报》显示，截至 2014 年，全国荒漠化土地面积 261.16 万 km²，占国土总面积的 27.20%。石漠化主要发生在以云贵高原为中心，北起秦岭山脉南麓，南至广西盆地，西至横断山脉，东抵罗霄山脉西侧的喀斯特岩溶地貌区，涉及黔、滇、桂、湘、鄂、渝、川和粤 8 个省（自治区、直辖市）、463 个县，岩溶面积达 45.2 万 km²。在水土流失方面，《中国水土保持公报（2018）》显示，2018 年，全国水土流失面积达 273.69 万 km²。其中，水力侵蚀面积为 115.09 万 km²，风力侵蚀面积为 158.60 万 km²。

生态退化的程度既取决于生态系统的自我修复能力，也取决于外界压力（Gibbs et al.，2015；田美荣等，2016）。近百年来，国内外在退化生态系统①治理方面做出了巨大努力，以恢复退化、受损和毁坏的生态系统为主要使命的生态恢复理论与实践得到了迅速发展和广泛重视，同时，"适宜性生态恢复"的理论和技术也受到了学术界、应用部门和利益相关者的高度认可和接受（Higgs，1997；Zhen et al.，2017）。人们普遍认可的是，把脆弱生态区②作为生态恢复的目标区域（Satyanarayana et al.，2010；Moreau et al.，2012；甄霖等，2019），大力推动了脆弱生态区生态技术的研发和应用。国内外在生态治理实践中积累了数量众多的生态技术，建立了相关的理论、制度、法律。鉴于技术具有强烈的应用性和明显的经济目的性（虞晓芬等，2018），同时考虑到技术与经济、社会、环境发展相辅相成的密切关系，生态技术的研发和应用也从单一目标为主演化为兼顾生态、经济、民生等多目标的复合模式（甄霖等，2016；郭彩赟等，2017；Zhen et al.，2017）。我国自 20 世纪 50 年代开始实施生态保护工程，1978 年启动了"三北"防护林工程，2002 年以来启动了京津风沙源治理工程。这些生态建设工程对西北干旱区生态恢复、黄土高原水土流失综合治理、南方喀斯特区生态恢复等技术开展了机理与示范研究，形成了多种行之有效的生态技术和模式（程国栋等，2012；王继军等，2009）。但也存在着一些问题，如没有在认识沙漠化成因和过程的基础上去制定和实施防治战略，对荒漠化治理项目规划决策的主导思

---

① 退化生态系统是指由人为因素引起的生态系统结构或功能发生退化但尚未达到荒漠化程度，或者压力移除后能够自然恢复的区域，如退化林地、退化草地、退化湿地、退化农田等（张兴义等，2010；韩大勇等，2012；黎云昆和肖忠武，2015）。

② 脆弱生态区是指两种不同类型生态系统的交界过渡区域。这些交界过渡区域生态环境条件与两个生态系统核心区域有明显的区别，是生态环境变化明显的区域，已成为生态保护的重要领域。其具有系统抗干扰能力弱、对全球气候变化敏感、时空波动性强、边缘效应显著、环境异质性高的基本特征（环境保护部，2008）。

想一直是"以林治沙、以林防风"，这在一定程度上影响了治理效果。同时，长期以来国内外生态修复与治理工作缺乏对区域生态问题及其驱动力、生态技术适宜性、生态技术成本与效益、生态技术的成熟度和转化潜力等方面的综合考量，缺乏对具有时空针对性的技术需求的评估和技术筛选，这也影响了具有退化问题针对性和地域针对性的生态技术的研发与应用。

绘制全球和区域生态退化空间分布图，阐明典型退化区域生态退化的演变机理，形成生态技术需求评估框架，这将极大地拓展科学家和决策者把握与理解全球生态问题的视野，全面提升研究人员对生态技术需求评估的能力和水平，对于确定退化区域、退化程度、生态技术应用的潜力，以及帮助制定全球和中国生态区划、实施生态退化和治理区域的卫星遥感监测和评估等工作具有重要推动作用和科学价值。一方面，将生态技术的技术有效性、经济可行性与地域文化适宜性结合起来，构建一个充分考虑区域人文特点的生态技术需求可行性评价指标体系，将为我国生态治理和修复工作提供理论依据，促进生态治理和修复的长效运行。另一方面，通过全球和区域对比，引入国外先进技术和经验，将有助于改善我国生态环境；输出我国优良、有效生态技术和装备，将有力扩大我国在国际科技文化交流中的影响。研发将形成若干重要生态参数的卫星遥感反演模型和生态系统综合模拟方法及相应的软件系统。这些模型和软件系统通过一定的技术转让与市场转化，可有力带动卫星遥感、移动 GIS 等现代地球信息技术在生态治理和修复等多个产业中的应用和发展。开展基于利益相关者参与、耦合生态退化过程机制和生态技术作用原理的生态技术需求研究，形成生态技术可行性评价框架，对于我国生态文明建设、生态技术管理及实施、推动全球生态治理进程等有重要意义。

1.2　生态退化类型及其概念辨析

生态退化的主要类型包括荒漠化、水土流失、石漠化、森林破坏、湿地萎缩等，全世界的研究者尤其关注荒漠化、水土流失和石漠化三大生态问题（刘国华等，2000）。

1.2.1　主要生态退化类型

（1）荒漠化

《联合国关于在发生严重干旱和/或荒漠化的国家特别是在非洲防治荒漠化的公约》中，将荒漠化界定为包括气候变异和人类活动在内的种种因素造成的干旱（arid）、半干旱（semi-arid）和亚湿润干旱（dry subhumid）地区①的土地退化（UNEP，1994）。上述定义明确了 3 个基本问题，即荒漠化的驱动力、荒漠化的自然背景、荒漠化的基本性质。具体来说：①荒漠化是在包括气候变异和人类活动在内的种种因素的作用下产生与发展的；②荒

---

① 亚湿润干旱地区指年降水量与潜在蒸散量（potential evapotranspiration）的比值在 0.05～0.65 的地区，但不包括极区和副极区（靳立亚等，2004）。

漠化发生在干旱、半干旱和亚湿润干旱地区，这是荒漠化产生的背景条件和分布范围；③荒漠化从本质上说是一种土地退化过程，是全球土地退化类型的一种。荒漠化的概念有狭义和广义之分。广义的荒漠化是指由于人为和自然因素的综合作用，干旱、半干旱和亚湿润地区自然环境退化的总过程，包括盐渍化、草地退化、水土流失、土壤沙化、狭义沙漠化、植被荒漠化、历史时期沙丘前移入侵等以某一环境因素为标志的具体的自然环境退化。狭义的荒漠化则是指沙漠化。沙漠化是沙质荒漠化的简称，是土地荒漠化的一种，即沙漠形成和扩张的过程。具体地说，沙漠化是指在干旱、半干旱和亚湿润地区的沙质地表条件下，自然因素或人类活动破坏了大自然脆弱的生态系统平衡，出现以风沙活动为主要标志，并逐步形成风蚀、风积地貌结构景观的土地退化过程（吴正，1991；王涛和朱震达，2003）。

（2）水土流失

水土流失是指由于自然因素或人类活动的影响，雨水不能就地消纳、顺势下流而冲刷土壤，造成水分和土壤同时流失的现象（何盛明等，1990；解明曙和庞薇，1993；项玉章和祝瑞祥，1995；孙鸿烈，2011）。水土流失出现的主要原因包括地面坡度大、土地利用不当、地面植被遭到破坏、耕作技术不合理、土质松散、滥伐森林、过度放牧等。广义的水土流失则包括水力侵蚀、重力侵蚀和风力侵蚀3种类型（孙鸿烈，2011）：①水力侵蚀是指在降水、地表径流、地下径流作用下，土壤、土体或其他地面组成物质被破坏、搬运和沉积的过程。水力侵蚀以水为载体，土壤随水流失，不仅破坏土地资源，淤积水库，抬高河床，也减少了水资源的可利用量。②重力侵蚀是指地面岩体或土体物质在重力作用下失去平衡而产生位移的侵蚀过程，可分为崩塌、崩岗、滑坡等。③风力侵蚀是指在气流冲击作用下，土粒、沙粒或岩石碎屑脱离地表，被搬运和堆积的过程。水土流失的危害主要表现在土壤耕作层被侵蚀、破坏，土地肥力日趋衰竭；淤塞河流、渠道、水库，降低水利工程效益，进而导致水旱灾害发生，严重影响工农业生产；水土流失还会对山区农业生产及下游河道带来严重威胁。

（3）石漠化

石漠化亦称作石质荒漠化，是指在热带、亚热带湿润、半湿润气候条件和岩溶极其发育的自然背景下，受人类活动干扰，地表植被遭受破坏，导致土壤严重流失、基岩大面积裸露或砾石堆积、土地丧失农业利用价值和生态环境退化的土地退化过程。石漠化是岩溶地区土地退化的极端形式（李阳兵等，2004；王德炉等，2004）。石漠化的发生以脆弱的生态地质环境为基础，以强烈的人类活动为驱动力，以土地生产力退化为本质，以出现类似荒漠景观为标志（王世杰，2002）。石漠化多发生在石灰岩地区，土层厚度薄（多数不足10cm），地表呈现类似荒漠景观的岩石逐渐裸露的演变过程。从成因来说，导致石漠化发生的主要因素是人类活动。石漠化的一般演化过程是：长期、大面积的陡坡开荒，造成地表裸露，加上喀斯特石质山区土层薄，基岩出露，暴雨冲刷力强，大量的水土流失后岩石逐渐裸露，从而呈现出石漠化现象。

1.2.2 易混概念的辨析

（1）荒漠化与沙漠化

不同时代国际社会对于荒漠化（desertification）概念和内涵、关注重点区域存在差异，由此导致英文科学名词向中文科学名词转译时发生了重大变化。1977 年，中国沙漠学家参加了在内罗毕召开的世界防治荒漠化会议，会后将 desertification 这个词表述为"沙漠化"，主要有两方面原因：一方面，非洲撒赫勒地区的连续干旱是国际社会高度重视荒漠化问题的重要原因，而"沙漠化"一词恰恰能概括这一地区的生态环境变化过程；另一方面，中文"沙漠化"一词本来就有广义、狭义和泛义的不同概念。1994 年 6 月 17 日，联合国环境与发展大会在巴黎通过了《联合国关于在发生严重干旱和/或荒漠化的国家特别是在非洲防治荒漠化的公约》，其导言部分对所使用的词语进行了诠释。荒漠化是指包括气候变异和人类活动在内的种种因素造成的干旱、半干旱和亚湿润干旱地区的土地退化；土地退化是指由于使用土地或由于一种营力或数种营力结合，干旱、半干旱和亚湿润干旱地区雨浇地、水浇地或草原、牧场、森林和林地的生物或经济生产力和复杂性下降或丧失，包括风蚀和水蚀致使土壤物质流失，土壤的物理、化学和生物特征或经济特性退化，自然植被长期丧失等（Ma and Zhao，1994）。根据上述名词诠释，荒漠化不等于沙漠化，它不但包括风蚀和水蚀等各种营力所引起的植被稀疏和地表形态变化，还包括由过度施用化肥、土壤盐分损失、盐渍、水渍等过程引起的土壤物理、化学、生物特征和经济特征的退化。扩展后的 desertification 内涵界定超越了中文"沙漠化"所能表达的范畴。因此，必须准确界定 desertification 概念，更好地理解这一更广泛的土地退化过程。为此，1994 年底，中国政府按照对 desertification 内涵的新共识电告《联合国关于在发生严重干旱和/或荒漠化的国家特别是非洲防治荒漠化的公约》秘书处，将 desertification 一词重新表达为"荒漠化"。综上所述，基于对荒漠化内涵的理解，可以认为沙漠化是沙质荒漠化的简称，是土地荒漠化的一部分（王涛和朱震达，2003）。

（2）石漠化与水土流失

在喀斯特地区开展石漠化与水土流失研究时，不少研究者会把这两个概念混淆，特别是在以砾石堆积为景观特征的石漠化地区，通常会误以为是水土流失现象而非石漠化。正确区分石漠化与水土流失，对喀斯特地区制定科学、合理的石漠化治理和水土流失防治方案具有重要的实践意义。实际上，石漠化与水土流失这两个概念在发生背景、驱动因素、表现特征等方面都存在差异（张平仓和丁文峰，2008，李松等，2009）。

发生石漠化与水土流失的自然背景不同是导致两者间差异的根本原因。石漠化发生在亚热带脆弱的喀斯特环境，且主要发生在下伏基岩为碳酸盐岩的地区（王世杰，2002；张信宝等，2010）。水土流失则在各个环境下均有发生，没有特定的自然环境背景限制。在驱动因素与退化过程的关系方面，自然因素（地形、降水、土壤属性等）和不合理的人类活动（如毁林开荒、陡坡耕作、开发建设等活动）均是石漠化与水土流失的主要驱动因素，两者的影响因素无太大区别。水土流失在自然状态下或不合理的人类活动干扰下均可能发生；而石漠化更多地强调在特殊的地质背景下进一步叠加不合理的人类活动干扰所产生的生态退化现象。在表现特征与过程方面，水土流失包含了水资源的流失和土壤的分离、搬运和沉积，同时其主要的表现特征是地表水资源流失以及土壤受到破坏后经过短距离（坡面尺度）或长距离（进入河流受到悬移、跃移、推移）的搬运后沉积在山脚、谷底或湖泊、池塘中；而石漠化突出强调植被变化（植被破坏后林草覆盖率降低，植被层次结构由乔灌草退化到草地或裸地）、土被变化（地表土壤厚度降低，土被不连续）和自然景观变化（地表基岩大面积裸露/砾石堆积，呈现类似荒漠化的自然景观）三种变化。就过程关系而言，石漠化的本质是地表植被破坏后水土流失作用的结果，是一种不可逆或难以恢复的土地和生境退化过程。

1.3　生态技术的概念、作用及特点和分类

1.3.1　生态技术概念

从现有研究和实践应用的角度来看，生态技术广泛存在，但目前尚无准确的、普遍认同的定义。从其功能和作用的角度来看，生态技术是指脆弱生态区生态治理和恢复的技术，即生态治理和恢复过程中用到的技术及其组合，其可以促使生态原真性得到恢复，即生态系统结构恢复、功能提升并具有持续性，同时能够节约资源和能源、公众可接受、有利于区域经济发展、促进生态文明建设的措施和方法；生态技术是符合生态理念、直接产生生态效益的技术，具有生态、社会和经济多目标的特点（甄霖等，2019）。从实践应用的角度出发，生态技术主要表现为单项技术和技术模式形式。单项技术是指直接作用于生态系统，通过促进生态恢复进而带动区域发展的单一技术，可以从作用原理、作用、工艺描述、适用退化类型、适用地域、技术来源等方面加以描述。技术模式一般是针对特定地域生态退化问题及其治理的需求而形成的，适宜该区域生态、经济、社会文化等背景，能促进生态安全和经济社会健康发展的一系列生态技术的有机组合与集成。其主要特点和组成要素包括地域相宜性，具有较高的科技含量、实用价值和推广潜力，比较成熟且具有成功案例支持，具备可重复性和可操作性，技术的使用具有阶段性和层次性（甄霖和谢永生，2019）。因此，技术模式是科学技术与当地自然、社会经济条件密切结合的产物（王立明和杜纪山，2004），其核心是调整人类生存发展与生态环境之间存在的不合理、不协调的关系（谢永生等，2011）。技术模式可以从技术组成、适用退化类型、技术来源、适用地域、技术应用案例等方面加以描述。

生态技术主要应用于退化生态系统的治理和恢复。国际生态恢复学会（Society for Ecological Restoration，SER）自 20 世纪 90 年代起就生态恢复定义展开过几次大讨论，目前广泛接受的是 2004 年国际生态恢复学会给出的定义，即生态恢复是指协助已经退化、损害或者彻底破坏的生态系统恢复到原来发展轨迹的过程。通常情况下，需要恢复的是因直接或间接的人类活动干扰影响，已经退化、被损害或者彻底破坏的生态系统（Society for Ecological Restoration，2004）。生态恢复与生态重建是两个密切联系但又有所不同的概念：生态恢复是指改造退化土地，使某一特定生态系统的原始状态及其所有的功能和服务复原，其主要目的是仿效一个自然的、功能性的、自我调节的并与其生态景观相整合的系统（U. S. National Research Council，1992）。生态恢复是一个协助生态整体性恢复与管理的过程（Higgs，2003），根据修复场地生态系统损害或退化程度的差异，生态恢复模式可以分为自然再生、辅助再生和生态重建三类。自然再生适用于生态损害相对较低的区域，一般来说，场地具备较强的自然恢复能力；辅助再生适用于生态损害中度甚至更高的区域，

一般来说，场地具备一定的自然恢复能力；生态重建适用于生态损害高或退化程度高的区域，一般来说，场地自然恢复能力已基本丧失。因此，生态重建是指极力修复受到破坏或被阻隔的某些部分的生态系统功能，其主要目的是恢复生态系统的生产力（Society for Ecological Restoration，2004；McDonald et al，2016）。在实际生态恢复中，通常采用多种方法、以空间镶嵌的方式实施生态修复，如对于生态系统相对较好的区域，通常采用自然恢复的模式，而对于生态系统受损较为严重的区域，则常常采用生态重建或辅助再生模式等。无论采用哪种恢复方法或模式，对于退化生态系统的恢复能力评估至关重要，这就要求按照生态退化程度和恢复能力的高低来决定人工干预程度，并在此基础上选取适宜的恢复技术。本书中的生态治理主要指在脆弱生态区通过应用生态技术实现生态恢复或重建。

1.3.2　生态技术的作用及特点

生态技术是针对生态退化问题进行治理和恢复的技术，因此生态技术的界定需要针对生态恢复的目标确定相关标准。在标准制定过程中，需要从生态、社会和经济等各个方面进行综合考虑，考虑的主要内容包括：①该项生态技术的应用是否有利于调节区域生态系统结构和功能；②通过应用该项生态技术，利益相关者的收入是否得到改善；③该项生态技术的应用是否能够促进区域总体发展。

生态技术的功能和作用包括：①调节生态系统结构和功能，生态系统结构得到恢复，总体功能得到提升，生态系统完整性得到恢复（如实现植物群落稳定）；②生态技术应用带来的生态恢复使得区域经济得到发展，公众收入水平得到提高；③公众的社会参与意识和技能得到提高，人类社会系统和自然生态系统和谐、共同发展；④利于生态恢复和区域发展。

生态技术的特点包括：①符合生态学原理，适合当地自然环境和地域文化条件；②成本低；③副作用小；④有较强的可持续性；⑤偏自然（自然恢复为主、人工恢复为辅）；⑥单项技术和技术模式。生态技术的作用对象和范围最早于 1979 年欧洲共同体在巴黎举办的"无废工艺和无废生产国际研究会"上针对工业领域提出，大会认为生态技术的作用对象应该是生态问题。这里的生态问题是指由于生态平衡遭到破坏，生态系统的结构和功能严重失调，威胁人类的生存和发展的现象，不能简单地概括为环境污染、生态破坏问题。

1.3.3　生态技术的分类

生态技术的分类方式多种多样，可以依据技术属性、技术地位、技术作用原理、技术应用范围等标准进行分类。从技术经济学、生态学、生态经济学、恢复生态学、地理学、社会学等多学科角度，针对主要的生态退化类型及其诱发生态退化的经济社会学成因，按照生态技术的作用原理，本研究涉及的生态技术分为以下四大类。

1）工程类技术。工程类技术是指在山区、丘陵区、风沙区、水域区，应用工程学原理，防治水土流失、防风固沙和防治水域污染，保护、改良与合理利用水土资源，充分发挥水土资源的经济效益和社会效益，建立良好生态环境。工程类技术实际上是不改变立地条件的物理技术，主要包括坡面治理技术、沟道治理技术、山洪及泥石流防治技术、集雨蓄水技术、治沙技术、水体物理修复技术、土壤物理修复技术等。

2）生物类技术。生物类技术是指通过植被保护、植树种草并结合发展经济植物和畜牧业、水生植物恢复的生态技术。生物类技术通过植被保护和恢复达到控制水土流失、防风固沙、保护和合理利用水土资源、改良土壤和提高土地生产力的目的，主要包括人工造林种草技术、水生生物技术、微生物修复技术等。

3）农作类技术。农作类技术是指通过增加地面粗糙度、改变坡面地形、增加植被和地面覆盖或增强土壤抗蚀力等方法，实现水土保持、防风固沙、改良土壤和水体，提高农业生产水平的技术措施。农作类技术的施用对象为农地，其目的是保护农业生态与环境，主要包括耕作技术、土壤培肥技术、旱作农业技术等。

4）其他类技术。其他类技术主要包括化学类技术和管理类技术等。化学类技术是指采用化学原料及其合成物或者通过化学反应，达到防治生态退化的目的。管理类技术是指针对生态退化及其造成的生态危害，以及为解决重大生态危害所采用的一类强制性生态管理技术。化学类技术主要包括化学固定技术、化学改良技术、化学去除技术等；管理类技术主要包括围栏封育技术、养畜技术、生态保护技术、生态开发技术等。

通常，对退化生态系统的恢复和治理需要采用不同的技术及其组合才能达到预期的效果，生态技术的应用还需要考虑生态治理和恢复的阶段、层次。生态治理过程的每个阶段需要应用不同技术，且各种技术之间存在承接关系，即一种技术的使用一般要以另一种技术的使用为前提，按照生态治理和恢复的过程构建生态技术链。

1.4 生态退化问题识别、监测与技术需求评估

1.4.1 目标和总体框架设计

针对生态退化空间分布状况掌握不全面、数据更新不及时、退化规律理解不深入、生态需求分析不足以及忽略生态技术地域性与经济适宜性等问题，生态退化分析与治理技术需求评估拟解决的关键科学问题主要包括如何从技术有效性、经济可行性、地域文化适宜性等方面综合考量全球主要生态退化区的生态技术需求，准确判断生态技术需求的热点区域。关键技术问题主要包括构建针对荒漠化、水土流失、石漠化、退化生态系统等典型生态退化问题识别的方法，并在全球和区域尺度上开展空间定位。

围绕荒漠化、水土流失、石漠化、退化生态系统等典型生态退化问题，将生态退化分析与治理技术需求评估的目标设定为构建生态退化关键驱动要素空间数据库，研究生态退化问题识别与空间定位方法；刻画典型区生态退化时空演变轨迹与趋势，认识其演变过程及区域性差异形成机制；辨别生态治理和修复技术需求，建立生态技术可行性评价框架，为我国生态文明建设和全球生态治理提供科学支撑。

针对生态退化分析与治理技术需求评估拟解决的科技问题和实现的目标，本书以全球

生态退化区域识别—生态退化时空演变规律探究—生态技术需求匹配评估为主线,建立生态退化问题识别与空间定位方法,刻画典型区生态退化时空演变轨迹与趋势,辨别生态技术需求,构建可行性的多维度评价框架。本书的总体技术路线如图 1-1 所示。

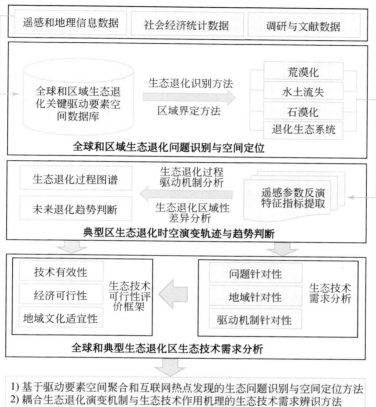

图 1-1　生态退化分析与治理技术需求评估总体技术路线

1.4.2　生态退化问题识别与空间定位

　　分析荒漠化、水土流失、石漠化和退化生态系统等典型生态退化过程的表现形式、驱动机制、人类感知及语义表达特点,集成多源、多尺度的生态退化基础数据,在此基础上,一方面应用地图汇编及时序遥感分析等方法,开展基于地图综合与遥感时序分析的生态退化态势制图;另一方面应用网络爬虫和文献大数据技术,开展生态退化地区研究热点识别与空间定位;最后将上述两方面研究成果综合起来,研究其空间差异及其形成机制,最终构建形成综合知识地图与互联网热点发现的生态退化识别与热点分析技术体系,并在全球和中国两个尺度上开展示范应用。主要研究方案和研究步骤如下。

　　(1)多源数据收集和集成

　　针对荒漠化、水土流失、石漠化和退化生态系统等典型生态退化问题,遴选全球和中国生态退化关键表征要素与驱动要素，收集全球和中国的资源环境背景数据、长时序卫星遥感影像、陆地生态系统地表关键参数数据集，收集整理全球和中国权威部门及研究机构发布或研制的荒漠化、水土流失、石漠化以及土地退化的各种地图数据。

针对不同类型、不同尺度、不同来源的数据，开展数据整理和数据清洗。其中一个重要工作是针对不同尺度的数据，选择适宜的尺度转换方法，开展不同数据的尺度转换，实现基础数据向全球 1~8km、中国 1km 尺度的数据转换。同时，基于统一基准进行空间格网化、时间序列数据的修补，实现卫星遥感、资源环境背景数据的综合集成，建成支撑全球和中国两个尺度生态退化研究的空间数据库。

（2）地图综合与态势分析

根据权威国际组织和政府机关、知名科研机构发布的生态退化地图数据，应用地图综合制图技术，同时结合荒漠化、水土流失、石漠化等生态退化的驱动分析结果，实现全球和中国两个尺度上的生态退化区空间分布制图。针对归一化植被指数（normalized difference vegetation index，NDVI）、叶面积指数（leaf area index，LAI）、净初级生产力（net primary productivity，NPP）、地表温度（land surface temperature，LST）、归一化水指数（normalized difference water index，NDWI）等关键的陆地表面生物物理和生物化学参数数据集，开展时序遥感分析，实现对各个生态退化区的生态变化态势分析。

（3）生态退化信息抓取

分析人类对荒漠化、水土流失、石漠化等生态退化的认知和语义表达特征，凝练互联网搜索关键词，应用网络爬虫和数据库技术，从国内外权威知识库网站［如中国知网（CNKI）、Web of Science（WOS）数据库］、通用搜索引擎（百度、谷歌）自动抓取不同主题的生态退化信息，构建形成相应的生态退化研究论文摘要文本库、政府生态治理政策文本库等多种信息库。

（4）互联网热点制图

应用中文分词技术、自然语义识别技术、地址解析技术、空间匹配技术等，采用传统的地名数据库资源和互联网地图资源，开展空间定位和趋势分析研究，结合区域经济社会发展背景，构建科学合理的研究热点模型，绘制生态退化研究热点的空间分布，分析生态退化研究热点的时间动态演变过程，形成基于互联网热点发现的生态退化识别与空间定位方法，在全球和中国开展典型生态退化热点分析案例示范。

1.4.3 生态退化时空演变格局和过程

典型脆弱生态区生态退化时空格局演变过程分析选取以哈萨克斯坦为代表的草原荒漠化地区和以中国西南岩溶山区为代表的石漠化地区为例，基于文献资料、遥感数据与实地调研数据，揭示典型生态脆弱区生态退化与恢复过程及其时空演变格局，主要的研究方案及研究内容包括以下三方面。

1）研究方案：典型生态脆弱区生态退化与恢复时空演变格局研究采用文献资料综述、遥感数据分析和实地调研验证相结合的研究思路。文献资料综述法主要用于揭示典型区长时间序列的生态变化过程及驱动因素；遥感数据分析法主要用于全方位反映典型区生态变化的空间差异、当前状态与发展趋势；实地调研验证法主要通过一手数据和照片的形式直观反映典型区生态退化或恢复的状态，为生态变化图谱的构建积累数据。

2）哈萨克斯坦生态变化及影响因素主要研究内容：首先，从哈萨克斯坦社会制度变迁、生态系统格局与土地覆被现状、1982~2015 年生态变化遥感监测 3 个方面介绍哈萨克斯坦社会制度变迁与生态系统格局变化的基本情况；其次，分 6 个时期介绍 1900 年以来哈萨克斯坦社会制度变迁对土地利用方式与生态系统变化的影响；最后，总结生态系统对社会制度变迁的响应方式，以期为半干旱–干旱地带的生态系统可持续管理提供科学依据和借鉴。

3）中国西南石漠化地区生态退化与生态治理过程主要研究内容：首先，介绍石漠化现象的主要特征，概述明清时期到改革开放前期中国西南石漠化地区生态退化过程及 20 世纪 80 年代开始的生态治理和恢复过程；其次，重点总结石漠化治理过程中采用的治理技术、措施与模式，对比代表性石漠化治理模式的异同，介绍石漠化治理取得的成效；最后，提出中国西南石漠化地区生态治理的配置原则及未来石漠化治理面临的机遇与挑战。

1.4.4 生态退化区生态技术需求分析

根据典型生态退化区退化现状和未来时空演变趋势，综合分析生态退化驱动因素的作用机理及生态技术的作用原理，提出具有问题针对性、地域针对性、驱动机制针对性的生态技术需求动态匹配方案；综合考虑技术有效性、经济可行性和地域文化适宜性等多维度因素，采用实地调研、专家知识法、参与式社区评估、利益相关者问卷调查等方法遴选生态技术可行性评价指标，界定其含义和适用范围，形成生态技术可行性评价指标体系；采用成本效益分析法、投入产出法、利益相关者分析法等构建生态技术可行性评价框架，并形成应用指南。生态技术需求主要研究方案和步骤包括退化驱动机理及生态技术作用原理分析、生态技术辨析与动态匹配方案凝练和生态技术可行性评价三部分。

1.4.4.1 退化驱动机理及生态技术作用原理分析

针对荒漠化、水土流失、石漠化和退化生态系统 4 类典型生态退化问题，根据典型生态退化区的退化现状和未来时空演变机制，通过文献分析、自然地理状况剖析、专家座谈、社会经济调研、生态环境数据库查询分析等，充分把握生态环境变化规律和发展态势。在此基础上，综合分析生态退化驱动因素的作用机理。对生态技术进行分类后，深入分析技术所修复的对象、所在地域、修复前后生态系统结构和功能变化，综合分析其作用原理。主要研究方案包括以下两方面。

（1）生态退化驱动因素作用机理分析

在对典型生态退化区的退化现状和未来时空演变机制及其驱动因素演变轨迹分析的基础上，首先对各个驱动因素进行梳理和分类，并与退化区域相匹配，形成驱动因素类型库；其次根据文献中对相关驱动因素的作用机理分析，结合典型区生态系统退化现状分析结果，判别生态退化驱动因素的作用过程和机理。

（2）生态技术作用原理分析

梳理形成生态技术清单，结合相关文献分析，对生态技术进行分类，从技术的治理对象入手，具体包括土壤、植被、大气、水、生态系统等，将生态技术分为单项技术和技术模式，并对其进行梳理匹配，根据相关文献对生态技术的作用原理进行分析，从物理、化学、生物等角度分析生态技术的作用过程和原理，同时界定生态技术的技术特点、适用范围、应用条件等。

1.4.4.2　生态技术需求辨析与动态匹配方案凝练

（1）技术需求分析

采用实地调研、问卷调查法、专家知识法、参与式社区评估、利益相关者问卷调查等方法对荒漠化、水土流失、石漠化和退化生态系统等典型生态退化分布区域进行退化问题分析与技术需求分析，摸清研究区域的社会、经济、文化、相关政策概况，以及生态退化问题、生态技术需求意愿等。

应用现场调研、半结构访谈、问卷调查收集研究区域农牧户的基本信息，如人口状况、土地利用、农事活动、收入状况、外出打工情况、文化特征；收集研究区域有关土壤侵蚀、土地退化、植被覆被、种植结构、森林管理、土地生产力、自然灾害、生物多样性、水资源等生态环境方面的资料和信息，以及农牧户对于生态环境保护的意愿和期望等；收集当地政府相关部门的基本信息，以及区域经济、人口、产业结构等信息。

问卷调查样本量的确定：应用统计学的方法计算样本量（马庆国，2005）

$$n = \frac{NZ^2P(1-P)}{Nd^2 + Z^2P(1-P)} \tag{1-1}$$

式中，n 为样本量；N 为所选代表性区域总户数；Z 为置信度（一般选取95%）；P 为从事牧业或农牧人口的比例；d 为精度（一般选取4%）。

（2）生态技术需求动态匹配方案

在生态退化驱动因素作用机理及生态技术作用原理综合分析和区域生态技术需求评估结果的基础上，针对土壤、植被、水、大气、退化生态系统状况，以及各研究区域退化生态系统的季节变化、年际变化、未来趋势等，提出具有问题针对性、地域针对性、驱动机制针对性的生态技术需求动态匹配方案（图1-2）。

1.4.4.3　生态技术可行性评价

针对典型生态系统退化类型，综合考虑技术有效性、经济可行性和地域文化适宜性等多维度要素，应用实地调研、问卷调查法、专家知识法等，借鉴相关研究报告和文献，遴选生态技术可行性评价指标，界定其含义和适用范围，形成生态技术可行性评价指标体系。

通过文献分析，借鉴研究生态效益、经济效益、社会效益评价所需的指标，生态技术实施成本的指标，研究区域地域文化特征指标等，形成技术有效性评价的指标列表。结合生态技术需求分析数据，从生态与环境效益、经济可行性、社会文化可接受性、机制体制

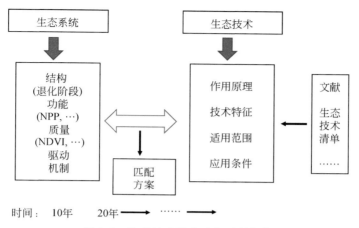

图 1-2　生态技术需求动态匹配方案

保障性、技术适应性等角度，从管理部门或相关生态工程业主单位、工程实施单位获取研究区域内应用典型生态技术治理后的相关数据。

对上述收集到的数据进行分类、统计后，对生态技术可行性评价指标进行遴选，将生态、经济、社会、地域文化接受程度中各类的每项指标作为变量，分析它们之间的因果关系，以便权衡生态技术可行性指标中哪些指标是重要的、哪些是次要的，从而科学地构建生态技术可行性评价指标。

第 2 章　生态退化与生态技术需求研究概况

　　本章首先依据权威部门、权威资料，对当前中国和全球的生态退化状况进行总结，描述中国和全球主要生态退化的数量和空间分布特征；然后对生态退化监测评价研究中的主要技术方法进行回顾，对近年来出现的激光雷达遥感、无人机、智能终端、大数据方法等在生态退化研究中的典型案例和作用进行总结。

2.1　中国和全球的生态退化状况

2.1.1　中国生态退化状况

　　据《中国荒漠化和沙化状况公报》显示，截至 2014 年，全国荒漠化土地总面积261.16 万 km^2，占国土总面积的 27.20%，分布于北京、天津、河北、山西、内蒙古、辽宁、吉林、山东、河南、海南、四川、云南、西藏、陕西、甘肃、青海、宁夏、新疆 18个省（自治区、直辖市）的 528 个县（旗、市、区）。其中，干旱区荒漠化土地面积为117.16 万 km^2，占全国荒漠化土地总面积的 44.86%；半干旱区荒漠化土地面积为 93.59万 km^2，占 35.84%；亚湿润干旱区荒漠化土地面积为 50.41 万 km^2，占 19.30%。风蚀荒漠化土地面积 182.63 万 km^2，占全国荒漠化土地总面积的 69.93%；水蚀荒漠化土地面积25.01 万 km^2，占 9.58%；盐渍化土地面积 17.19 万 km^2，占 6.58%；冻融荒漠化土地面积 36.33 万 km^2，占 13.91%。轻度荒漠化土地面积 74.93 万 km^2，占全国荒漠化土地总面积的 28.69%；中度荒漠化土地面积 92.55 万 km^2，占 35.44%；重度荒漠化土地面积40.21 万 km^2，占 15.40%；极重度荒漠化土地面积 53.47 万 km^2，占 20.47%。

　　据《中国水土保持公报（2018）》显示，2018 年，全国共有水土流失面积 273.69 万 km^2。其中，水力侵蚀面积 115.09 万 km^2，风力侵蚀面积 158.60 万 km^2。按侵蚀强度，轻度、中度、强烈、极强烈、剧烈侵蚀面积分别为 168.25 万 km^2、46.99 万 km^2、21.03 万 km^2、16.74 万 km^2、20.68 万 km^2，分别占水土流失总面积的 61.48%、17.17%、7.68%、6.11%、7.56%。与第一次全国水利普查（2011 年）相比，全国水土流失面积减少了21.23 万 km^2，减幅 7.20%。从区域上看，青藏高原水土流失面积 61.35 万 km^2，占土地总面积的 21.38%；黄土高原水土流失面积 21.37 万 km^2，占土地总面积的 37.19%；长江经济带水土流失面积 40.10 万 km^2，占土地总面积的 19.46%；京津冀水土流失面积 4.47 万 km^2，占土地总面积的 20.74%；三峡库区水土流失面积 1.92 万 km^2，占土地总面积的 33.28%；丹江口库区及上游水土流失面积 2.85 万 km^2，占土地总面积的 21.56%；东北黑土区水土流失面积 22.16 万 km^2，占土地总面积的 20.38%；西南石漠化地区水土流失面积 25.18 万 km²，占土地总面积的 23.82%；三江源国家公园地区水土流失面积 2.69 万 km²，占土地总面积的 21.85%。

据《中国·岩溶地区石漠化状况公报》显示，截至 2016 年底，岩溶地区石漠化土地总面积为 1007 万 hm²，占岩溶面积的 22.3%，占区域国土面积的 9.4%，涉及湖北、湖南、广东、广西、重庆、四川、贵州和云南 8 个省（自治区、直辖市）457 个县（市、区）。其中，贵州省石漠化土地面积最大，为 247 万 hm²，占石漠化土地总面积的 24.5%；其他依次为：云南、广西、湖南、湖北、重庆、四川和广东，面积分别为 235.2 万 hm²、153.3 万 hm²、125.1 万 hm²、96.2 万 hm²、77.3 万 hm²、67 万 hm² 和 5.9 万 hm²，分别占石漠化土地总面积的 23.4%、15.2%、12.4%、9.5%、7.7%、6.7% 和 0.6%。长江流域石漠化土地面积为 599.3 万 hm²，占石漠化土地总面积的 59.5%；珠江流域石漠化土地面积为 343.8 万 hm²，占 34.1%；红河流域石漠化土地面积为 45.9 万 hm²，占 4.6%；怒江流域石漠化土地面积为 12.3 万 hm²，占 1.2%；澜沧江流域石漠化土地面积为 5.7 万 hm²，占 0.6%。轻度石漠化土地面积为 391.3 万 hm²，占石漠化土地总面积的 38.8%；中度石漠化土地面积为 432.6 万 hm²，占 43.0%；重度石漠化土地面积为 166.2 万 hm²，占 16.5%；极重度石漠化土地面积为 16.9 万 hm²，占 1.7%。

2.1.2　全球生态退化状况

《联合国防治荒漠化公约》秘书处指出，全球约有 20 亿人生活在荒漠和干旱地区，其中 90% 的人口居住在发展中国家。全球超过 30% 的土地是旱地，其中约有 30% 的旱地已经退化，特别容易发生荒漠化。全球 24% 的土地正在退化，其中 20%~25% 的退化土地为草原，20% 的退化土地为耕地，世界上有 15 亿人的生计维系于退化土地。土地退化主要是由不可持续的土地管理和气候变化造成的，全球每年因此有 20 000~50 000km² 的土地损失，其中非洲、拉丁美洲和亚洲的损失比北美和欧洲高 2~6 倍。全球荒漠化的土地占到整个地球陆地面积的 1/4，相当于俄罗斯、加拿大、中国和美国 4 个国家国土面积的总和。全世界受荒漠化影响的国家有 100 多个，尽管各国人民都在努力防治土地荒漠化，但荒漠化仍以每年 5 万~7 万 km² 的速度扩大，相当于爱尔兰的国土面积。荒漠化已经不再是一个单纯的生态环境问题，而是逐渐演变为经济问题和社会问题，给人类带来贫困和社会不稳定。

从更宽泛的土地退化来看，全球目前有 65% 的土地面积受到不同程度土地退化的影响（笪志祥等，2009）。在欧洲，约 12% 的土地（1.15 亿 hm²）受到水蚀的影响，约 4% 的土地（0.42 亿 hm²）受到风蚀的影响。在北美，有 0.95 亿 hm² 的土地受到以土壤侵蚀为主的土地退化的影响。在非洲，自 1950 年以来，有 5.00 亿 hm² 的土地受到土地退化的影响，包括该地区 65% 的耕地。在南亚，因水蚀、风蚀和盐渍化造成的经济损失分别高达 54 亿美元、18 亿美元和 15 亿美元。

从全球石漠化情况来看，目前全球喀斯特地貌总面积达 5.10×10⁷ km²，占地球陆地面积的 10%（章程和袁道先，2005；袁道先，2008）。从热带到寒带、由大陆到海岛都有喀斯特地貌发育。较著名的区域有中国广西、云南和贵州等，越南北部，波斯尼亚和黑塞哥维那狄那里克阿尔卑斯山区，意大利和奥地利交界的阿尔卑斯山区，法国中央高原，俄罗斯乌拉尔山，澳大利亚南部，美国肯塔基州和印第安纳州，古巴及牙买加等地。

2.2 生态退化监测与评估研究

2.2.1 荒漠化研究

1977 年联合国荒漠化大会（United Nations Conference on Desertification，UNCOD）以来，荒漠化问题越来越多地为世人所关注，荒漠化评价成为全球防治荒漠化协同行动的重要工作议程。在联合国粮食及农业组织（Food and Agriculture Organization of the United Nations，FAO）和联合国环境规划署（United Nations Environment Programme，UNEP）制定的《荒漠化评价和制图暂行方法》中，荒漠化评价由现状评价、动态评价和潜在危险性评价三部分组成。

根据评价尺度不同，荒漠化监测评价也会用不同的方法。面向群落和生态系统尺度的监测评价通常采用基于田间调查和观测的定位、半定位监测的方法，而面向景观尺度的监测评价则通常采用野外调查辅助下的遥感技术评价方法（霍艾迪等，2007）。野外定位或半定位的监测评价与传统的生态系统定位监测相似，不同之处主要体现在调查和观测的指标具有特殊性。由于荒漠化大多发生在比较偏远、经济欠发达的地区，定期进行大规模田间尺度的评价不可行。

20 世纪 80 年代以后，卫星遥感技术的出现和发展为荒漠化监测提供了丰富的多光谱、多分辨率的遥感影像资料，卫星遥感技术在中、大尺度荒漠化监测中所起的作用越来越重要（Qi et al.，2012）。科研人员开始使用 MSS、TM/ETM+、SPOT、IRS 等多光谱、中低分辨率卫星遥感影像研究荒漠化。近年来，高光谱数据（如 AVIRIS 和 MODIS）以及高空间分辨率的影像（如 IKONOS 卫星影像数据）也越来越多地应用于荒漠化研究。在卫星遥感荒漠化研究中，研究者基于多期卫星遥感影像、通过分类后比较以及景观格局变化比较方法揭示荒漠化动态过程，监测结果的精度主要取决于图像分类的准确性（刘海江等，2008；Higginbottom and Symeonakis，2014）。除了直接利用卫星遥感影像开展地表分类外，植被指数也可用于划分荒漠化发展阶段和程度，目前被广泛应用的植被指数包括归一化植被指数和叶面积指数等。通过对植被指数的时间序列分析，可以开展长时序、大范围荒漠化监测预警。此外，土层厚度、土壤质地、土壤水分、有机质含量等土壤状况指标也是判定荒漠化的重要依据（Rajan et al.，2010）。为此，研究人员建立了地面土壤水分观测资料和遥感数据的相关模型（杨胜天等，2003）、地表土壤光谱特征与表层土壤颗粒组成的关系模型（Xiao et al.，2006）。

在国内也开展了一些重要的荒漠化监测和评价工作，如 1959 年中国科学院成立治沙队，围绕"查明沙漠情况，寻找治沙方针，制定治沙规划"的任务，连续 3 年对我国沙漠戈壁进行了多学科考察，基本查明了我国沙漠戈壁的面积、分布等情况。总的来说，在 20 世纪 80 年代之前，国内科研人员主要采用地面路线调查方式开展研究。地面调查通过土壤粒度、有机质含量、土壤水分、植被盖度、生物量、物种组成等的现状及变化来判断荒漠化的程度。进入 90 年代以后，国家林业局于 1994~1996 年组织技术人员在全国范围内进行了沙漠、戈壁及沙化土地普查，普查面积达 $4.57 \times 10^6 \ km^2$。由于采用了地面调查与卫星遥感技术、地理信息系统技术等现代地球信息技术相结合的技术路线，研究人员首次全面系统地查清了我国的沙漠、戈壁及沙化土地面积、分布现状和发展趋势，为防沙治沙和防治荒漠化提供了非常有用的信息支撑（林进和周卫东，1998；郭瑞霞等，2015）。

2.2.2　水土流失研究

传统的水土流失研究方法主要包括面向局地的定性判断方法、面向区域统计的调查和观测方法。面向局地的定性判断方法是指在局地尺度上，首先确定水土流失影响因子，然后依据一定的分级分类准则与综合模型（如简单的算术平均、加权平均或者层次分析法）或者运用特定的土壤侵蚀经验模型、机理模型等，定性、半定量或者定量地估算水土流失状况，如土壤侵蚀的类型、强度等。面向区域统计的调查和观测方法是指在全国或区域尺度上，首先采用随机抽样、层次抽样或系统抽样等空间抽样布局方法设置水土流失调查观测单元或样区，然后在样区内提取水土流失影响因子信息，并通过各种基于经验或基于动力机制的水土流失方程完成定量估算，最后通过统计方法予以汇总，得到整个区域的水土流失状况。

进入 20 世纪 80 年代以后，以遥感（remote sensing，RS）、地理信息系统（geographic information system，GIS）和全球定位系统（global position system，GPS）为代表的"3S"技术以及计算机数字模拟技术等为水土流失动态监测和评价提供了全新的技术支撑手段与评价思路。这一时期，水土流失的监测评价基本可以实现大区域尺度、快速和定量评价的目的。在应用卫星遥感和 GIS 技术开展水土流失监测评价时，基于卫星遥感影像的地表类型解译制图以及陆表生物物理和生物化学参数的反演与模拟，为提取水土流失过程关键影响因子提供了便利。GIS 分析中的各种地统计学方法可以有效地揭示水土流失在空间上的分布、变异和空间相关特征，同时将地表物理和地表化学参数的空间格局与水土流失过程联系起来，从而有效地解释各种因子对水土流失过程的影响。

在水土流失监测评价研究中，针对水土流失的各种模型研究得到长足发展。模型类型由最初的集总式模型发展到分布式模型，预报尺度也从最初的坡面尺度扩展到区域尺度。根据模型的建立方法和模型结构的不同，目前侵蚀模型可以分为三类：经验模型、物理过程模型和分布式模型。经验模型以大量实验和观测数据资料为基础，通过统计分析确定影响土壤侵蚀的主要因素，建立土壤流失量与环境因子的方程式模型，其中通用土壤流失方程（universal soil loss equation，USLE）是这类模型的代表。物理过程模型以已知降水径流条件和土壤侵蚀的物理过程为基础，利用水文学、水力学、土壤学、河流泥沙动力学及其他相关学科的基本原理，用数学物理关系描述侵蚀过程，预报给定时间段内的土壤侵蚀量。这类模型有水蚀预报项目（water erosion prediction project，WEPP）、GUEST（Griffith University erosion system template）等。分布式模型考虑了侵蚀的空间异质性，把参数的流域分布信息与分布式算法相结合，对流域内所有点的侵蚀过程进行同步模拟，预测流域侵蚀的时空变化过程。

在国外，1877 年德国土壤学家 Ewald Wollny 首次开展了土壤侵蚀定量研究（Meyer，1984）。1965 年 W. H. Wischmeier 和 D. Smith 在对美国东部地区 30 个州 10 000 多个径流小区近 30 年的观测资料进行系统分析的基础上，提出了著名的通用土壤流失方程。20 世纪 60 年代以来，各国学者开发了众多土壤侵蚀预报模型，以美国的 WEPP（Nearing et al.，1990）、欧洲的 EUROSEM（European soil erosion model）（Morgan et al.，1998）及 LISEM（Limburg soil erosion model）（De Roo et al.，1996）、澳大利亚的 GUEST（Rose et al.，1983）最为知名。其中 WEPP 是目前国际上最为完整、最复杂的土壤侵蚀理论模型，它几乎涉及与土壤侵蚀相关的所有过程，能够对水土流失过程进行有效的模拟和测量。LISEM 则实现了土壤侵蚀模型与 GIS 技术的有效结合，使研究结果具有更好的直观性和可视化效果。

我国科学家对水土流失的研究可以追溯到 20 世纪 20 年代金陵大学（1952 年其主体并入南京大学）森林系教授针对小流域水土流失开展的观测（鲁彦，2005）。20 世纪 40 年代初，黄河水利委员会在甘肃天水、庆阳和陕西绥德建立了 3 个水土保持试验站。中华人民共和国成立后，水利部门在全国范围内开展了全面、系统的水土流失定点观测和区域考察，针对黄河流域、长江流域等重点流域开展了一系列的水土流失监测及治理。2018 年，水利部组织开展了全国水土流失动态监测工作，全面掌握了全国、各省（自治区、直辖市）以及国家关注重点区域的水土流失面积及其强度变化，为科学推进水土流失综合防治工作奠定了坚实的基础。

2.2.3　石漠化研究

在以往的研究中，科学家多采用野外实地调查统计方法。近年来，遥感、地理信息系统逐渐被应用到喀斯特地区石漠化研究中。

在石漠化格局研究方面，主要是以航片或卫星遥感影像为数据源（如 Landsat TM/ETM 影像），通过人机交互解译或目视解译的方法提取喀斯特地貌分布、石漠化地区的土地利用结构（张平仓和丁文峰，2008；熊平生等，2010）。在过程研究方面，主要采用时序变化探测方法，即根据 2～3 期遥感影像，比较两个时相上的石漠化岩溶地区的各种变化（Kiernan，2009）。例如，研究者对比分析了广西都安瑶族自治县三个时期的土地利用/覆被格局及其时空变化，发现该地区近 20 多年来多种土地利用类型不同程度地退化为裸岩地，生态环境整体恶化，石漠化日趋严重（廖赤眉等，2004）。

为了深入揭示空间尺度在喀斯特地区石漠化中的作用，熊康宁等（2005）以贵州典型喀斯特地区贞丰县为例，研究了贞丰县、北盘江镇和花江示范区三级行政单元 1997～2003 年的土地利用变化过程和尺度差异。在黔中高原喀斯特小流域的土地利用/覆被变化研究中，研究学者特别关注了流域土地利用/覆被变化及其生态环境效应（路云阁等，2005）。此外，在喀斯特山区城市土地利用变化、贵州典型喀斯特环境退化和恢复研究中，研究人员从宏观土地变化角度对石漠化过程进行了深入分析（杨胜天和朱启疆，2000；侯英雨和何延波，2001）。

需要指出的是，由于研究者的研究背景和研究目的存在差异，他们的研究视角、研究方法、判别指标上的差异会进一步导致研究结果的具体表达存在明显差别。例如，周忠发（2001）应用多波段、多平台的遥感信息与 GIS 技术，将贵州省石漠化分为无石漠化、潜在石漠化、轻度石漠化、中度石漠化、强度石漠化、极强度石漠化 6 个等级。周德全等（2003）根据国际惯例以及长期的野外考察，将石漠化分为无石漠化、轻度石漠化、中度石漠化、重度石漠化、极重度石漠化和顶级石漠化。王艳强等（2005）从敏感性角度出发，将石漠化程度划分为不敏感、轻度敏感、中度敏感、高度敏感、极敏感 5 个等级。熊康宁等（2002）根据基岩裸露率、土地覆被、植被盖度、土壤平均厚度、坡度等将石漠化程度划分为无明显石漠化、潜在石漠化、轻度石漠化、中度石漠化和重度石漠化 5 个等级。

2.3　生态退化研究中的新技术、新方法

2.3.1　激光雷达

激光雷达（light detection and ranging，LiDAR）具有主动性强、穿透性强、扫描速度快、实时性强和精度高等特点，是一种主动遥感探测技术。LiDAR 技术已被应用于基础测绘、数字城市、工程测量、文物保护和变形监测等领域。LiDAR 技术可以获取毫米级三维点云数据，在高精度数字高程模型（digital elevation model，DEM）和植被垂直结构参数提取方面具有独特优势。

田佳榕等（2018）利用地基激光雷达（T-LiDAR）点云数据，选取叶面积指数、间隙率和郁闭度三种植被参数，对矿山的生态退化和恢复状况进行了监测评估。研究表明，随着三维点云像元的增大，不同生态修复阶段的采矿废弃地的叶面积指数和郁闭度均增大，间隙率均减小。Papoutsa 等（2016）将卫星遥感、激光雷达遥感结合起来，发现森林后向散射系数和植被密度随放牧强度的变化而变化，因此认为将激光雷达与光学成像系统联合起来，可以为区域生态恢复政策提供支撑。Glenn 等（2016）将 Landsat-8 OLI 卫星遥感时序数据与 ICESat-2 激光雷达数据结合，改善了旱地生态系统地上生物量及荒漠化预测结果的不确定性，其结果可以更加准确地判断草地生态退化的程度及生态承载力的大小。郭庆华等（2014）系统分析后指出，激光雷达技术能够在多重时空尺度上获取森林生态系统高分辨率的三维地形、植被结构参数，因此该技术在陆地生态系统碳循环、全球气候变化、生物多样性保护等方面将发挥重要作用。

2.3.2　无人机技术

借助无人机，可以全方位、多视角、高时效地获取特定区域内的地表扰动范围、生态状况和各类生态保护措施等重要信息要素，达到"天地一体、上下协同"的监管目标，同时能够节约人工调查的人力物力。由于无人机遥感具有能够快速响应应用需求、操作简单

方便、使用成本低廉，且能够获取高分辨率遥感影像等诸多优点，已经应用于资源环境监测、灾害评估、生态监测和评估等许多方面（胡健波和张健，2018）。

D'Oleire-Oltmanns 等（2012）利用无人机低空遥感技术，获取了区域三维数字模型，通过叠加原始地形图，对区域工程引起的土方开挖量、扰动面积等进行了准确测量。其研究结果表明，利用无人机获取的数据产品对水土流失的分析与实际水平相当。Sankey 等（2019）应用无人机技术对植被覆盖状况开展了监测，结果表明，无人机数据能够提供与真实测量数据大致相同准确性和详细程度的植被覆盖数据集，因此将无人机数据与历史测量数据相结合，可以指导生态恢复和管理活动。Wang 等（2018）综合利用无人机、Landsat-8 OLI 等遥感数据，建立基于多尺度遥感的基岩曝光率的定量提取方法，从而可以更精准地开展区域石漠化定量评价。宋清洁等（2017）采用无人机获取地表样方数据，并与 MODIS 植被指数产品相结合，建立了增强型植被指数、归一化植被指数与草地植被盖度之间相关性的模型。葛静等（2017）利用黄河源东部地区野外调查样方数据和 MODIS 遥感影像数据，结合农业多光谱相机、无人机等设备，构建了基于 MODIS NDVI、EVI 的草地盖度反演模型。

2.3.3　智能终端和 APP

在生态环境调查中，整合移动智能终端、移动 3S（GPS、RS 和 GIS）以及现代通信技术，设计并研发野外调查移动数据采集 APP 系统，可以实现野外调查数据的数字采集、智能校验、实时上传与有效管理，简化填报程序，规范填报内容，提高工作效率。

一般来说，野外调查的内容不仅包括文字信息，还包括照片、点位、观测仪器原始文件以及音频、视频等媒体信息，涉及样本点数量巨大，采用常规的纸质手簿方式进行野外调查，存在成本高、效率低、工作量大、填报不规范且容易出错等问题，影响结果的准确性和完备性，不利于数据集成与后续分析。即便是综合采用 GPS、数码相机、笔记本电脑等构成的现代信息化设备组合，也会因其便携性差、协同性弱、工作量大以及数据采集精度低等缺点，实际应用效果并不理想。

2010 年以来，以智能手机为典型代表的新一代移动智能终端迅速发展，以谷歌、百度、亚马逊、阿里巴巴等为代表的国内外云地图、云计算、云存储服务迅速成熟和商业化，加之 3G、4G 等通信网络的大面积覆盖和使用，在地学研究中，结合既有的数据基础和专业知识，开发基于移动智能终端和云服务的野外考察信息采集与验证系统成为可能。

当前，国内外一些研究机构和人员已经开始使用各种手持终端，如 Pad、智能手机等，开展野外调查，完成诸如地理要素测绘、辅助区域地质调查、生态环境背景调查等野外信息采集工作。例如，为弥补传统的土地资源调查流程烦琐、内外业分离、协同能力较差等缺点，董群等（2016）提出了基于安卓智能终端的便携式土地资源协同采集系统的架构设计。胡云锋等（2017）基于安卓手机开发了一套针对草地研究，具备样点布设规划、多源信息采集、遥感地图显示、自动报表输出等功能的信息协同采集系统。此外，国内外大量研究者还应用移动终端开发了针对电力巡检、外业影像调绘系统、车辆监控系统等应用的 APP 系统。

2.3.4　大数据方法

随着信息时代的快速发展，大数据技术和方法得到迅猛发展。在生态环境领域，大数据技术方法具有重要的支撑作用。2016 年 3 月，环境保护部办公厅①发布了《生态环境大数据建设总体方案》，为环保系统开展生态环境大数据建设提供了强有力的政策支持和技术框架。

生态环境大数据具有"空天地一体"的大数据特征。从数据规模来看，生态环境数据体量大，数据量也已从 TB 级别跃升到 PB 级别。例如，2011 年，世界气象中心就已经积累了 229TB 的数据，我国林业、交通、气象和环保等数据量级也都达到了 PB 级别。生态环境大数据的类型、来源和格式具有复杂多样性。数据类型包括气象、水利、国土、农业、林业、交通、社会经济等不同部门的各种数据。生态环境大数据需要将动态更新数据和历史数据相结合处理。此外，大数据技术的发展也使得研究不再局限于传统结构化数据类型，各种半结构化和非结构化数据（文本、项目报告、照片、影像、声音、视频等）均成为生态环境研究的数据基础（刘丽香等，2017）。

随着大数据的蓬勃发展，人们通过系统地收集、整理和存储各种与生态退化相关的数据，包括地面监测数据、遥感影像数据、社会经济数据、科学研究数据以及互联网新闻网站、论坛、微博等发布的有关资源环境的相关信息，实现了生态环境数据的整合和充分利用；利用分布式数据库、云计算、人工智能、认知计算等技术在大数据处理方面的优势，结合大数据各种算法库、模型库和知识库分析这些不同结构的数据，实现了数据与模型的融合，挖掘隐藏在海量数据背后的各种信息、过程和规律，可为治理和预防生态退化提供科学决策。

2.4　生态技术需求研究

2.4.1　需求评估

需求评估是一个连续的、系统化的过程，具体表现为一种诊断工具，应用于相关专业学科或领域的分析判断，为了达到某种管理目标而进行数据收集并做出科学决策的系统方法（Witkin and Altschuld，1999）。Reviere 等（1996）认为，需求评估是一项关注目标人群需求、系统化聚焦、基于经验和问题导向的应用型研究。Royse 等（2009）认为，需求评估是估计现有不足、确定需求、弥补不足和差距的方法体系。对生态技术进行需求评估，确定当前利用条件与期望状态之间的差距，即精准识别需求，找出现状问题以及解决这些问题的方法，可为合理利用资源、有效保护和管理资源提供决策依据。通过文献分析

---

① 环境保护部办公厅．关于印发《生态环境大数据建设总体方案》的通知．http：//www.mee.gov.cn/gkml/hbb/bgt/201603/t20160311_ 332712.htm。

发现，国内外出现多种关于需求及需求评估的定义，详见表2-1。

表2-1　需求及需求评估的定义

序号	需求及需求评估的定义	参考文献
1	需求评估是一个连续的、系统化过程，具体表现为一种诊断工具，应用于相关专业学科或领域的分析判断，为了达到某种管理目标而进行数据收集并做出科学决策的系统方法	Witkin 和 Altschuld（1999）
2	需求评估是一项关注目标人群需求、系统化聚焦、基于经验和问题导向的应用型研究	Reviere 等（1996）
3	在城市经济社会发展科技需求调研项目中，科技需求包括科技资源、科技发展基础设施和科技发展软环境。 具体调研包括以下几方面： 1）在城市建设与管理、区县工作和产业发展面临的问题定义清晰的情况下，为解决这些问题，需要科学技术做哪些工作，提供何种帮助。 2）在城市建设与管理、区县工作和产业发展面临的问题定义不清晰的情况下，为了诊断、发现、明确问题，需要科学技术做哪些工作，提供何种帮助。 3）为了改善和提高工作绩效，需要科学技术做哪些工作，提供何种帮助。 4）为了发展，工作当中需要哪些科学技术，需要科学技术做哪些工作，提供何种帮助	马林（2006）
4	1）社会工作中的需求评估是了解服务对象情况，确定其需求满足情况及其成因，形成暂时性评估结论的过程。 2）需求评估涉及界定需求主体、确定需求内容、分析需求不足或问题状况和原因、服务思路等方面的工作。 3）需求评估要把握需求不足（或问题）的状态如何，要明确需求不足所涉主体及其规模和分布，要了解需求不足的原因以及直接和间接后果，要弄清需求不足的界定主体	顾东辉（2008）
5	需求评估是估计现有不足、确定需求、弥补不足和差距的方法体系	Royse 等（2009）
6	1）技术需求评估项目中的技术需求是《联合国气候变化框架公约》（United Nations Framework Convention on Climate Change，UNFCCC）缔约方，特别是发展中国家缔约方应对气候变化的技术优选，包括设备、方法、实践经验和技能可以满足优先发展的需要，进一步被定义为国家/国际发展的优先项目。技术需求和需求评估活动的对象既可以是硬技术，也可以是软技术，如减缓和适应技术、识别管理措施、开发财政金融激励措施和能力建设等。 2）技术需求评估涉及多个利益相关者，一般以咨询的形式进行、确定优先技术、技术转让障碍及解决措施、监管方案等	UNDP（2010）、UNFCCC（2002）
7	与传统经济学意义上的需求不同，科技需求的内涵包括以下几方面： 1）经济学研究的需求旨在说明完全市场上的标准化产品在各个价格水平上的需求量；科技需求的主题对科技的认识往往是模糊的，也许并不清楚自己需要什么科学技术来满足自身发展的要求，因此强调对所需求产品本身的确认。 2）普通产品的需求目标就是满足消费者的欲望；科技需求方不仅需要可以直接使用的技术产品，还需要与之相匹配的技术人才、服务平台，乃至外界的科技环境。从实际效果看，科技需求是否得到满足应当以问题为导向，选择"某一问题是否得到解决""某个现实目标是否已经达到"等直接反映现状的客观标准。科技需求的满足是一个动态过程。 3）科技需求指人类在发展中遇到某些问题（如生态失衡）或希望实现某一目标（如提高健康水平）时需要具备的一定的科学知识和技术创新能力，以及为具备这种能力而需要的各类科技资源	马林（2010）
8	需求评估是系统性地收集客观数据和信息，揭示或增强对某项服务和计划需求的理解	Soriano（2013）

需求评估广泛应用于社会工作（Jung and Rawana，1999；顾东辉，2008）、人力资源（Barbazette，2006）、教育教学（阮绩智，2009；陈冰冰，2010）、知识管理（Nagarajan et al.，2012；张萍和周晓英，2015）等研究领域，并形成了一些数据收集方法和评估方法，前者包括文献资料法、结构/半结构式访谈、参与式观察、个案调查、问卷调查、测试等（Soriano，2013），后者包括层次分析法和多目标决策法（UNDP，2010）、目标情景分析法（阮绩智，2009）等。需求评估与项目评价的区别在于前者收集的需求数据用于决策和资源配置，后者更多地关注项目的当前效益和影响，需求评估是以目标为导向的项目评价（Soriano，2013）。

2.4.2　生态技术需求评估

生态技术是对生态环境友好、促进区域发展的技术总称。实践中应用的有效技术通常具备技术有效性、经济可行性和地域文化适宜性等特点，因此，需要构建一个充分考虑区域自然与人文特点的生态技术需求评估及可行性评价指标体系，并基于生态退化驱动因素的作用机理和生态技术的作用原理，形成动态匹配方案和可行性评价框架，挖掘出生态效果好、社会文化可接受、经济上可行且具有地域针对性、退化问题针对性、驱动机制针对性的生态技术体系。可见，生态技术需求评估在生态治理和恢复中具有重要作用。

技术需求评估在生态环境领域的实践应用集中在气候变化领域。宏观层面的技术需求是指设备、方法、实践经验和技能可以满足优先发展的需要，为国家或国际发展的优先项目。技术需求评估涉及多个利益相关者，一般以咨询的形式进行。技术需求和需求评估活动的对象既可以是硬技术，也可以是软技术，如减缓和适应技术、识别管理措施、开发财政金融激励措施和能力建设等（UNFCCC，2002）。技术需求评估作为《联合国气候变化框架公约》中的关键问题，是实施技术转让决议的要求（徐燕和邹骥，2003）。由全球环境基金（Global Environment Fund，GEF）资金资助、联合国环境规划署（United Nations Environment Programme，UNEP）实施的技术需求评估项目以识别气候变化减缓和适应技术需求为目标，协助《联合国气候变化框架公约》缔约方确定优先发展的减排技术。联合国开发计划署（United Nations Development Programme，UNDP）于 2010 年编制的《应对气候变化技术需求评估手册》主要用于帮助相关国家针对技术需求做出决策。该手册基于过去 10 多年对气候变化减缓和适应技术需求评估的经验与总结，提供了一系列技术需求评估方法，从而实现识别、评估和优选技术，并对现存技术的不足提供方法论和操作步骤、搭建分析框架，以提高能力建设水平和制定国家行动计划（UNDP，2010）。全球环境基金与世界银行共同开展的中国应对气候变化技术需求评估项目（2014 年）旨在支持我国在气候变化减缓和适应方面所需技术的评估工作。项目研发了技术评估的具体步骤，主要包括识别技术需求、确定技术供给、分析技术转让障碍，提出促进技术转让与传播的建议与对策；所涵盖的领域包括 12 个减缓行业和 4 个适应行业，如农业/林业（中国林业科学研究院森林生态环境与保护研究所，2016）、碳捕集与封存行业、废弃物处理行业、交通行业等。

生态技术需求评估是指梳理和挖掘技术供给清单及技术作用原理，分析技术需求地域生态背景，精确识别生态技术需求。生态技术需求评估应当遵循地域针对性、退化问题针对性、驱动机制针对性的原则，进行生态技术供给端和生态退化问题需求端因子的动态匹配。通过文献调查、问卷调查和利益相关者会议等，分析技术所针对的主要退化问题、作用原理、适用地域条件、关键技术指标和优缺点等，对生态技术及其模式进行分区、分类，筛选生成技术需求清单及核心技术（Witkin and Altschuld，1995；甄霖等，2019）。甄霖等（2019）通过对21个国际组织报告和文献的全面梳理、归纳和总结，应用文献计量和内容分析法分析发现，国外生态技术需求主要集中在4类15项技术，其中生物类技术种类最多（6项），并以抗逆性植物培育需求最高，人工建林、营建复合农林牧系统次之；其他类生态技术4项，其中对划区禁牧/轮牧/休牧/舍饲养殖、建立保护区均有较高需求；工程类技术3项，其中小型水坝建造需求最高，梯田建造需求次之；农作类技术2项，包括土壤改良、保护性耕作等。在生态技术需求分析实证研究方面，国内学者目前主要针对水土流失、石漠化和高寒退化草地等问题进行案例分析。针对我国西南石漠化区进行技术需求分析，以广西环江站为案例，分析发现，当前适宜解决环江石漠化问题的生态技术清单主要包括4类12项技术，并以工程类技术为先行措施，以生物类和农作类技术为巩固措施，以产业培育类技术为发展措施（杜文鹏等，2019）。针对我国黄土高原水土流失区进行技术需求分析，以安塞为案例，分析发现，为实现"水土保持型生态农业"的目标，安塞适合的技术需求包括坡面治理、沟道治理、造林整地、山坡植被恢复、林分改造和保护性耕作、退耕还林（草）等多方面技术需求（魏云洁等，2019）。针对三江源草地生态系统退化区进行技术需求分析，以玛沁县、玛多县、贵南县和久治县为案例，分析发现，根据不同的退化程度和海拔、降水等自然地理要素，案例区主要实施的生态技术模式分为5种组合：①围栏封育；②禁牧移民；③围栏封育+灭鼠；④围栏封育+灭鼠+人工建植/补播草地；⑤围栏封育+灭鼠+饲草地+舍饲畜棚（Zhen et al.，2018；Sheng et al.，2019）。

生态技术的有效性、地域性和经济适宜性等方面的评估对有针对性地选择治理技术至关重要，是技术需求评估的核心内容。基于社会经济的生态技术可行性评价框架的研发，以及耦合生态退化过程的形成机制和生态技术作用原理的生态技术需求匹配方案的形成，离不开利益相关者的参与。参与式评估方法是技术需求评估中必不可少的有效方法，最常见的包括群体访谈法中的参与式社区评估方法和个体访谈法中的问卷调查方法。参与式社区评估方法出现于20世纪60年代末，70年代得到发展，80年代初引入中国，90年代在一些领域广泛使用，如被广泛用于实地考察研究以解释人与自然之间的相互关系（Linde，1997；李宏伟和李发清，1999）。参与式社区评估方法则是人们自愿、积极和民主地参加发展目标确定、政策制定，参加社会、经济与生态发展项目的规划制定、实施和评估，共同分享发展成果。参与式社区评估方法注重参与者对所讨论问题的一致性的表态，而问卷调查方法比较注重被调查者或者调查样本对所提问题的差异性回答，从而找出个体间的差异，进而分析其中的原因（Kaplowitz and Hoehn，2001）。此外，成本效益分析法、投入产出法、利益相关者分析法目前在生态技术可行性评价框架的研究中应用较少，使用这些方法对生态技术需求及其可行性进行分析，将为本领域研究奠定方法学基础（虞晓芬等，2018）。

第 3 章　生态退化制图与生态技术需求评估方法

本章首先对生态退化识别及其热点监测制图的总体思路、方法、技术步骤进行描述，构建面向中国和全球两个尺度的生态退化及退化研究热点制图技术方案。然后从技术有效性、经济可行性和地域文化适宜性等多个维度构建生态技术需求评估框架，详细描述生态技术需求评估的 5 个步骤，并对荒漠化、水土流失、石漠化和退化生态系统等生态退化区的技术需求及其可行性进行评估，以期为生态退化区技术可行性筛选和评价提供方法，为我国生态文明建设和全球生态治理提供科学支撑。

3.1　生态退化与研究热点制图

3.1.1　总体框架设计

3.1.1.1　总体框架

分析荒漠化、水土流失、石漠化和退化生态系统 4 种典型生态退化过程的表现形式、驱动机制、人类感知及语义表达特点，集成多源、多尺度的生态退化关键要素数据库。在此基础上，一方面应用层次分析法、空间聚类法、决策树等经典方法，识别和划分上述典型生态退化区域；另一方面应用网络爬虫和大数据技术，开展上述典型生态退化地区的识别与空间定位。将上述两方面研究成果综合起来，研究其时空差异及其形成机制，构建形成综合要素聚合与互联网热点发现方法的生态退化识别与空间定位技术体系，并在全球和中国开展典型生态退化识别与空间定位应用。生态退化与研究热点制图技术路线如图 3-1 所示。

3.1.1.2　技术方法

在全球和区域尺度上刻画生态退化空间分布研究中，现场调查、地图汇编、卫星遥感、模型模拟等均是经典的 RS、GIS 技术研究中行之有效的方法，而基于互联网搜索和大数据分析的方法则正快速成为获取海量数据并快速动态分析生态问题的高效方法。本研究综合应用上述方法。

1）地图汇编：目的在于应用既有的生态退化空间区划数据以及其他相关背景数据，实现多种生态退化类型的综合制图。

2）卫星遥感：主要是应用地表植被参量（NDVI、NPP 等）进行长时序的趋势分析，判别生态系统变化方向，确定生态演变的性质。

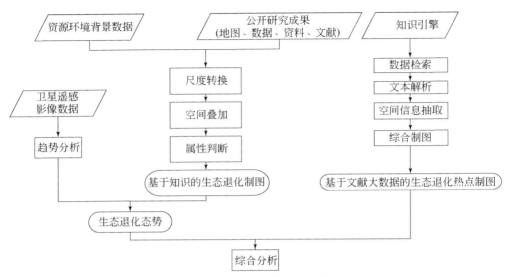

图 3-1　生态退化与研究热点制图技术路线

3）大数据抓取和分析：从海量的互联网数据资源中抓取和分析全球和区域生态退化研究的热点区域，为生态退化研究热点制图提供依据。

3.1.2　基于知识地图和遥感的生态退化制图

3.1.2.1　基本原理

制图综合是根据地图用途、制图区域地理特点和比例尺等条件，通过科学的抽象和概括完成信息集成、融合、凝练和表达任务。制图综合所依据的原则和操作依据，主要来源是制图综合编图规范和制图综合专家的经验积累（应申和李霖，2003；王家耀和钱海忠，2006；李淑霞和马英莲，2007）。

本研究将目前已公开发表的荒漠化、石漠化、水土流失、退化生态系统等生态相关研究成果作为基础，对收集到的多个成果进行研读、筛选、判断、分析和综合，获得基于知识地图的中国和全球生态退化空间分布结果。

3.1.2.2　技术方案

基于知识的生态退化制图的技术路线如图 3-2 所示。首先，运用谷歌、百度、CNKI、WOS 等搜索引擎和知识库，对全球和中国的荒漠化、水土流失、石漠化等相关生态退化研究成果（地图、数据、资料、文献）进行广泛收集，形成相应的空间数据库（矢量、栅格）、图片/地图库和文献库。其次，对高分辨率图片/地图成果，开展空间地理纠正和空间化（矢量化、栅格化）、对重要文献信息进行空间点位标识。再次，运用空间代数方法，将多源、多尺度生态退化相关数据库进行叠置分析，并辅以生态地理背景知识综合分析。最后，获得基于既有多语种文献、地图、数据和资料，融合形成具有广泛共识的全球和中国生态退化空间分布图。

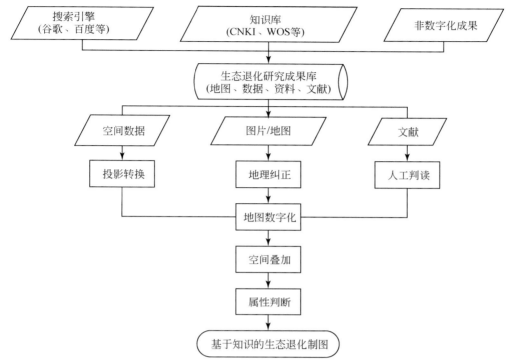

图 3-2　基于知识的生态退化制图的技术路线

3.1.3　基于文献大数据的生态退化热点制图

3.1.3.1　基本原理

随着互联网搜索引擎和大数据技术的快速发展，运用网络爬虫、机器学习、数据建模等技术，从在线或离线大数据中开展数据搜索、信息提取、地理空间分析和空间制图，结合专业领域的模型方法开展分析，是大数据时代快速、准确获取新信息和新知识的重要手段。地理研究进入数据密集的时代后，我们可以通过大数据来为地理知识的发现和空间建模提供新的信息与方法，但是这中间也存在着一些挑战，如怎样建立真实且可理解的数据驱动的空间分析与挖掘模型（Miller and Goodchild，2015）。大数据的挖掘不仅仅是单纯的信息提取，而是应该去挖掘其中非可见的隐含知识（王劲峰等，2014）。知识库是专家知识成果的集合，蕴含着大量的生态退化相关信息，因此可以将知识库（CNKI 和 WOS）作为数据来源，在开展主题词搜索、中文分词、地址识别及地名匹配基础上，研究生态退化问题热点区的识别方法，构建全球和中国生态退化研究热点空间分布数据库。

3.1.3.2　技术方案

基于文献大数据的生态退化研究热点制图的技术路线如图 3-3 所示。首先，根据荒漠化、水土流失、石漠化问题中英文的表达习惯设置检索关键词，应用网络爬虫技术对 CNKI 及 WOS 进行全面检索，对检索结果进行解析及下载，获得文献标题、作者、出版时间、摘要等信息，并将其存储到本地文件库及数据库中。其次，应用自然语言处理技术对文本中的空间信息进行抽取，获取文本中隐含的地理信息及其地理位置。再次，对各位置出现次数进行统计，构建研究热度模型，计算得到中国荒漠化、水土流失、石漠化研究热度空间分布；为进一步探讨各类热度的动态变化情况，对研究时间段进行拆分，获取各年代研究热度空间分布。最后，对各类生态退化问题研究热度结果进行空间叠加，获得生态退化研究热点综合分析结果。关于全球和中国生态退化研究热点制图的技术细节及其成果将在第 4 章和第 6 章分别进行详述。

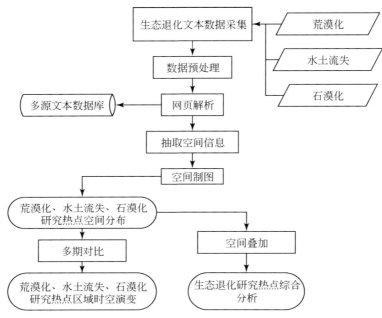

图 3-3   基于文献大数据的生态退化热点制图的技术路线

3.2   生态技术需求评估

3.2.1   相关术语

1）生态技术需求评估：生态技术需求评估是为了达到生态治理和恢复的目的，在对生态退化区进行退化问题诊断和生态技术应用评估的基础上，考虑退化问题针对性需求（退化问题及分布、退化特征与趋势、治理现状及效果）、技术适用性需求（技术有效性、技术成本与社会文化可接受性）、社会经济效益需求，实现生态技术应用的需求分析、筛选和优选。

2）生态退化诊断：微观尺度上，以科学研究为目的，确定某一小范围生态系统退化的程度和成因；宏观尺度上（指大面积土地退化的监测），在国家和区域尺度对整个生态系统的退化情况进行监测和评估，并作为制定相关政策的依据。

3）生态技术需求分析：在梳理现有技术的基础上，通过获取多源需求数据，评估生态技术应用地区现有技术存在的问题，依据退化类型、退化强度、退化驱动因子等匹配变量，形成治理生态退化问题的技术需求和技术供给的技术配置方案。

4）生态技术链：从恢复生态学角度看，生态治理过程的每个阶段需要运用不同技术，各技术之间存在承接关系，即一种技术的获得和使用一般要以另一种技术的获得和使用为前提，因此相关技术之间形成了一种链接关系，最终形成针对某一生态退化区（问题）生态治理的多种技术组合。

5）技术需求清单：从生态技术供给清单中，根据技术的作用机制和适用地域条件等匹配形成适宜某一生态退化问题的技术清单。

6）关键核心技术清单：通过生态与环境效益、经济可行性、社会文化可接受性、机制体制保障性和技术适应性等多维评估，从技术需求清单中筛选形成适宜某一退化区的若干生态技术。

7）优选技术清单：在关键核心技术清单基础上，从技术成本、技术潜力等不同角度进行技术排序和优先级确定，最终形成可在实践中应用的技术清单。

3.2.2　总体框架与方法体系

3.2.2.1　总体框架

采用现场调研、问卷调查、专家座谈会等方法，并结合文献资料，构建生态技术需求评估总体框架，具体包含以下 5 部分内容（图 3-4）。

（1）生态退化诊断

针对生态退化问题，首先确定生态治理的各利益主体和数据收集方法以及评估方案。通过分析文献资料和属性、空间数据，结合野外调研和专家知识，进行生态系统退化问题诊断，综合分析生态退化类型、分布与等级现状，分析和判断生态退化驱动因素的作用机理及演化趋势。其次结合区域发展要求确定治理和修复的目标。从社会–生态系统角度，制定短期目标和长期目标，其中短期目标包括物种恢复、景观格局优化、增强生态系统功能、提高生态效益等；长期目标包括实现合理的生态系统管理、发展现代农林牧业、构建和谐的人地关系。从生态系统功能角度，治理和恢复目标包括水源涵养、防风固沙、水土保持、生物多样性保护、洪水调蓄、农林牧生产等。

（2）技术需求分析

在生态退化诊断的基础上，梳理和挖掘技术供给清单及技术作用原理，分析技术需求地域生态背景，精确识别生态技术需求；遵循地域针对性、退化问题针对性、驱动机制针对性的原则，进行生态技术供给端和生态退化问题需求端关键因子的动态匹配。通过分析技术所针对的主要退化问题、作用原理、适用地域条件、关键技术指标和优缺点等，对生

图 3-4　生态技术需求评估总体框架

态技术及其模式进行分区、分类，依据不同治理阶段的生态技术链（先行性技术—巩固性技术—发展性技术），筛选生成技术需求清单。

（3）可行性评价

针对当前部分生态技术应用不可持续、利益相关者参与度不高、保障体系不完善等主要问题，综合考虑生态与环境效益、经济可行性、社会文化可接受性、机制体制保障性和技术适应性 5 个维度，应用利益相关者分析、参与式社区评估、模糊评价等数据收集和分析方法，构建生态技术可行性评价指标体系，界定其含义和测度单位，将生态与环境效益、经济可行性、社会文化可接受性、机制体制保障性和技术适应性维度中的各类指标作为变量，设计评分标准并赋予权重，进行生态技术需求的可行性评价，排序、筛选并形成关键核心清单。

（4）技术优选

采用技术成本、技术成效和技术潜力等指标，应用最小成本法、多准则决策和层次分析法对关键核心技术从不同需求角度进行优先级排序，形成优选技术清单。

（5）应用指南

收集优选技术的相关信息，包括具体的技术细节、必要的国内外案例分析、关键子技术应用策略，进行技术空间优化组织和模式组合，制定技术空间配置方案，完成生态技术需求评估应用指南，加速技术研发、转化、推介和转让，为生态技术可持续应用和管理提供决策支持依据。

3.2.2.2　指标体系

指标体系的构建依据包括（图 3-5）：①联合国可持续发展目标（United Nations Sustainable Development Goals，SDGs），如 SDG 1 无贫穷，SDG 2 零饥饿，SDG 3 良好健康与福祉，SDG 4 优质教育，SDG 6 清洁饮水和卫生设施，SDG 7 经济适用的清洁能源，SDG 8 体面工作和经济增长，SDG 11 可持续城市和社区，SDG 13 气候行动和 SDG 15 陆地生物；②国家生态文明建设目标，如加快修复山水林田湖草"命运共同体"，从保护到修复"坚持节约优先、保护优先、自然恢复为主的方针"；③区域发展目标，如构建有利于区域生态功能的提升、与经济发展相协调、生态链与产业链有机结合的治理模式。

图 3-5　生态技术可行性评价指标体系的构建依据

指标选取过程中应遵从以下原则：①科学性。评价指标既要立足现有的基础和条件，能够科学客观地反映不同地区、不同资源条件下的生态系统现状，又要考虑不同发展水平和不同地区的可比性，避免指标间内容的相互交叉和重复。对生态技术进行需求评估时，同一指标的评价所采用的评价标准和评价方法必须一致，以便于比较和分析，并能反映生态技术可行性的含义和实现的程度。②定性与定量相结合。在生态技术需求评估的众多维度中，有些因素可以定量化，而有些难以定量表示，指标体系应尽量选择可量化指标，充分考虑数据的可获取性；无法量化的重要指标采用定性描述指标。③可操作性。评价指标应便于对生态技术筛选进行实际指导，对指标的描述必须做到明确、具体、准确、简明、易懂。在不影响指标系统性的原则下，尽量减少指标数量，以提高指标的操作性和实用性。

评价指标分为一级指标和二级指标（表 3-1）。其中一级指标的生态与环境效益主要考虑技术应用后生态效益和环境效益改善的程度；经济可行性主要考虑技术应用后国家和居民从中获取的经济效益；社会文化可接受性主要考虑技术应用后居民的接受意愿和社会效益；机制体制保障性主要考虑技术应用的政策、法规、机构的保障程度；技术适应性主要考虑成本和地域适宜性等。二级指标包括必选指标和可选指标，根据不同退化类型和退化问题选取相应指标。必选指标应全部进行评价，在必选指标评价的基础上针对不同退化类型和不同地域开展可选指标的评价。

表 3-1　生态技术需求可行性评价指标体系

一级指标	二级指标	指标描述	指标类型	适用退化类型
生态与环境效益	林草盖度变化率	乔木林、灌木林与草地等林草植被面积之和占区域土地面积的比例的变化率	必选	荒漠化、水土流失、石漠化、退化生态系统
	生物多样性提升程度	生物多样性指数变化	必选	
	土壤侵蚀模数变化	减少的地表径流量和减少的土壤侵蚀量	必选	荒漠化、水土流失、石漠化
	土壤改良效益	土壤水分、氮、磷、钾、有机质、团粒结构、空隙率等变化	必选（至少选择1个指标）	荒漠化、水土流失、石漠化、退化生态系统
	固沙面积变化率	沙地面积变化速度	必选	荒漠化
	基岩裸露率改善程度	岩石裸露率的减少率	必选	石漠化
	退化指示物种的减少程度	退化指示物种个体数相对百分数的减少率	必选	退化生态系统
	调节径流	年径流量、旱季径流量和雨季径流量的变化	可选	水土流失、石漠化
	本地污染减缓程度	技术应用是否会给本地带来环境退化问题，是否使用可降解材料	必选	荒漠化、水土流失、石漠化、退化生态系统
	辐射效应	技术应用是否会给流域的上下游或周边区域带来环境退化问题	可选	
经济可行性	作物/牧草/木材增产量	单位面积增产量	必选	荒漠化、水土流失、石漠化、退化生态系统
	作物/牧草/木材增产值	单位面积增产值	必选	
	提高收入水平	技术应用对人均年收入的贡献	必选	
	节约的农地面积	基本农田增产带来的陡坡退耕，比坡耕地节约的土地面积	可选	水土流失、石漠化
社会文化可接受性	提供就业岗位	技术应用增加的就业岗位数量	必选	荒漠化、水土流失、石漠化、退化生态系统
	提高劳动生产率	技术应用后单位劳工的产值	必选	
	认知	当地居民知晓并了解生态技术的人数比例	必选	
	意愿	当地居民愿意实施生态技术的人数比例	必选	
	减贫作用	技术应用后贫困户占比	可选	
	信仰习俗	生态技术是否与当地宗教习俗冲突	可选	

续表

一级指标	二级指标	指标描述	指标类型	适用退化类型
机制体制保障性	国家投资比例	国家投资占总成本投入的比例	必选	荒漠化、水土流失、石漠化、退化生态系统
	利益相关者的参与程度	技术研发、应用、维护、决策的各个环节中，核心利益相关者的参与程度	必选	
	法规条例	技术应用所需的法律法规完善	必选	
	与产业关联程度	技术应用的衍生产品是否有完整的产业链配套	必选	
	机构设置	有无专门机构负责技术应用和管理	可选	
技术适应性	立地适宜性	技术应用需要的立地条件与区域条件的适合程度	必选	荒漠化、水土流失、石漠化、退化生态系统
	社会经济发展水平适宜性	技术应用成本与区域经济发展水平的适合程度	必选	
	产投比	增加的收入与投入资金之比	必选	
	技术可替代性	技术是否可以被其他技术所替代，是否有应用潜力	必选	
	投资回收年限	基本建设投资回收年限	可选	
	劳动力适合程度	技术应用需要的劳动力的匹配程度	可选	

3.2.3　评估步骤和方法

通过生态退化诊断、技术需求分析、可行性评价、技术优选和应用指南五步骤评估，确定技术需求，具体实施方案如下。

3.2.3.1　生态退化诊断

生态退化诊断是对生态系统退化程度进行诊断和判定，通过建立科学、合理的评价指标体系判定其退化程度（董世魁等，2009）。用于表征生态系统退化的指标有很多，各个指标之间可能相互交叉；针对不同尺度和不同区域的退化问题，选取的退化指标也不同。生态退化诊断应遵循定性指标与定量指标相结合的原则，建立相应的退化诊断指标体系。针对生态退化问题，确定生态治理的多重利益主体及其数据收集方法和评估方案，通过分析属性数据、空间数据和文献资料，结合野外调研和专家知识进行生态系统退化问题诊断，综合分析生态退化类型、分布和等级，分析和判断生态退化驱动因素的作用机理及演化趋势。

（1）退化诊断调查

基于文献分析、实地调研结果，设计生态退化诊断调查表，并对利益相关者开展问卷调查，诊断生态退化状态。生态退化诊断调查表主要包括生态系统退化的类型及成因，重点判定其退化程度（表 3-2）。生态系统结构和功能变化导致生态退化，而引起生态系统结构和功能变化的主要原因是人类活动，部分来自气候变化、灾害等自然地理环境的影响，有时两者叠加发生作用（任海和彭少麟，2001）。

表 3-2　生态退化诊断调查表样表

退化区名称	退化类型	退化程度	主要驱动因子		治理目标	
			自然	人为	短期	长期
退化区 1	水土流失、荒漠化、石漠化、退化生态系统	定性与定量评价，见 3.2.3.1（2）	风蚀、水蚀、盐渍化、重力侵蚀、冻融侵蚀、干旱、洪涝、鼠害、虫害等	工矿开采、基础设施建设、过度开垦、过度放牧、过度樵采、不合理耕作、水资源不合理开发等	修复和治理已退化土地、减缓退化速度	预防或避免潜在退化、提升生态功能

（2）退化程度定量评价

针对水土流失、荒漠化、石漠化和退化生态系统等生态退化问题，依据相关国家标准和行业标准，选取不同的退化程度诊断方法。

1）水土流失程度。我国水土流失程度分类分级标准，实际上采用的是《土壤侵蚀分类分级标准》（SL 190—2007）中的水力侵蚀强度分级来表征（表 3-3），分为微度、轻度、中度、强烈、极强烈和剧烈 6 个级别；共涉及 5 个类型区，分别为西北黄土高原区、东北黑土区、北方土石山区、南方红壤丘陵区、西南土石山区。

表 3-3　水力侵蚀强度分级

级别	平均侵蚀模数/[t/(km²·a)]	平均流失厚度/(mm/a)
微度	<200（东北黑土区、北方土石山区），<500（南方红壤丘陵区、西南土石山区），<1000（西北黄土高原区）	<0.15（东北黑土区、北方土石山区），<0.37（南方红壤丘陵区、西南土石山区），<0.74（西北黄土高原区）
轻度	200，500，1 000 ~ 2 500	0.15，0.37，0.74 ~ 1.9
中度	2 500 ~ 5 000	1.9 ~ 3.7
强烈	5 000 ~ 8 000	3.7 ~ 5.9
极强烈	8 000 ~ 15 000	5.9 ~ 11.1
剧烈	>15 000	>11.1

注：本表流失厚度系按土壤干密度 1.35g/cm³ 折算，各地可按当地土壤干密度计算。

资料来源：《土壤侵蚀分类分级标准》（SL 190—2007）

2）荒漠化程度。日平均风速不小于 5m/s、全年累计 30 天以上，且多年平均降水量小于 300mm（但南方及沿海风蚀区，如江西鄱阳湖滨湖地区、滨海地区、福建东山等，不在此限值之内）的沙质土壤地区，应定为风力侵蚀区。风力侵蚀的强度分级应符合表 3-4 的规定，并以此来表征荒漠化程度。此外也可以参照《沙化土地监测技术规程》（GB/T 24255—2009）中的沙化土地程度分级，将荒漠化程度分为轻度、中度、重度和极重度 4 个等级（表 3-5）。

表 3-4　风力侵蚀强度分级

级别	床面形态 （地表形态）	植被覆盖度/% （非流沙面积）	风蚀厚度 /（mm/a）	侵蚀模数 /［t/（km² · a）］
微度	固定沙丘、沙地和滩地	>70	<2	<200
轻度	固定沙丘、半固定沙丘、沙地	50 ~ 70	2 ~ 10	200 ~ 2 500
中度	半固定沙丘、沙地	30 ~ 50	10 ~ 25	2 500 ~ 5 000
强烈	半固定沙丘、流动沙丘、沙地	10 ~ 30	25 ~ 50	5 000 ~ 8 000
极强烈	流动沙丘、沙地	<10	50 ~ 100	8 000 ~ 15 000
剧烈	大片流动沙丘	<10	>100	>15 000

资料来源：《土壤侵蚀分类分级标准》（SL 190—2007）

表 3-5　沙化土地程度分级

级别	植被盖度	风沙流活动	作物	缺苗率
轻度	≥50%	基本无	一般年景作物能正常生长	<20%
中度	30% ~ 50%	不明显	长势不旺	20% ~ 30%，且分布不均
重度	10% ~ 30%	明显或流沙纹理明显可见	生长很差	≥30%
极重度	<10%	—		

资料来源：《沙化土地监测技术规程》（GB/T 24255—2009）

3）石漠化程度。考虑自然因素和社会经济因素，从人地关系出发，以人地系统和谐统一为目标，选取岩石裸露率、土地覆被类型、植被+土被覆盖率、坡度等关键因子作为划分石漠化程度分级的标准和依据（表 3-6）。

表 3-6　石漠化程度分级　　　　　　　　　　　　　　（单位：%）

级别	0.2km² 图斑 岩石裸露率	0.2km² 图斑植被+ 土被覆盖率	参考指标
无	<20	>80	坡度≤15°的非梯土化旱坡地、田间坝子、建筑用地等，生态环境良好，林灌草植被浓密，无水土流失或水土流失不明显；宜农、宜林、宜牧地
潜在	20 ~ 30	70 ~ 80	坡度>15°的非梯土化旱坡地、草地等，林灌草植被稀疏，成土条件好但水土流失明显，有岩石裸露的趋势
轻度	31 ~ 50	50 ~ 69	岩石开始裸露，土壤侵蚀明显，图斑植被结构低、以稀疏的灌草丛为主，或人工旱地植被
中度	51 ~ 70	30 ~ 49	石质荒漠化加剧，土壤侵蚀严重，土层浅薄，多为石质坡耕地和稀疏灌丛草坡
强度	71 ~ 90	10 ~ 29	石质荒漠化强烈，基本无土可流，多为即将丧失农用价值的难利用地
极强度	>90	<10	完全石质荒漠化，地表无土可流，农用价值丧失，成为典型的难利用土地

资料来源：熊康宁等（2002）

4）草地退化程度。草地退化是指天然草地在干旱、风沙、水蚀、盐碱等不利自然因素的影响下，或过度放牧与割草等不合理利用，或滥挖、滥割、樵采破坏草地植被，引起草地生态环境恶化，草地牧草生物产量降低，品质下降，草地利用性能降低，甚至失去利用价值的过程。草地退化程度分级可依据《天然草地退化、沙化、盐渍化的分级指标》（GB 19377—2003）中的标准进行评价（表 3-7）。

表 3-7　草地退化程度的分级与分级指标　　　　　　　　　　（单位:%）

监测项目			草地退化程度分级			
			未退化	轻度退化	中度退化	重度退化
必须监测项目	植物群落特征	总覆盖度相对百分数的减少率	0~10	11~20	21~30	>30
		草层高度相对百分数的降低率	0~10	11~20	21~50	>50
	群落植物组成结构	优势种牧草综合算术优势度相对百分数的减少率	0~10	11~20	21~40	>40
		可食草种个体数相对百分数的减少率	0~10	11~20	21~40	>40
		不可食草与毒害草个体数相对百分数的增加率	0~10	11~20	21~40	>40
	指示植物	草地退化指示植物种个体数相对百分数的增加率	0~10	11~20	21~30	>30
		草地沙化指示植物种个体数相对百分数的增加率	0~10	11~20	21~30	>30
		草地盐渍化指示植物种个体数相对百分数的增加率	0~10	11~20	21~30	>30
	地上部产草量	总产草量相对百分数的减少率	0~10	11~20	21~50	>50
		可食草产量相对百分数的减少率	0~10	11~20	21~50	>50
		不可食草与毒害草产量相对百分数的增加率	0~10	11~20	21~50	>50
	土壤养分	0~20cm 土层有机质含量相对百分数的减少率	0~10	11~20	21~40	>40
辅助监测项目	地表特征	浮沙堆积面积占草地面积相对百分数的增加率	0~10	11~20	21~30	>30
		土壤侵蚀模数相对百分数的增加率	0~10	11~20	21~30	>30
		鼠洞面积占草地面积相对百分数的增加率	0~10	11~20	21~50	>50
	土壤理化性质	0~20cm 土层土壤容重相对百分数的增加率	0~10	11~20	21~30	>30
	土壤养分	0~20cm 土层全氮含量相对百分数的减少率	0~10	11~20	21~25	>25

注:监测已达到鼠害防治标准的草地,须将"鼠洞面积占草地面积相对百分数的增加率(%)"指标列入必须监测项目。
资料来源:《天然草地退化、沙化、盐渍化的分级指标》(GB 19377—2003)

5)荒漠化程度与植被特征的参考关系。荒漠化程度主要用植被生产力衡量,需要用干重、鲜重、品质或覆盖率、高度、种类等指标综合评价。对植被退化的评价,应执行《天然草地退化、沙化、盐渍化的分级指标》(GB 19377—2003)中的规定。根据表 3-8 对荒漠化程度进行评价,其中植被覆盖率、指示植物数量用当年数据,高度降低率及总产草量用前 5 年(含当年)平均数,采用择重法,以表现最重者的等级为准。

表 3-8　植被特征与荒漠化程度参考关系　　　　　　　　　　（单位:%）

植被特征	荒漠化程度				
	非荒漠化	轻度	中度	重度	极重
植被覆盖率	>70	50~69	30~49	10~29	<10
高度降低率(与10年前相比)	<10	11~20	21~35	36~50	>50
指示植物株数减少率	0	<10	11~20	21~30	>30
总产草量或干重减少率(与10年前相比)	<10	11~20	21~35	36~50	>50

资料来源:《土地荒漠化监测方法》(GB/T 20483—2006)

6)荒漠化敏感性。选取干燥度指数,≥6m/s 起沙风天数、土壤质地、植被覆盖度作为荒漠化评价指标。

$$D_i = 4\sqrt{I_i \times T_i \times C_i} \tag{3-1}$$

式中，D_i 为 i 像元荒漠化敏感性指数；I_i、T_i、C_i 分别为 i 评价单元的干燥度指数、
≥6m/s 起沙风天数、土壤质地和植被覆盖度。干燥度指数采用修正的谢良尼诺夫公式计
算；≥6m/s 起沙风天数选用冬春季节（12 月至次年 5 月）大于 6m/s 起沙风天数；植被
覆盖度由 NDVI 计算得到。评价指标及分级赋值标准见表 3-9。

表 3-9　荒漠化敏感性评价指标及分级赋值标准

类型	干燥度指数	≥6m/s 起沙风天数	土壤质地	植被覆盖度	分级赋值	分级标准
不敏感	<1.5	≤15	基岩	裸地（≤0.10）	1	1.0~2.0
轻度敏感	1.5~2.0	15~30	黏质	适中（0.10~0.15）	3	2.0~4.0
中度敏感	2.0~5.0	30~45	砾质	较少（0.15~0.30）	5	4.0~6.0
高度敏感	5.0~20.0	45~60	壤质	稀疏（0.30~0.45）	7	6.0~8.0
极敏感	>20.0	>60	沙质	茂密（>0.45）	9	>8.0

资料来源：国家环境保护总局 2002 年发布实施的《生态功能区划暂行规程》和邸富宏（2015）

3.2.3.2　技术需求分析

在技术需求分析阶段，梳理和挖掘技术供给清单及技术作用原理，分析技术需求地域生
态背景，精确识别生态治理技术需求；对需求端的退化问题和供给端的技术作用原理进行逐项
匹配，筛选并形成生态治理技术需求清单，以便开展下一阶段的技术可行性评价和技术优选。

（1）需求调查

参与需求调查的利益相关者：负责生态治理政策制定和管理的相关政府部门，如生态
环境部门、农业农村部门、林业和草原部门等；负责生态治理科学研究并提供技术支持的
机构，如高校、研究所、行业研发机构等；负责生态治理实践的地方机构，如水利局、草
原站等；从事生态治理的企业、行业协会、技术应用者或供应商；受到生态退化影响并将
使用生态技术的家庭、社区、小型企业和农民；为技术研发与应用提供资金的团体和捐赠
者，如基金会；致力于生态保护与社会发展的国际组织或非政府组织。生态技术需求评估
中利益相关者调查问卷样表见表 3-10。

表 3-10　生态技术需求评估利益相关者调查问卷样表

现有技术名称	技术 1	技术 2
技术应用效果	应用难度：	应用难度：
	成熟度：	成熟度：
	效益：	效益：
	适宜性：	适宜性：
	推广潜力：	推广潜力：
存在问题		
需求技术名称	需求技术 1	需求技术 2
功能和作用		
拟解决的问题		

明确利益相关者的角色和责任：核心利益相关者小组可以达到 20 ~ 25 人，其中 10 ~ 15 人为技术的使用者。保证利益相关者小组的灵活性，受生态退化影响和具备相关专业知识的利益相关者均可以加入。

引导式的参与过程：召开利益相关者会议，由协调员组织引导技术需求讨论以确保高效利用时间，并对讨论内容和决策理由进行详细记录，会后发放记录并收集反馈意见。针对具体的技术评价，主要从应用难度、成熟度、适宜性、效益和推广潜力 5 个方面进行打分。应用难度指技术应用过程中对使用者技能素质的要求及技术应用的成本；成熟度指技术体系完整性、稳定性和先进性；适宜性指技术与应用区域发展目标、立地条件、经济需求、政策法律配套的一致程度；效益指技术应用后对生态、经济和社会带来的促进作用；推广潜力指在未来发展过程中该项技术持续使用的优势。采用 5 点量表打分，1 代表难应用、成熟度低、适宜性差、效益差、推广潜力小，5 代表易应用、成熟度高、适宜性好、效益好、推广潜力大。需求技术功能和作用主要包括水土保持、防风固沙、蓄水保水、水质维护、增加土壤抗蚀性、维持生物多样性、水源涵养、防灾减灾、增加植被覆盖、农田保护、拦截径流、拦沙减沙、提高产量等。

（2）需求分析

通过文献调查、问卷调查和利益相关者会议等不同来源，识别退化区的生态退化原因、关键退化问题或治理中存在的问题，从而识别生态治理的需求，形成技术需求清单。技术需求清单模板见表 3-11，可在具体评估时参考使用。

表 3-11　技术需求清单模板

类别 a	名称	作用原理 b	适用退化类型 c	适用地域 d	适用的退化程度 e	适用的退化原因 f	针对的退化或治理问题	治理阶段 g	技术来源 h
工程	淤地坝	沟道滞洪拦沙	水土流失	Ⅰ、Ⅱ、Ⅲ	中度、重度	水蚀	旧坝：缺少监测评价；新坝：坡面植被恢复好，坝地形成速度慢	先行	《水土保持综合治理 技术规范 沟壑治理技术》（GB/T 16453.3—2008）
生物/农作/其他	技术 2/3/4	…	…	…	…	…	…	…	…

注：a. 工程、生物、农作和其他（管理等）。b. 增加植被覆盖、增加土被覆盖、减少重力侵蚀、减少风蚀、增加土壤抗蚀性、增加土壤入渗、拦蓄地表径流、坡面排水、调节小流域径流、减轻土壤侵蚀（面蚀、沟蚀）、拦蓄坡沟泥沙、减轻自然灾害、促进社会进步、提高经济效益。c. 水土流失、荒漠化、石漠化、退化草地。d. 中国：Ⅰ东北黑土区、Ⅱ北方风沙区、Ⅲ北方土石山区、Ⅳ西北黄土高原区、Ⅴ南方红壤区、Ⅵ西南紫色土区、Ⅶ西南岩溶区、Ⅷ青藏高原冻融侵蚀区；全球：热带、亚热带、温带和寒带。e. 轻度、中度、重度。f. 自然：风蚀、水蚀、盐渍化、重力侵蚀、冻融侵蚀、干旱、洪涝、鼠虫害；人为：工矿开采、基础设施建设、过度开垦、过度放牧、过度樵采、不合理耕作、水资源不合理开发。g. 先行（工程和生物）、巩固（生物和农作）、发展（管理）。h. 文献（研究论文、报告、工程或项目资料）、问卷调查（专家、农牧户、部门决策者）、利益相关者会议和实地调研等。

3.2.3.3　可行性评价

对收集到的生态与环境效益、经济可行性、社会文化可接受性、机制体制保障性、技术适应性数据进行分类、统计后，分析技术应用可能产生的效益以及存在的风险，综合评价生态技术的可行性。

（1）指标数据来源

可行性评价指标的数据来源于不同机构，包括监测、调查、统计数据、文献资料和专家知识（表 3-12），定性与定量指标相结合。有的指标可以从相关机构、监测项目或文献资料直接获取数据，有的指标需要通过开展实地调研，从居民、专家、企业等技术应用的利益相关者调查中获取数据。

表 3-12　生态技术可行性评价指标的数据来源

一级指标	二级指标	数据来源
生态与环境效益	林草盖度变化率	统计、林业和草原、自然资源等部门或遥感影像解译结合地面调查
	生物多样性提升程度	林业和草原、农业农村及生态环境等部门
	土壤侵蚀模数变化	监测数据或文献
	土壤改良效益	监测数据或文献
	固沙面积变化率	监测数据或文献
	基岩裸露率改善程度	监测数据或文献
	退化指示物种的减少程度	监测数据或文献
	调节径流	监测数据或文献
	本地污染减缓程度	监测数据、实地调研或利益相关者问卷调查
	辐射效应	监测数据、实地调研或利益相关者问卷调查
经济可行性	作物/牧草/木材增产量	项目资料、实地调研或利益相关者问卷调查
	作物/牧草/木材增产值	项目资料、实地调研或利益相关者问卷调查
	提高收入水平	项目资料、实地调研或利益相关者问卷调查
	节约的农地面积	项目资料、实地调研或利益相关者问卷调查
社会文化可接受性	提供就业岗位	项目资料、实地调研或利益相关者问卷调查
	提高劳动生产率	项目资料、实地调研或利益相关者问卷调查
	认知	统计调查数据或利益相关者问卷调查
	意愿	统计调查数据或利益相关者问卷调查
	减贫作用	统计调查数据或利益相关者问卷调查
	信仰习俗	统计调查数据或利益相关者问卷调查
机制体制保障性	国家投资比例	统计调查数据
	利益相关者的参与程度	实地调研或利益相关者问卷调查
	法规条例	实地调研或利益相关者问卷调查
	与产业关联程度	实地调研或利益相关者问卷调查
	机构设置	实地调研或利益相关者问卷调查

续表

一级指标	二级指标	数据来源
技术适应性	立地适宜性	实地调研或利益相关者问卷调查
	社会经济发展水平适宜性	实地调研或利益相关者问卷调查
	产投比	项目资料、实地调研或利益相关者问卷调查
	技术可替代性	项目资料、实地调研或利益相关者问卷调查
	投资回收年限	项目资料、实地调研或利益相关者问卷调查
	劳动力适合程度	实地调研或利益相关者问卷调查

（2）指标权重

采用层次分析法，通过利益相关者讨论确定指标 A 与指标 B 两两比较的重要程度分值（1 代表 A 和 B 同等重要，3 代表 A 比 B 稍微重要，5 代表 A 比 B 明显重要，7 代表 A 比 B 强烈重要，9 代表 A 比 B 极端重要），构建 9 点倒数判断矩阵，对判断矩阵的一致性进行检验（CR <0.1），确保其符合一致性要求，最终计算得到各指标权重。表 3-13 是经利益相关者打分确定的、可参考的通用指标权重值。

表 3-13 通用指标权重值

一级指标	一级指标权重	二级指标	二级指标权重
生态与环境效益	0.34	林草盖度变化率	0.0680
		生物多样性提升程度	0.0560
		土壤侵蚀模数变化	0.0560
		土壤改良效益	0.0560
		本地污染减缓程度	0.0560
		辐射效应（自选指标）	0.0480
经济可行性	0.22	作物/牧草/木材增产量	0.0660
		作物/牧草/木材增产值	0.0660
		提高收入水平	0.0660
		节约的农地面积（自选指标）	0.0220
社会文化可接受性	0.10	提供就业岗位	0.0230
		提高劳动生产率	0.0230
		认知	0.0190
		意愿	0.0200
		减贫作用（自选指标）	0.0150
机制体制保障性	0.10	国家投资比例	0.0225
		利益相关者的参与程度	0.0225
		法规条例	0.0225
		与产业关联程度	0.0225
		机构设置（自选指标）	0.0100
技术适应性	0.24	立地适宜性	0.0888
		社会经济发展水平适宜性	0.0288
		产投比	0.0768
		技术可替代性	0.0288
		投资回报年限（自选指标）	0.0168

（3）生态技术需求可行性评价方法

针对上一步形成的技术需求清单，对技术进行需求可行性评价和排序，以多准则决策分析（multi criteria decision analysis，MCDA）方法为例，具体步骤如下。

第一步，计算指标数值，生态技术可行性评价主要指标计算方法见附录一。第二步，确定阈值范围。为每项指标赋予 0~5 的分值，其中，0 代表该技术没有此项指标的功能，5 代表相比其他技术，该技术最能体现此项指标的功能，具体评分阈值见表 3-14。第三步，计算各项指标值或为指标打分，利用权重汇总其得分，进而得到每项指标的分值。第四步，计算每项需求技术的综合得分，进行可行性排序，得到关键核心技术清单（表 3-15）。

表 3-14　技术可行性评价指标的评分阈值

| 一级指标 | 二级指标 | 参考单位 | 评分标准 | | | | |
			1	2	3	4	5
生态与环境效益	林草盖度变化率	%	0~5	5~10	10~15	15~30	>30
	生物多样性提升程度	定性	基本无变化	微弱提高	中度提高	较明显提高	显著提高
	土壤侵蚀模数变化	%	0~5	5~10	10~15	15~30	>30
	土壤改良效益	%	0~5	5~10	10~15	15~30	>30
	固沙面积变化率	%	0~5	5~10	10~15	15~30	>30
	基岩裸露率改善程度	%	0~5	5~10	10~15	15~30	>30
	退化指示物种的减少程度	%	0~5	5~10	10~15	15~30	>30
	调节径流	%	0~5	5~10	10~15	15~30	>30
	本地污染减缓程度	定性	基本无变化	微弱减缓	中度减缓	较明显减缓	显著减缓
	辐射效应	定性	基本无变化	微弱减缓	中度减缓	较明显减缓	显著减缓
经济可行性	作物/牧草/木材增产量	%	0~5	5~10	10~15	15~30	>30
	作物/牧草/木材增产值	%	0~5	5~10	10~15	15~30	>30
	提高收入水平	%	0	0~30	30~60	60~100	>100
	节约的农地面积	%	0	0~30	30~60	60~100	>100
社会文化可接受性	提供就业岗位	个	0	1~2	3~5	5~10	>10
	提高劳动生产率	%	0	0~30	30~60	60~100	>100
	认知	%	0~5	5~30	30~60	60~90	>90
	意愿	%	0~5	5~30	30~60	60~90	>90
	减贫作用	%	>15	10~15	5~10	1~5	0
	信仰习俗	定性	有冲突	—	基本无冲突	—	完全无冲突
机制体制保障性	国家投资比例	%	0	0~30	30~60	60~100	100
	利益相关者的参与程度	定性	基本无	参与程度较低	参与程度一般	参与程度较高	参与程度高
	法规条例	定性	基本无	不甚完善	中度完善	较完善	十分完善
	与产业关联程度	定性	基本无	不甚完善	中度完善	较完善	十分完善
	机构设置	定性	基本无	不甚完善	中度完善	较完善	十分完善

一级指标	二级指标	参考单位	评分标准				
			1	2	3	4	5
技术适应性	立地适宜性	定性	不适宜	较适宜	一般适宜	基本适宜	非常适宜
	社会经济发展水平适宜性	定性	不适宜	较适宜	一般适宜	基本适宜	非常适宜
	产投比	%	0~5	5~10	10~15	15~30	>30
	技术可替代性	定性	完全可替代	较易被替代	容易被替代	不易被替代	不可替代
	投资回收年限	年	>10	6~9	3~5	1~2	<1
	劳动力适合程度	定性	不适合	较适合	一般适合	基本适合	非常适合

表 3-15　关键核心技术清单示例

技术名称	得分					总分	排序
	生态与环境效益	经济可行性	社会文化可接受性	机制体制保障性	技术适应性		
技术 1	5	5	4	4	5	4.8	1
技术 2	4	3	4	4	3	3.5	2

3.2.3.4　技术优选

基于多准则决策分析方法和层次分析法，通过组织相关领域专家咨询和反复讨论、交流，设定指标权重，根据专家打分，去除各样本的最高值和最低值，计算各项技术指标的平均值，按权重计算指标分值，并由高到低进行排序，确定不同维度下的技术优选次序。优选技术的排序还应综合考虑实际需求程度和技术特点。

3.2.3.5　应用指南

开展生态系统退化诊断是退化生态系统恢复和重建的基础，主要评价并确定生态系统退化的原因、过程，退化阶段，退化强度，退化的关键因子等，以此作为技术需求分析的依据。在生态系统退化诊断的基础上，根据生态、经济、社会文化条件确定治理的目标，进而结合背景情况识别退化问题和治理需求，评估需求技术在生态退化区应用的可行性和优先级。

生态技术需求评估框架用于科研人员、决策者在生态退化区开展恢复和治理前的技术需求评估及技术筛选，除了考虑地域适宜性、退化问题针对性、驱动机制针对性和经济可行性等维度外，在具体应用中还应注重技术研发与技术使用者的合作，对于引进的技术需要先试验再推广。

国内外技术扩散与应用方面，可能面临来自技术提供者和技术接受者的障碍，前者包括技术壁垒和知识产权保护问题，后者包括技术应用、人力资源和资金的配套。涉及国际技术转让的部分还要考虑不同国家和地区政策法规、土地所有权制度的差异。

3.2.4　障碍与策略分析

3.2.4.1　障碍分析

尽管政府和科学家已经意识到生态退化的后果、了解生态治理的原则和做法，并且各个国家和地区已经在生态治理工程实施过程中应用、示范和推广了相当数量的恢复和治理技术，但是仍出现了部分失败或治理效果欠佳的生态治理案例（Bekele and Holden，1999；Pender，2004），生态退化仍然是当前全球生态环境的主要威胁之一。这表明，在生态技术实际需求与技术成功应用并发挥有效作用之间仍存在障碍。在一些国家和地区，缺少适当的生态技术，其原因可能是缺少技术及其科学应用和管理的知识，以及土地、劳动力、投资或相关资源的不足等。当前生态技术应用及转移转化的障碍主要表现为以下几方面。

1）生态技术应用的制度环境限制技术效果的发挥。制度通常是生态技术应用的主要障碍，政策法规的配套、跨领域的机构设置、土地和水等自然资源明晰的权属关系、生态技术相应的措施和设施配套以及管理难度，都直接影响技术的应用和治理工程的实施。没有系统的机制体制保障，可能会出现"半拉子"工程，导致生态系统和社会经济系统的不稳定。因此，迫切需要训练有素且有效的技术推广服务，以促进和指导生态技术与工程的实施。监测和评估生态治理项目的管理行为同样至关重要，大面积、长期应用未经验证的技术以及缺少评估反馈，可能对生态和社会经济系统产生潜在影响。

2）生态技术的应用和转让过程中存在技术壁垒。该问题特别体现在涉及跨国或跨地区的技术转让案例中。国外相关机构开发的模型或研发的技术具有自主知识产权，但在技术转让过程中，仍存在技术转让方对持有技术的估价更高、技术受让方对转让技术的价值认识不足等问题，还涉及发展中国家能否从发达国家获得所需的、最适当的技术等问题（张孟衡等，2001；中国林业科学研究院森林生态环境与保护研究所，2016）。

3）时空异质性使得技术应用效果存在差异。在试验站或试验区开展实验和示范研究是生态技术应用的核心环节，但受不同生物物理环境和社会经济背景的限制，同一项技术在不同地区应用的有效性存在差异。在不同空间和时间尺度的技术配置所产生的效果差异方面，尚存在知识空白，这将影响技术的转移转化及其应用。气候、地形、土壤等环境条件可能会限制某些生态技术的应用，并决定生态治理效果的成败。推荐的水土保持技术如果未考虑土壤生产力低下等当地条件，结果可能收效甚微，或者与农民粮食安全保障需求相冲突，或者存在资金限制（Pagiola，1999）。当设备和技术被误用时，会产生不可预期的结果。因此需要考虑当地的生态与环境、社会经济条件，对退化问题进行精准诊断，对技术需求进行科学评估，筛选出合适的治理技术策略。同时，需要针对具体地区和具体情况，配套必要的资源和能力建设措施，以保证技术的有效应用。

4）技术应用和维护的资金及资金渠道有限。激励机制和经济因素是用户选择技术的主要动机之一，用户高度依赖用于维护生态技术的外部补贴。因此，如何在投资成本和居民生计水平之间寻求平衡点，是影响生态技术应用并持续发挥效果的重要影响因素。此外，生态治理需求与社会经济发展水平不匹配，欠发达国家和地区仍面临巨大的贫困压力，在这种情况下，生存是首要问题（Kessler and Laban，1994），但目前的一些生态技术和相应的土地利用决策较少考虑长远经济效益，进一步影响了土地可持续利用。

5）社会文化因素不确定性。宗教信仰和生活习俗的不同可能会限制生态技术的应用和效果的发挥，这些因素可能导致某些生态退化区无法开展适度人工干预的生态修复和治理。然而实际需求中，一方面，现实中存在短期无法自然恢复的退化生态系统；另一方面，完全封育或自然恢复不能满足居民生存和生计需求，毕竟不可能在所有的生态退化区都实施移民搬迁。此外，受教育水平和劳动技能水平也可能影响生态技术的应用效果，需要加深政府管理部门和当地民众对生态技术科学应用重要性的认知，丰富其生态治理和修复的知识。对于直接应用和维护技术的一线用户来说，居民有效的生产经营理念和管理方式可以充分发挥生态技术的功能与作用，减少生态退化造成的损失（Allen and Hoekstra，1992；Zhen et al.，2018）。

3.2.4.2 策略分析

生态技术需求评估框架的应用为技术的成功实践创造了有利条件，可以协助决策者和技术用户朝着生态系统管理目标努力，解决部门间、各利益相关群体间面临的生态退化问题，制定适合相关领域（如水、土地、能源和减贫）的政策，并拓展新的资金来源。生态技术应用及转移转化的策略包括以下几方面。

1）采取更多的跨学科方法。需要从前期工作中吸取经验，改进后续的推广应用（Pastorok et al.，1997），采用适应性强的管理策略，并进行长期监测评估。

2）关注社会参与。为了成功升级生态技术，从生态技术项目设计到实施和监督，从初始应用到长期维护，确保政府、企业、居民、NGO 等利益相关者参与整个决策过程，增加用户接受生态技术的可能性。生态治理和修复不能忽视区域间的差异，避免在没有当地社区参与的情况下以自上而下的方式实施。其中，需要关注特殊人群在生态治理和恢复中的作用，如小农场主等（FAO，2001；Shames et al.，2011）。

3）重视气候不确定性的影响。在不能精准预测气候变化的情况下，尽量应用适应性措施减少负面影响。在技术应用和治理工程的规划设计阶段，需要考虑极端气候事件，而不能仅考虑正常基线情景；需要保证物种多样化且适应性强，可采用整地和能降低极端气候事件影响的种植技术（惠森特，2008）。

4）技术升级和转让对于高效开展生态治理与修复具有积极的作用。针对技术转移和转让过程中的知识产权保护，应提出切实可行的技术转让机制，签署相关协议前，一定要进行履约的技术和经济评估，对行业和领域未来发展做出详细的分析；通过培训和其他教育方式，提高民众环保意识，提升产业技能，使民众能够适应国际市场规则，避免在技术转让行为中处于不利的地位（张孟衡等，2001）。

5）技术的选择与应用及评估反馈是一个动态过程。可以针对特定情况进行调整，以确保能筛选并成功应用最优生态技术。生态治理和修复应指向退化问题与技术需求，采用近自然恢复理念，强调将本地传统优良方法、参与式方法和乡土物种与全球知识相结合。

　　6）区域合作在生态治理中起着重要作用。例如，UNCCD 将在全球和区域尺度上开展的合作机制和"一带一路"防治荒漠化合作机制等，促进了相关国家和地区沟通协商、务实合作、共享治理成果，提高了区域和全球生态退化防治能力。合作机制包括各方共识、机制目标、参与方、框架、合作方式、资金筹集和使用以及机制发展战略及执行评估等具体内容。

第 4 章　全球生态退化与研究热点空间分布

准确掌握生态退化的空间分布格局是生态退化防治的一项基础性工作。本章对全球荒漠化、水土流失、石漠化三种典型的生态退化进行监测识别，制作全球主要生态退化类型空间分布图。在此基础上，结合 2000 年以来的植被动态变化趋势，对全球生态退化态势进行分析。最后，对荒漠化、水土流失、石漠化研究热点进行综合分析，形成全球主要生态退化研究热点分布图。

4.1　全球主要生态退化类型空间分布

4.1.1　数据与方法

依据生态退化主要形式，针对性地收集和整理全球知名研究机构发布或研制的涉及全球荒漠化、石漠化、水土流失、土地退化等各类综合性或专题性的地图及数据，收集可用于表征生态退化和制图的相关基础数据（表 4-1），具体包括全球土地退化程度数据集（Land Degradation Severity）、世界喀斯特岩溶地图（World Karst Aquifer Map）、MODIS 植被指数产品（2000～2015 年）。

表 4-1　全球生态退化主要基础数据及地图目录

名称	比例尺或分辨率	数据格式/时间	数据来源	下载地址
全球土地退化程度数据集（Land Degradation Severity）	1∶10 000 000	矢量/1991 年	联合国环境规划署（United Nations Environment Programme，UNEP）	https：//fesec-cesj. opendata. arcgis. com/datasets/land-degradation-severity-2
世界喀斯特岩溶地图（World Karst Aquifer Map）	1∶4 000 000	矢量/2017 年	基于全球水文地质测绘和评估计划（WHYMAP）（https：//www. whymap. org/whymap/EN/Home/whymap_ node. html）项目编制	https：//produktcenter. bgr. de/terraCatalog/DetailResult. do？ fileIdentifier = 473d851c-4694-4050-a37f-ee421170eca8
MODIS 植被指数产品	1000m	栅格/2000～2015 年	美国国家航空航天局（National Aeronautics and Space Administration，NASA）	https：//ladsweb. modaps. eosdis. nasa. gov/

全球主要生态退化类型空间分布制图流程如图 4-1 所示，主要步骤如下。

1）基于全球土地退化程度数据集确定荒漠化及水土流失空间分布：①根据全球土地退化数据集中刻画土地退化类型（type1、type2）以及土地退化严重程度（sev）字段，剔

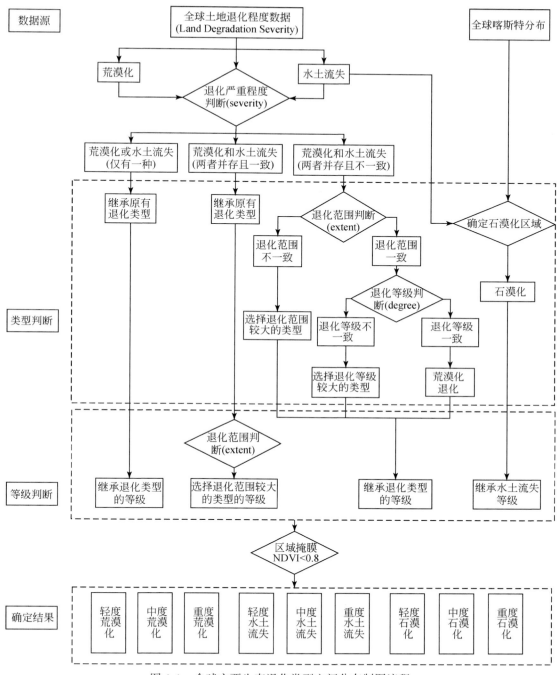

图 4-1　全球主要生态退化类型空间分布制图流程

除土地退化程度小于等级 2，且不属于水蚀或风蚀类型的土地斑块。②当 type1、type2 中仅有一个字段（假设为 type1）表明该斑块属于水蚀或风蚀类型时，则选择 type1 中确定的水蚀或风蚀类型作为该斑块的生态退化类型，同时继承 type1 所关联的退化等级字段

（degree）作为该斑块的退化等级。③当 type1、type2 分别指示该斑块属于风蚀或水蚀类型时，则根据土地退化范围字段（extent）和土地退化等级字段（degree）做进一步的判别。具体方法是：如果 extent1 字段（对应着 type1）的值与 extent2 字段（对应着 type2 字段）的值不相等，则以范围更大（假设为 extent1）的土地退化类型（此时为 type1）作为该斑块的生态退化类型，同时将 type1 所对应的退化等级（degree1）作为生态退化等级；如果 extent1 字段的值与 extent2 字段的值相等，而 degree1 与 degree2 不等，选择退化等级更大（假设为 degree1）的土地退化类型（此时为 type1）作为该斑块的生态退化类型，同时将 type1 所对应的图斑等级（degree1）作为生态退化的等级；如果 extent1 字段的值与 extent2 字段的值相等，且 degree1 与 degree2 也相等，则将斑块指定为风蚀类型，并将风蚀类型所对应的退化等级（degree）继承下来。④如果 type1、type2 两项相同，则以 type1 确定的属性值作为该斑块的生态退化类型，同时选择范围值（extent）更大的退化等级（degree）作为生态退化的等级值。

2）基于上述水土流失空间分布及喀斯特分布确定石漠化区域，将水土流失空间分布与喀斯特数据进行空间叠加，重叠区域类型设为石漠化，等级继承水土流失类型的等级。

3）将荒漠化、水土流失、石漠化三种类型进行空间集成，集成后各类型代码及其含义见表 4-2。

表 4-2 全球主要生态退化类型代码及其含义

代码	退化类型及程度
11	轻度荒漠化
12	中度荒漠化
13	重度荒漠化
21	轻度水土流失
22	中度水土流失
23	重度水土流失
31	轻度石漠化
32	中度石漠化
33	重度石漠化

4）将上述综合区域转化成栅格数据，使用 NDVI<0.8 的区域做掩膜。

在全球主要生态退化类型空间分布图的基础上，遴选和分析能够表征地表植被覆盖程度和生长质量的典型指标，可以进一步编制全球主要生态退化类型变化态势图。在国内外研究中，NDVI 指标被普遍认为能够反映地表植被覆盖状况，表征地表植被生长质量。

趋势分析是确定陆表植被状况及生态系统变化方向的基本方法。选取 NDVI 数据作为评价地表生态系统变化的基本指标。NDVI 能够反映陆表植被覆盖状况，其显著下降意味着植被覆盖程度降低，陆表植被状况处于退化过程中。开展趋势分析的具体方法是对 2000～2015 年逐像素 NDVI 变化进行线性回归分析，得到 2000～2015 年 NDVI 变化的斜率。与简单的比较两个时间剖面 NDVI 差异的方法相比，趋势分析法可以消除特定年份的个体效应，更客观地反映长期陆地表观植被覆盖状况演化的方向和趋势（Stow et al.，2003）。趋势分析中变化的斜率可以表示为

$$\text{Slope} = \frac{n \times \sum\limits_{i=1}^{n} i \times Y_i - \sum\limits_{i=1}^{n} i \sum\limits_{i=1}^{n} Y_i}{n \times \sum\limits_{i=1}^{n} i^2 - \left(\sum\limits_{i=1}^{n} i\right)^2} \qquad (4\text{-}1)$$

式中，Slope 为趋势线的斜率，即 NDVI 变化趋势；Y_i 为第 i 年的 NDVI 值；n 为监测时间段的年数（$n=16$）。为了检查回归模型的有效性，还必须进行显著性检验。

4.1.2 全球主要生态退化类型分布格局

（1）荒漠化

将全球荒漠化区划分为轻度荒漠化、中度荒漠化、重度荒漠化三个等级（图4-2）。统计可知，全球荒漠化总面积达 2474.08 万 km²，在除南极洲外的其他各大洲均有分布，范围广且较分散。例如，非洲的撒哈拉沙漠南北两侧、埃塞俄比亚高原；欧洲的黑海、里海沿岸、大高加索山脉附近；亚洲的阿拉伯高原、伊朗高原、印度河流域、天山山脉、阿尔泰山脉、蒙古高原等；大洋洲的大分水岭西南部；北美洲的大平原、落基山脉附近；南美洲的安第斯山脉、拉普拉塔平原等。

从退化程度来看（表4-3，图4-2），重度荒漠化面积达 184.90 万 km²，占全球荒漠化总面积的 7.47%，主要分布在非洲的撒哈拉沙漠东南部，亚洲的印度河流域、天山山脉、阿尔泰山脉以及黄土高原，北美洲的落基山脉附近等。中度荒漠化面积达 1471.51 万 km²，占全球荒漠化总面积的 59.48%，主要分布在非洲的撒哈拉沙漠南北两侧，亚洲的阿拉伯高原北部、蒙古高原，欧洲的黑海及里海沿岸、大高加索山脉北部，北美洲的大平原，南美洲的巴塔哥尼亚高原等。轻度荒漠化面积达 817.67 万 km²，占全球荒漠化总面积的 33.05%；主要分布在非洲的埃塞俄比亚高原，亚洲的伊朗高原中部、大兴安岭地区，大洋洲的大分水岭西南部，南美洲的拉普拉塔平原等。

表 4-3 全球不同程度荒漠化分布统计

程度	荒漠化面积/万 km²	占全球荒漠化总面积的比例/%
轻度	817.67	33.05
中度	1471.51	59.48
重度	184.90	7.47
合计	2474.08	100.00

（2）水土流失

将全球水土流失区划分为轻度水土流失、中度水土流失、重度水土流失三个等级（图4-3）。统计可知，全球水土流失总面积达 2052.16 万 km²，主要分布在非洲、亚洲、欧洲，此外大洋洲、北美洲及南美洲也有少量分布。具体包括亚洲的阿拉伯半岛南部、托罗斯山脉、德干高原、湄公河流域、横断山区、云贵高原，非洲的埃塞俄比亚高原、南非高原南部、东非高原、马达加斯加岛，欧洲的地中海沿岸，北美洲的大平原、墨西哥高原，南美洲的巴西高原、托坎廷斯河流域，大洋洲墨累河流域等。

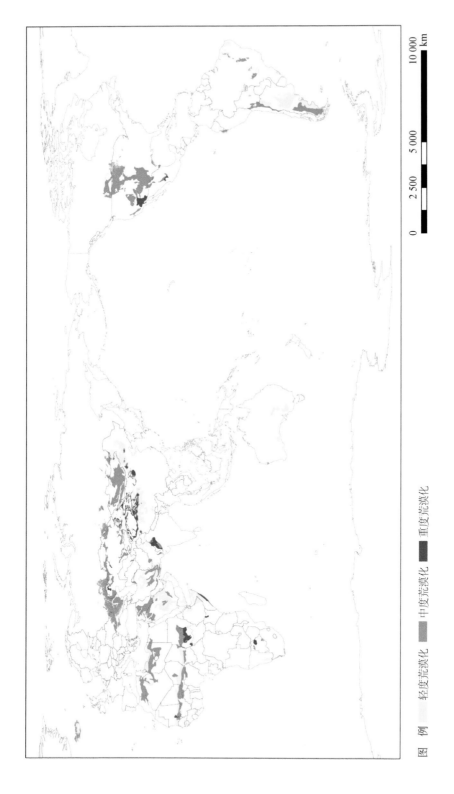

图 例　　轻度荒漠化　　中度荒漠化　　重度荒漠化

图 4-2　全球荒漠化空间分布图

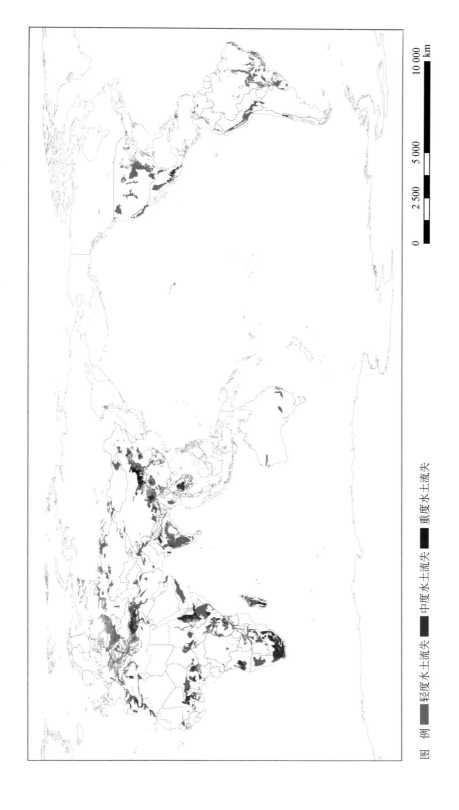

图 例　■■ 轻度水土流失　■■ 中度水土流失　■■ 重度水土流失

0　2 500　5 000　10 000
km

图 4-3　全球水土流失空间分布图

从退化程度来看（表 4-4，图 4-3），重度水土流失面积达 23.55 万 km^2，占全球水土流失总面积的 1.15%，主要分布在中国黄土高原以及埃塞俄比亚高原北部等地区。中度水土流失面积达 379.14 万 km^2，占全球水土流失总面积的 18.48%，主要分布在非洲的南非、埃塞俄比亚、安哥拉、马达加斯加、尼日利亚以及肯尼亚，亚洲的土耳其、印度、泰国、中国，北美洲的墨西哥，南美洲的智利等地区。轻度水土流失面积达 1649.47 万 km^2，占全球水土流失总面积的 80.37%，主要分布在非洲的纳米比亚、马达加斯加、苏丹、摩洛哥；欧洲的西班牙、意大利、乌克兰，亚洲的也门、伊朗、伊拉克、阿富汗、蒙古国、中国、缅甸；大洋洲的墨累河流域，北美洲的北美大平原、落基山脉、墨西哥高原，南美洲的秘鲁、巴西等地区。

表 4-4　全球不同程度水土流失分布统计

程度	水土流失面积/万 km^2	占全球水土流失总面积的比例/%
轻度	1649.47	80.37
中度	379.14	18.48
重度	23.55	1.15
合计	2052.16	100.00

（3）石漠化

将全球石漠化区划分为轻度石漠化、中度石漠化、重度石漠化三个等级（图 4-4）。统计可知，全球石漠化总面积达 150.92 万 km^2，主要分布在非洲的加纳、尼日利亚、南非、马达加斯加，亚洲的土耳其、中国西南部、印度恒河平原、克什米尔地区，欧洲的意大利南部、西班牙北部、黑山、斯洛文尼亚，北美洲的密西西比河流域南端、墨西哥湾沿岸等地。

从退化程度来看（表 4-5，图 4-4），重度石漠化面积达 5.17 万 km^2，占全球石漠化总面积的 3.43%，主要分布在中国贵阳市、毕节市、河池市、百色市，以及埃塞俄比亚的少量土地上。中度石漠化面积达 50.95 万 km^2，占全球石漠化总面积的 33.76%，主要分布在黑山、尼日利亚、南非、土耳其、墨西哥，以及中国云贵高原周围等地区。轻度石漠化面积达 94.80 万 km^2，占全球石漠化总面积的 62.81%，主要分布在缅甸、印度、意大利、西班牙、美国、巴西以及中国云贵高原等地，且中国西南地区石漠化分布较为集中。

表 4-5　全球不同程度石漠化分布统计

程度	石漠化面积/万 km^2	占全球石漠化总面积的比例/%
轻度	94.80	62.81
中度	50.95	33.76
重度	5.17	3.43
合计	150.92	100.00

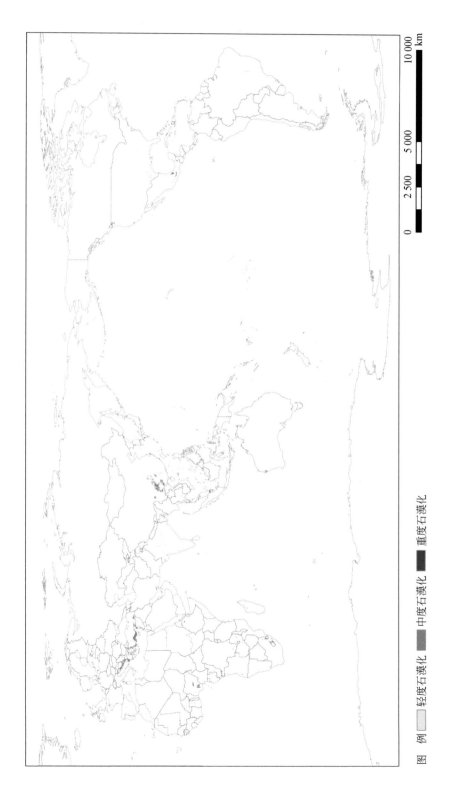

图 4-4　全球石漠化空间分布图

图　例　　　轻度石漠化　　中度石漠化　　重度石漠化

4.1.3　21 世纪以来全球主要生态退化态势

针对上述生态退化分区，对 2000～2015 年基于卫星遥感获取的地表植被参量（NDVI）进行趋势分析，以判别生态系统变化方向。由图 4-5 全球陆地生态系统 NDVI 变化态势可知，2000～2015 年全球陆地生态系 NDVI 变化呈上升态势的区域（67.35%）明显大于呈下降态势的区域（32.65%），说明 2000～2015 年全球植被总体趋势有所改善，陆地生态系统状况处于转好态势。

其中，NDVI 呈上升态势的区域主要分布在中国、蒙古国、俄罗斯远东地区、印度、巴基斯坦、阿富汗、土耳其、欧洲西南部、非洲北部、澳大利亚西部、格陵兰岛、加拿大东北部等地区，NDVI 上升主要受全球气温上升以及人类对生态系统的管理与保护等人为正向干扰影响；NDVI 呈下降态势的区域主要分布在哈萨克斯坦、俄罗斯中部和南部、沙特阿拉伯中部、非洲中部与东部、澳大利亚西部、美国、加拿大西部、南美洲大部分地区，NDVI 下降主要受气候干旱以及快速的城市化等人类负向干扰影响。

综合全球陆地生态系统 NDVI 变化趋势及全球主要生态退化类型空间分布，对各类型生态退化区 2000～2015 年的生态变化态势进行进一步分析（表 4-6 和图 4-6），可得 2000～2015 年全球主要生态退化态势的分布特征。

表 4-6　全球主要生态退化面积及其占比

退化类型	统计类型	退化加重	退化持衡	退化逆转	合计
荒漠化	面积/万 km²	178.95	471.63	125.76	776.34
	占荒漠化面积的比例/%	23.05	60.75	16.20	100.00
水土流失	面积/万 km²	154.24	389.53	138.11	681.88
	占水土流失面积的比例/%	22.62	57.13	20.25	100.00
石漠化	面积/万 km²	8.94	31.52	11.62	52.08
	占石漠化面积的比例/%	17.17	60.52	22.31	100.00
合计	面积/万 km²	342.13	892.68	275.49	1510.30
	占全部退化面积的比例/%	22.65	59.11	18.24	100.00

1）全球大部分退化地区呈现退化持衡趋势，约占全球退化区面积的 59.11%。

2）全球约有 22.65% 的退化区处于退化加重态势，其中荒漠化退化加重区主要分布在美国中部落基山脉南部、南美洲南端巴塔哥尼亚高原、阿拉伯半岛中部以及俄罗斯南部等地；水土流失退化加重区主要分布在非洲中部、东北部亚丁湾沿岸南部等地；石漠化退化加重区主要分布在安纳托利亚半岛南部。

3）全球约有 18.24% 的退化区处于退化逆转态势，其中荒漠化退化逆转区主要分布在美国北部、印度半岛北部及蒙古国北部部分地区；水土流失退化逆转区主要分布在墨西哥东海岸、欧洲地中海沿岸及小亚细亚半岛、印度半岛西部、蒙古国东部及中国黄土高原等地；荒漠化退化逆转区主要分布在中国西南部云贵高原等地。

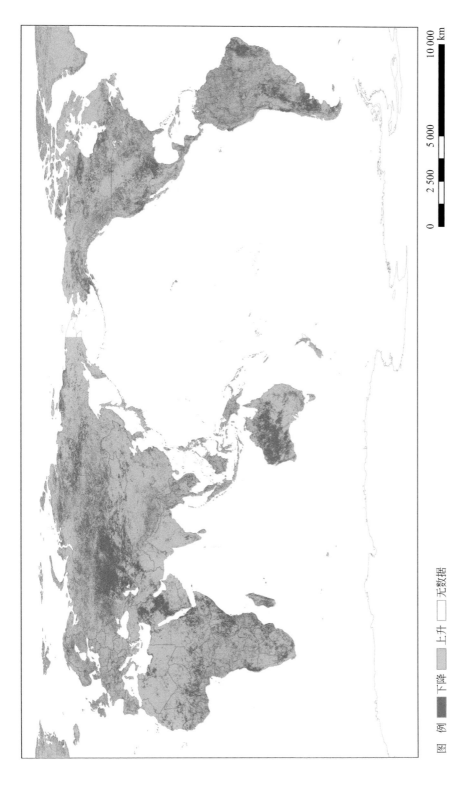

图 4-5　2000~2015年全球陆地生态系统NDVI变化态势图

图　例　■下降　■上升　□无数据

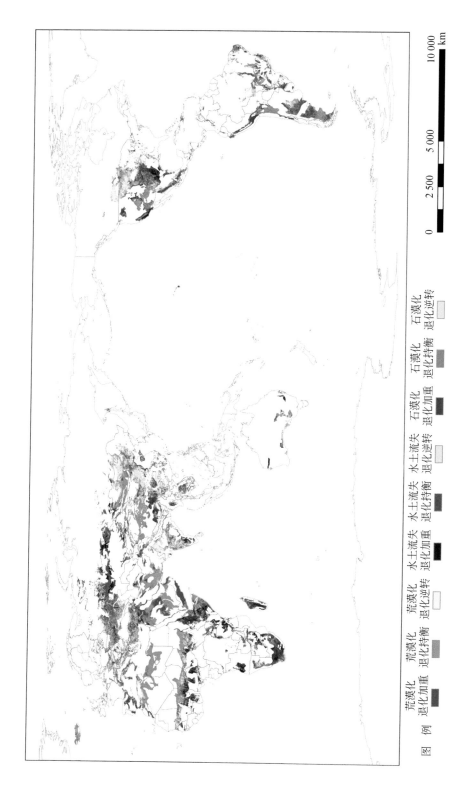

图 4-6　2000~2015年全球主要生态退化类型退化态势空间分布图

图例
荒漠化 荒漠化 荒漠化 水土流失 水土流失 石漠化 石漠化 石漠化
退化加重 退化持衡 退化逆转 退化加重 退化逆转 退化持衡 退化加重 退化持衡 退化逆转

4.2　全球主要生态退化研究热点空间分布

4.2.1　数据与方法

基于 WOS 文献数据库,以"desertification""soil erosion""karst"分别作为代表荒漠化、水土流失及石漠化研究的关键词,对 WOS 文献数据库开展网络检索及文本解析,获得相应文本数据并存储到本地文件及数据库中;进而利用开源自然语言处理工具包 Stanford NLP(Natural Language Processing)对其中的英文地名实体词进行抽取;最后通过地址编码将地名定位到地图上,并对同一坐标位置的点进行统计合并出现频次。考虑到全球各国家及地区"信息鸿沟"造成的偏差,需要对上述文献出现频次值进一步规整化,最终获得全球生态退化研究热点综合分析结果(图 4-7)。

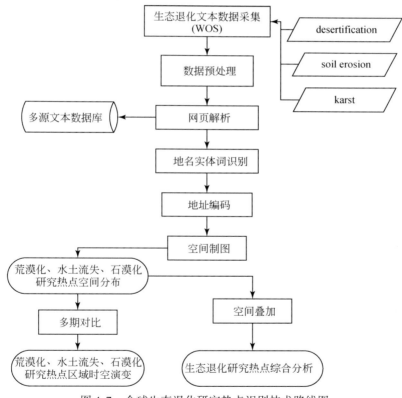

图 4-7　全球生态退化研究热点识别技术路线图

4.2.1.1　数据获取

基于 WOS 文献数据库,应用 Python 语言及 HTTP GET/POST 方法,以 WOS 主页作为种子节点,设置关键词进行主题检索。具体流程如下。

1）以 GET 方式访问 WOS 主页获得随机字符串参数（sid），以 POST 方式继续访问该页面及文件列表页，参数设置见表4-7。

表 4-7 检索条件变量名称、含义及其取值说明

变量名称	变量含义	变量取值	取值含义
sid	随机字符串参数	GET 方式访问 WOS 主页解析得到	—
action	执行操作	search	检索
product	检索数据库	WOS	
search_ mode	检索模式	general Search	
value（input1）	关键词	desertification	荒漠化
value（select1）	检索范围	TS	主题检索
［key］_ logical	多组检索条件之间的关系	or	或者
period	区间	Year Range	—
start Year	检索文献起始年份	1900	—
end Year	检索文献终止年份	2017	—

2）对获得的检索结果列表页返回的内容进行解析，获得检索列表。对列表中包含的论文标题、地址链接、作者姓名等信息进行抽取，将结果存储到本地文件以及本地数据库中，表4-8 为基于 WOS 的全球文献信息存储字段说明。

表 4-8 基于 WOS 的全球文献信息存储字段说明

字段名称	字段含义	字段类型及长度
title	论文标题	varchar（40）
url	地址链接	varchar（80）
author	作者姓名	varchar（40）
source	文献来源	varchar（20）
publication ISSN	出版物编号	varchar（40）
publication DATE	出版时间	varchar（20）
DOI	文献编号唯一标识符	varchar（40）

3）通过 GET 方式访问步骤2）中获取到的文献链接，对返回页面进行解析，获取文献关键词、摘要等内容，并以文本文件形式将其保存到本地数据库，检索获得各类主题文献数量，见表4-9。

表 4-9 基于 WOS 文献库的生态退化研究检索

目标	关键词	文献库	时间	成果数量
荒漠化	desertification	WOS	1970～2017 年	4 013 篇
水土流失	soil erosion	WOS	1930～2017 年	21 128 篇
喀斯特/石漠化	karst	WOS	1920～2017 年	10 660 篇

4.2.1.2　地名识别与空间定位

在通过爬虫及网页解析获取文献数据后，需要对其中的地名实体词进行识别，该过程的实现主要依赖 Stanford NLP（Natural Language Processing）Group 提供的 Stanford NER（Named Entity Recognition）模块。Stanford NER 模块通过特征提取器标记文本中的命名实体，如人名、组织和位置，并提供多语言 API（application programming interface，应用程序接口）。研究中通过 Python 调用该模块，提取文本中的地名实体词，将新出现的地名实体词插入数据库，对于重复出现的地理实体，仅对其出现频次进行叠加，不再增添新的数据行。获取全部地理实体名词后，通过 Python 地理处理工具包 Geopy 提供的 Geocoders 模块对地名进行转码，获取经纬度坐标。

4.2.1.3　研究热度评价模型

全球各国家及地区社会经济发展差异巨大，因此可能会出现由"信息鸿沟"造成的偏差。举例来说，在经济社会发展程度较高的欧美地区，科研人员数量多，部署的科研项目多，产出的论文成果也多；而在相对比较落后的非洲地区，科研人员数量比较少，部署的科研项目少，产出的论文成果也就比较少。因此选择生态退化相关论文数量与该地区全部研究论文数量的比值作为调节系数，对特定专题的生态退化研究论文出现频次进行修正后，得到一个更加综合、更加合理的生态退化研究热度值。生态退化研究热度的计算公式为

$$Q = \frac{N_{se}}{N_{all}} \tag{4-2}$$

$$Q^* = \frac{Q - \min(Q)}{\max(Q) - \min(Q)} \tag{4-3}$$

式中，Q 为生态退化综合研究热度指数；N_{se} 为某一地点在以荒漠化、水土流失或石漠化为主题检索得到的文献中出现的总频次；N_{all} 为某一地点在全部研究文献中出现的总频次。为方便进一步分析，对 Q 进行归一化处理，得到相对研究热度指数 Q^*，其中，$\max(Q)$ 为 Q 的最大值，$\min(Q)$ 为 Q 的最小值。

4.2.2　全球主要生态退化热点格局

（1）荒漠化

荒漠化研究热点主要出现在北美洲科迪勒拉山系南段及墨西哥高原和阿巴拉契亚山脉，南美洲西部桑盖火山及阿空加瓜山附近，非洲北部乍得盆地、东部东非高原以及南部隆达高原等，欧洲地中海沿岸，亚洲伊朗高原、蒙古国及中国北方等地区。

通过对 1970～1990 年、1991～2000 年、2001～2010 年、2011～2017 年 4 个时间段的全球荒漠化研究热点区域进行空间制图和对比研究（图 4-8～图 4-11），可以发现：

1）全球荒漠化研究热点在不同时间段上有明显差异，热点区域范围大体呈现逐渐扩张的变化趋势。荒漠化研究的扩张主要受生态退化加剧与人类对荒漠化的日益重视所驱动，研究热点区域范围呈扩张趋势。

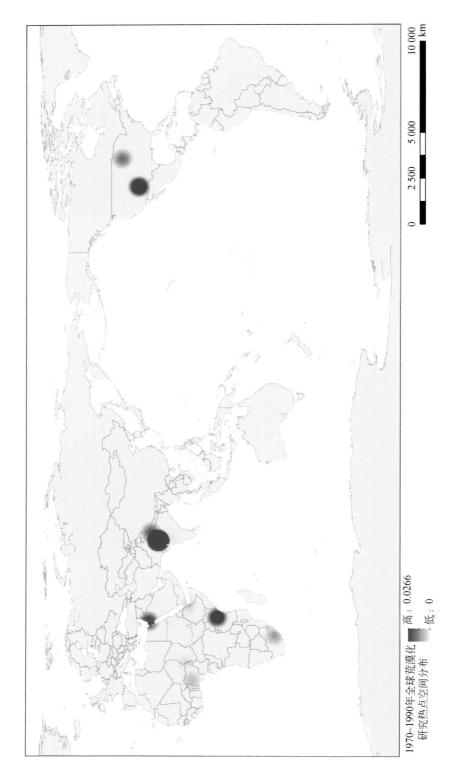

1970~1990年全球荒漠化
研究热点空间分布

高：0.0266

低：0

图 4-8　1970~1990年全球荒漠化研究热点空间分布图

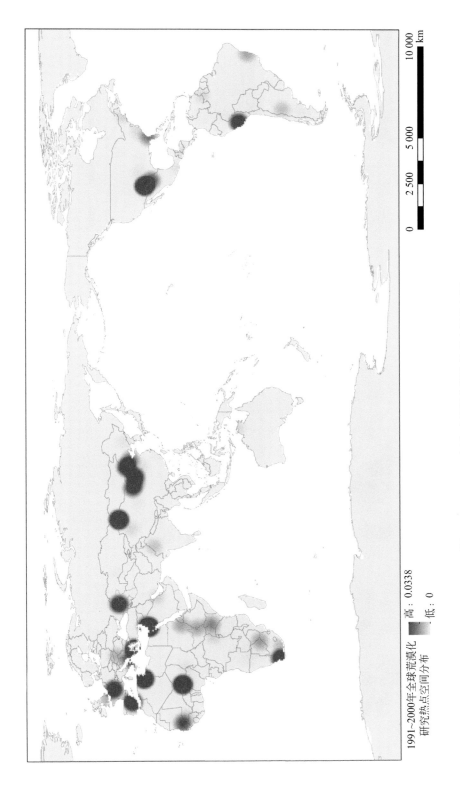

图 4-9　1991~2000 年全球荒漠化研究热点空间分布图

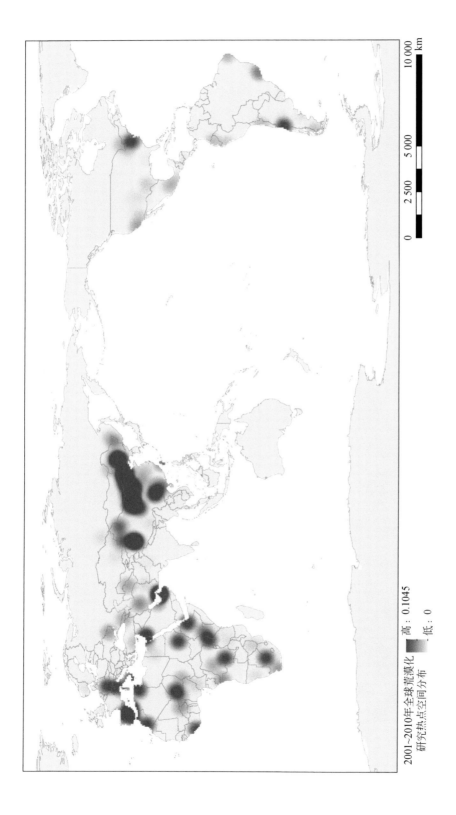

2001~2010年全球荒漠化
研究热点空间分布

高：0.1045

低：0

图4-10　2001~2010年全球荒漠化研究热点空间分布图

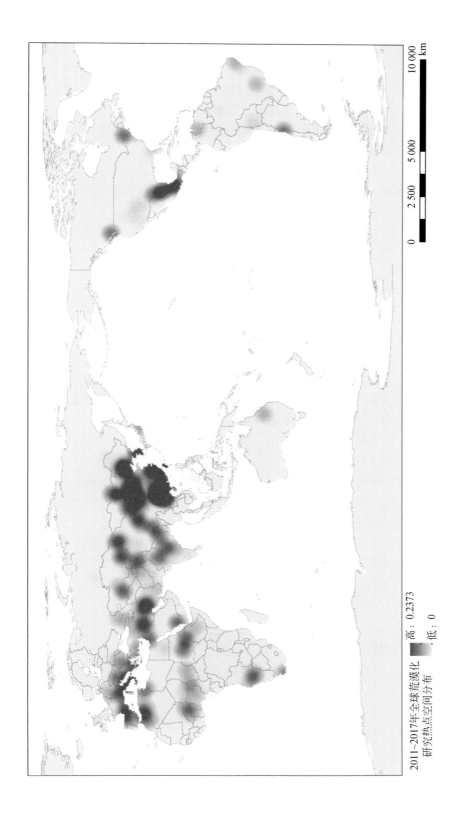

图 4-11　2011~2017 年全球荒漠化研究热点空间分布图

2）1990年以前，荒漠化研究主要集中在美国西南部的科迪勒拉山系南段、印度西南部的塔尔沙漠、亚洲地中海沿岸部分区域、非洲乍得盆地和东非高原及德拉肯斯山脉等地区。

3）1991~2000年，研究热点逐渐开始向全球扩张，非洲及美国依旧是热点区域，同时研究热点的范围进一步扩大。在欧洲西南部和东南部地区、亚洲蒙古国西部和东南部区域以及中国北方地区、南美洲秘鲁境内的安第斯山脉等地区，都有比较明显的荒漠化研究热点出现。

4）进入21世纪后，研究热点进一步扩张，非洲、美国及欧洲南部仍旧是热点区域。亚洲荒漠化研究扩张明显，研究热点范围进一步扩大，其中中国和蒙古国扩张最为明显，印度半岛、阿拉伯半岛、伊朗高原等地区也有明显的荒漠化研究热点出现。

（2）水土流失

水土流失研究热点主要出现在北美洲东部大平原地区，南美洲西北角海岸地区，非洲东部维多利亚湖沿岸，欧洲大西洋、地中海、黑海沿岸大部分国家及地区，亚洲波斯湾沿岸、中国东南大部、东南亚部分岛国，以及大洋洲澳大利亚东海岸等地区。

通过对1930~1990年、1991~2000年、2001~2010年、2011~2017年4个时间段的全球水土流失研究热点区域进行空间制图和对比研究（图4-12~图4-15），可以发现：

1）全球水土流失研究热点在不同时间段上有明显差异，热点区域范围在东亚地区大体呈现持续扩张的变化趋势，其原因可能是受人类活动及生态退化影响，水土流失加剧，研究热度上升；在其他大洲大体呈现先扩张后收缩的发展态势，其原因可能是部分水土流失研究热点区域通过多年研究及治理，生态环境好转，研究热度下降。

2）1990年以前，水土流失研究主要集中在非洲埃及部分区域以及埃塞俄比亚高原、亚洲印度西北部、北美洲美国西部等地区。

3）1991~2000年，研究热点逐渐开始向全球扩张，欧洲以及美国成为热点区域。欧洲波罗的海沿岸、地中海沿岸、阿拉伯半岛红海沿岸以及波斯湾沿岸，都有比较明显的热点出现。中国和俄罗斯以及非洲南部地区也开始出现水土流失相关研究。

4）进入21世纪后，研究热点进一步扩张，除美国和西欧仍旧是水土流失的研究热点，东亚地区出现水土流失研究明显增多之外，南美洲西海岸、非洲东部的亚丁湾和维多利亚湖周边以及南部的德拉肯斯山脉、澳大利亚东南部、东南亚大部以及南亚西部，水土流失研究热度都有不同程度下降。

（3）喀斯特/石漠化

喀斯特/石漠化研究热点主要出现在东亚云贵高原，北美洲美国密西西比河流域以及落基山脉、阿巴拉契亚山脉附近，西欧地中海沿岸，如法国、意大利、西班牙、斯洛文尼亚、克罗地亚等地区。此外，非洲埃塞俄比亚高原、大洋洲澳大利亚大分水岭以及南美洲圭亚那高原等地也存在少部分研究热点区域。

通过对1920~1990年、1991~2000年、2001~2010年、2011~2017年4个时间段的全球喀斯特/石漠化研究热点区域进行空间制图和对比研究（图4-16~图4-19），可以发现：

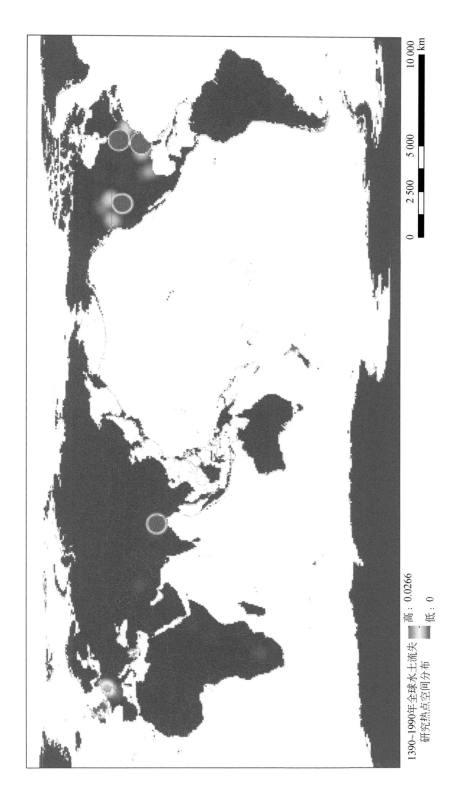

图 4-12　1930~1990 年全球水土流失研究热点空间分布图

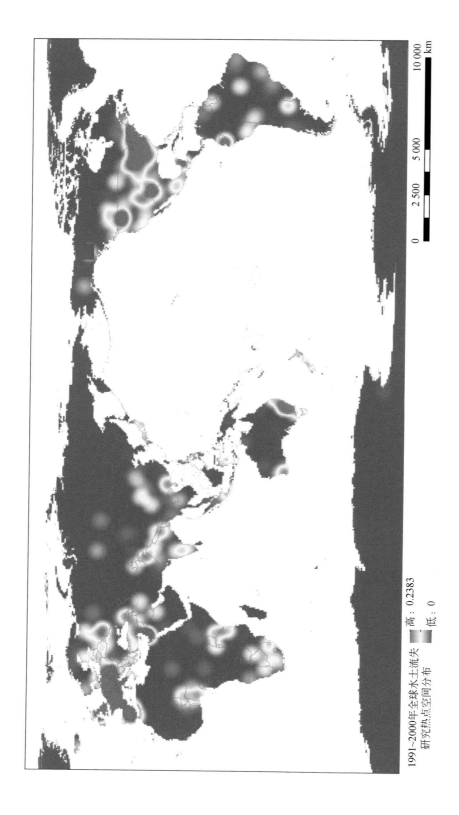

图 4-13 1991~2000年全球水土流失研究热点空间分布图

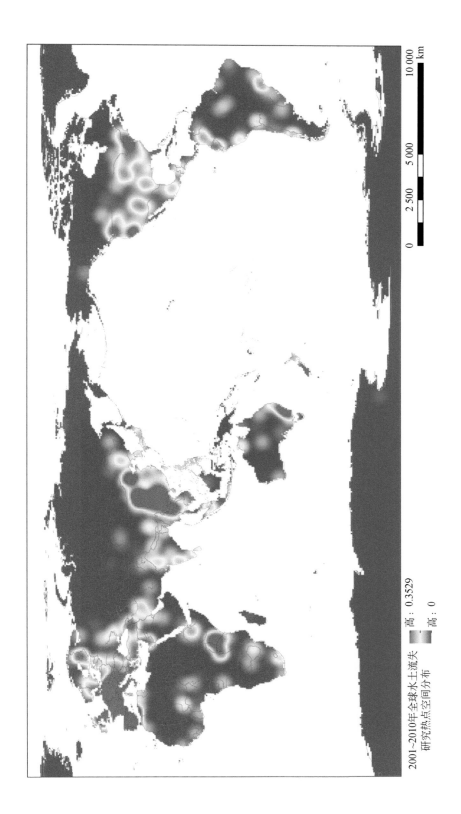

图 4-14　2001~2010年全球水土流失研究热点空间分布图

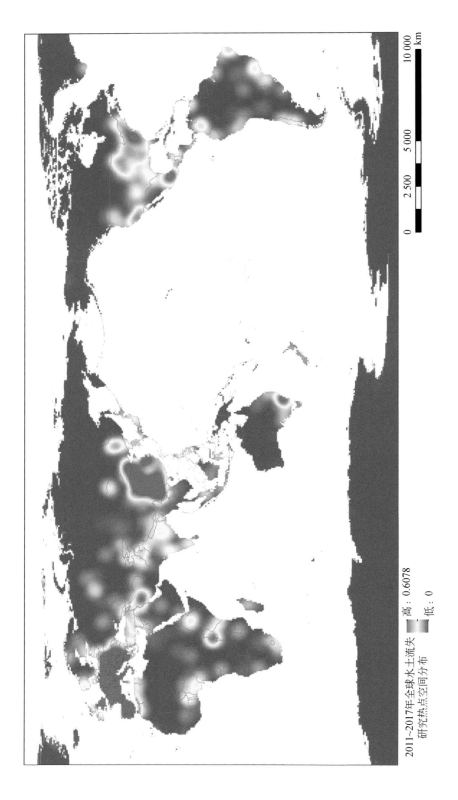

2011~2017年全球水土流失
研究热点空间分布

高：0.6078
低：0

图 4-15　2011~2017年全球水土流失研究热点空间分布图

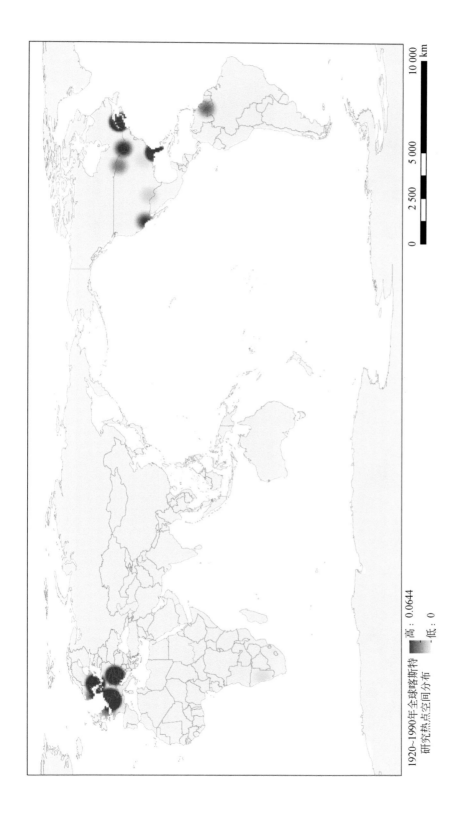

图 4-16　1920~1990年全球喀斯特研究热点空间分布图

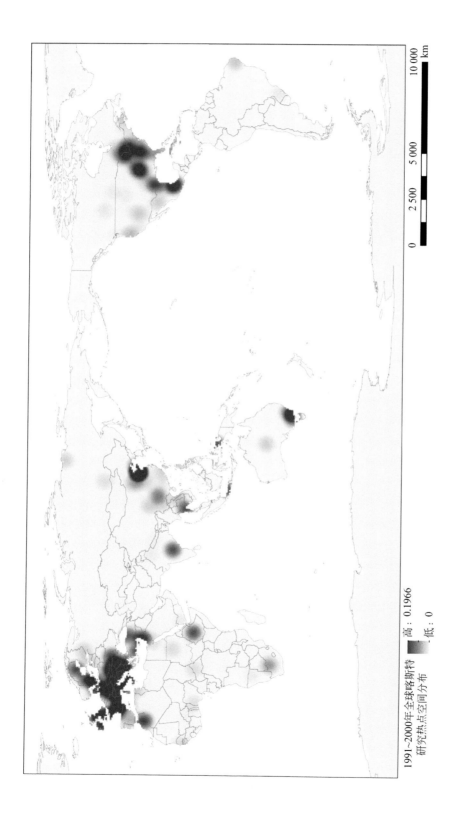

图 4-17 1991~2000年全球喀斯特研究热点空间分布图

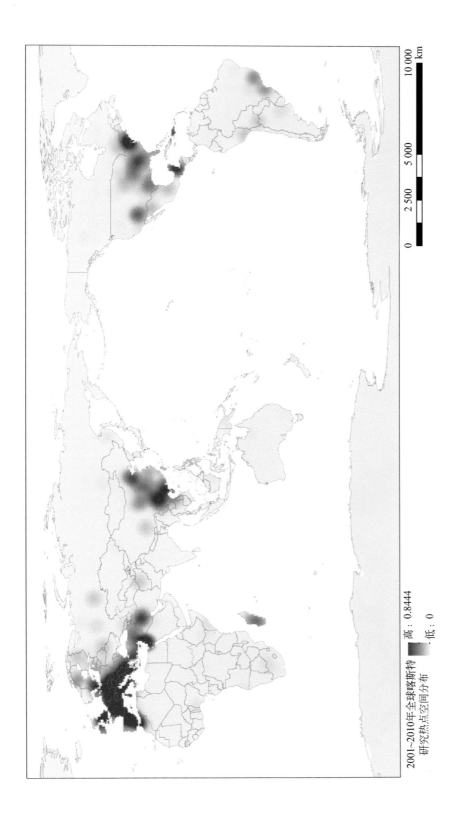

图 4-18　2001~2010年全球喀斯特研究热点空间分布图

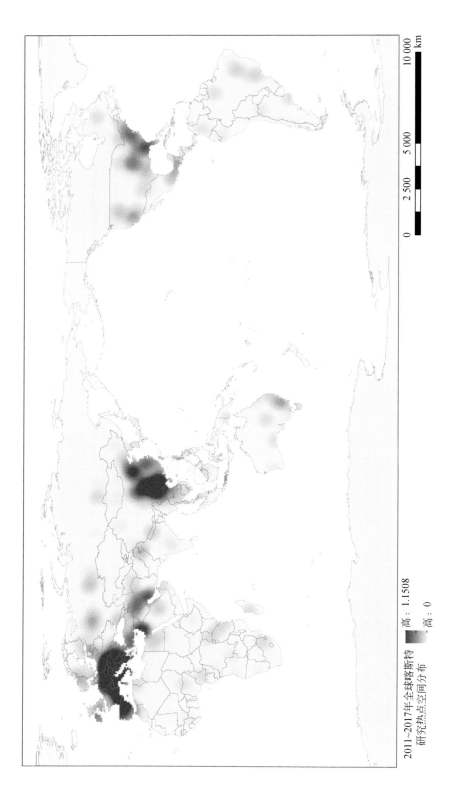

2011~2017年全球喀斯特
研究热点空间分布

■高：1.1508

■高：0

图 4-19　2011~2017年全球喀斯特研究热点空间分布图

1）全球喀斯特/石漠化研究热点在不同时间段上有一定差异，热点区域范围大体呈现先扩张后收缩的变化趋势，原因可能是部分喀斯特研究热点区域通过多年研究及治理，生态环境好转，研究热度下降。

2）1990 年以前，喀斯特/石漠化研究主要集中在欧洲西部，如斯洛文尼亚、克罗地亚、瑞士、比利时以及德国西部、法国东北部、英国南部、瑞典南部等地区；北美洲中部，如加拿大地盾、美国密西西比河流域以及落基山脉等地区；南美洲北部圭亚那高原，如委内瑞拉等地区。

3）1991～2000 年，研究热点逐渐开始向全球扩张，欧洲以及美洲等地区依旧是热点区域，但是热点研究区域范围逐渐扩大。欧洲波罗的海沿岸、地中海沿岸，如西班牙、意大利、土耳其等国家；非洲直布罗陀海峡沿岸、索马里半岛，如摩洛哥以及埃塞俄比亚等地区；印度半岛、中南半岛，以及中国东部及西南部；澳大利亚东南部；墨西哥东部等地区，都有比较明显的热点出现，也成为喀斯特研究的热点区域。

4）进入 21 世纪后，研究热点出现一定程度收缩，除西欧地中海、波罗的海沿岸以及北美洲阿巴拉契亚山脉仍然保持喀斯特研究热点区域以外，东亚云贵高原研究热度有一定范围的扩大。此前研究热点区域，具体如非洲埃塞俄比亚高原、南美洲圭亚那高原以及澳大利亚大分水岭等地区，其研究热度明显下降。

第5章 全球典型生态退化区生态技术需求

本章采用利益相关者问卷调查的方法，从应用难度、成熟度、效益、适宜性、推广潜力5个方面对全球典型生态退化区水土流失、荒漠化及石漠化三类退化问题的生态技术（生物类、工程类、农作类、管理类）进行评价；采用文献综合分析及利益相关者问卷调查相结合的方法对全球典型水土流失区、荒漠化区及石漠化区生态技术需求进行分析、评价和总结；在此基础上，对典型区生态技术进行筛选与推荐。

5.1 全球典型生态退化区生态技术及其评价

5.1.1 典型生态退化区遴选

根据第4章全球水土流失、荒漠化及石漠化空间分布的分析结果，选取退化问题相对严重的代表性国家现有生态技术进行评价。水土流失选择的代表性国家是土耳其、菲律宾、泰国、埃塞俄比亚、肯尼亚、赞比亚、哈萨克斯坦，荒漠化选择的代表性国家是哈萨克斯坦、印度、伊朗、蒙古国、约旦、俄罗斯、澳大利亚，石漠化选择的代表性国家是斯洛文尼亚。

5.1.1.1 水土流失典型国家

土耳其横跨欧洲和亚洲，气温高、降水少，且地区间差异较大，东南部较为干旱，中部安纳托利亚高原较为凉爽湿润。土耳其地形复杂多样，是世界植物资源最丰富的地区之一，国土面积为78.36万 km^2，森林面积达20万 km^2。土耳其大部分耕地用来种植粮食作物，其中小麦和大麦的种植面积最大，棉花和烟草等经济作物是该国重要的出口商品，牧场养殖绵羊以及少量的牛和山羊，粮食、棉花、蔬菜、水果、肉类等基本实现自给自足，农业生产总值占GDP的20%左右，从事农业的劳动力占全国劳动力的50%左右。由于水蚀作用以及土地过度利用，土耳其土壤侵蚀严重，20世纪70年代每年土壤侵蚀量约为5亿t，2016年土壤侵蚀量约为1.5亿t。

菲律宾位于亚洲东南部，属于季风性热带雨林气候，高温多雨，国土面积为29.97万 km^2，年均气温为27℃，年均降水量为2000~3000mm。菲律宾群岛地形以山地为主，其占国土总面积的3/4以上，森林面积为15万 km^2，覆盖率达50.1%。菲律宾为出口导向型国家，第三产业在国民经济中地位突出，其次是农业和制造业。20世纪90年代初，90%的家庭依赖小农，普遍种植的作物是玉米、咖啡和甘蔗，2016年农林渔业生产总值为294.2亿美元，占GDP的8.0%。由于降水集中以及土地过度利用，菲律宾约45%的土地遭受中度到重度的水土流失，土地生产力和保水能力降低了30%~50%，水土流失是菲律宾坡地蔬菜可持续生产的主要制约因素。

泰国位于中南半岛中南部，属热带季风气候，温暖而潮湿，年均降水量约为1000mm。国土面积为51.3万km²。泰国地势北高南低，地形以平原和低地为主（占其国土总面积的50%以上），湄南河是泰国最主要的河流，纵贯泰国南北，全长约1352km。泰国是东南亚第二大经济体，也是世界上稻谷和天然橡胶出口量最大的国家，制造业、农业和旅游业是其支柱产业，全国耕地面积约为22.4万km²，占其国土总面积的43.66%。由于季节性暴雨、土地过度开采及陡坡耕地等，泰国存在严重的水土流失问题，全国不同程度的土壤侵蚀面积为17.42万km²，占其国土总面积的33.96%。

埃塞俄比亚位于非洲东北部，"非洲之角"的中心，地处热带。埃塞俄比亚以山地高原为主，由于纬度跨度和海拔差距较大，地区间温度差异较大，且降水不均，局部干旱。埃塞俄比亚以农牧业生产为主，工业基础薄弱，农牧民占总人口的85%以上，农业是国民经济和出口创汇的支柱，约占GDP的40%。埃塞俄比亚农业以小农耕作为主，广种薄收，常年缺粮，苔麸、小麦等谷类作物约占粮食作物产量的84.15%；牧业以家庭放牧为主，牲畜存栏总数居非洲之首、世界第十，其牧业生产总值约占GDP的20%。埃塞俄比亚由于降水集中及过度开垦和放牧，其水土流失严重，每年约有19亿t土壤随雨水流失，位于西北部的阿姆哈拉州是埃塞俄比亚水土流失最严重的地区。

肯尼亚位于非洲东部，全境位于热带季风区，大部分地区属热带草原气候，年均降水量自西南向东北由1500mm递减到200mm。肯尼亚沿海为平原地带，沿海地区湿热，其余地区大部分为平均海拔1500m的高原，属高原气候。肯尼亚可耕地面积为9.2万km²，约占其国土总面积的16%，其中已耕地占73%，主要集中在西南部。肯尼亚是一个发展中国家，农业、服务业和工业是国民经济三大支柱，全国80%以上的人口从事农牧业，茶叶、咖啡和花卉是农业三大创汇产业。2012年全国农业生产总值约占GDP的30%。由于气候干旱、人口压力及定牧政策，肯尼亚水土流失趋势日益加剧，东部牧场地区尤为严重，降低了土地生产力。

赞比亚是位于非洲中南部的内陆国家，属热带草原气候，湿度低，国土面积为75.3万km²，年均降水量为800~1000mm，大部分地区海拔为1000~1500m，地势大致从东北向西南倾斜。赞比亚境内河流众多，水网稠密，水力资源非常丰富，主要河流是赞比西河，是非洲第四长河，全长2660km。赞比亚经济以农业、矿业和服务业为主，农业是赞比亚国民经济的重要部门，目前全国80%以上人口从事农业生产，农业生产总值约占GDP的20%，采矿业是国民经济主要支柱之一。赞比亚全国约有57%的土地适宜从事农业生产，其中39万km²为中高产地，目前已开发的耕地面积为6.2万km²，只占全部可耕地面积的14%，主要种植农作物是玉米、小麦、大豆、水稻等。由于季节性降水及森林砍伐等，赞比亚目前水土流失十分严重，尤其以首都卢萨卡市较为有代表性，水土流失带来土地生产力降低、作物产量下降等问题；对于主要依赖农业发展的区域，水土流失破坏了社会经济发展，加剧了农村地区的贫困。

哈萨克斯坦由北至南分布着农田、草地、灌丛三类主要植被类型，且呈现明显的地带性分布特征。农田、草地、灌丛三类主要植被覆盖面积分别占哈萨克斯坦土地总面积的

13.5%、25.9%和49.4%（Luo et al.，2017）。哈萨克斯坦植被盖度呈现出由北到南逐渐降低的空间分布格局，北部农田、东部森林以及东南部边缘的农田区域植被盖度普遍较高。哈萨克斯坦北部地区由于风蚀和干旱等，水土流失及荒漠化十分严重。1982~2015年，哈萨克斯坦植被生长呈现出退化的趋势，植被盖度显著下降的区域占土地总面积的24.0%，其中，草地退化面积占草地总面积的23.5%，农田退化面积占农田总面积的48.4%，灌丛退化面积占灌丛总面积的13.7%；植被改善的区域面积占土地总面积的11.8%，主要分布在中东部的农田以及农田和草地的交错带（Luo et al.，2017）。

5.1.1.2 荒漠化典型国家

印度大部分地区属于热带季风气候，国土面积约298万 km²，降水少且分配不均，干旱频发，土壤条件不利于集约化作物生产。印度拥有世界10%的可耕地，面积约为160万 km²，是世界上最大的粮食生产国之一，农村人口占总人口的72%。印度高密度的人口和牲畜给区域自然资源带来了压力，耕地扩张也威胁着脆弱的生态系统，由于干旱、森林砍伐、工业和采矿活动的影响，印度71%以上的土地发生荒漠化，同时存在盐碱化等土地退化问题。印度西部干旱严重的拉贾斯坦邦58%的土地均为流沙地和沙丘，严重威胁农田灌渠和公路。

伊朗位于亚洲西南部，属大陆性气候，冬冷夏热，大部分地区干燥少雨。境内多高原，东部为盆地和沙漠。伊朗国土面积为164.5万 km²，其中约11.2%的土地是农业用地，森林、牧场和沙漠分别占国土总面积的7.5%、54.6%和19.7%。2019年人口约为8165万人，人口密度为49.63人/km²。由于干旱、过度开发土地及缺乏土地管理与规划，伊朗荒漠化问题十分严重，在全国土地总面积中，约有75万 km²受到水蚀，20万 km²受到风蚀，其余5万 km²受到过度放牧等其他因素的影响发生退化，约有2万 km²土地发生盐碱化。

蒙古国地处亚洲中部，是蒙古高原主体部分，属典型的大陆性气候，年降水量为120~250mm，平均海拔在1500m以上，国土面积为156.65万 km²，以山丘和高原为主，戈壁和沙漠面积占1/4。以栗钙土和盐碱土为主，植被类型以草原为主，南部为戈壁荒漠。2019年蒙古国总人口320万人，人口密度约为2人/km²，其中农村人口占总人口的32.4%。2018年人均 GDP 为4104美元。畜牧业是传统产业和国民经济的基础，以自然放牧（游牧）为主，现阶段难以实现大规模、现代化生产。由于风蚀、干旱、暴雪及过度放牧、无序开矿等，全国76.8%的土地已遭受不同程度荒漠化，其中乌布苏省、中戈壁省、东戈壁省等已完全成为干旱荒漠区；东方省、肯特省等优良草原荒漠化加剧。蒙古国1.5%的农村人口生活在退化农用地上，其中偏远地区农村人口占1.0%；2010年因土地退化造成的损失占 GDP 的43%。

约旦位于亚洲西部，地势西高东低，西部多山地，属亚热带地中海型气候，1月平均气温为7~14℃，7月平均气温为26~33℃，东部和东南部为沙漠。约旦西部山区和约旦河谷地区年均降水量为380~630mm，而东部沙漠地区气候恶劣，日夜温差大，干燥，风沙大，年均降水量少于50mm。约旦国土面积为8.9万 km²。2019年人口为1062万人，人口密度为119.33人/km²。由于区域气候干燥及风力侵蚀等自然驱动作用，加之城市化发展进程的推进、过度放牧、过度开垦等人为影响，该区域荒漠化、生态系统退化和土壤侵蚀等现象日趋严重。约旦可耕地少，农业不发达，农业人口约占劳动力的 12%，可耕地面积仅占国土面积的 7.8%，农产品不能满足国内需求，粮食和肉类主要依靠进口。

俄罗斯横跨欧亚大陆，从西到东大陆性气候逐渐加强，北冰洋沿岸属苔原气候（寒带气候或称极地气候），太平洋沿岸属温带季风气候。国土面积为 1709.8 万 km^2，从北到南依次为极地荒漠、苔原、森林苔原、森林、森林草原、草原和半荒漠，年均降水量为 150～1000mm。地形以平原和高原为主，地势南高北低，西低东高。俄罗斯工业、科技基础雄厚，核工业和航空航天业占世界重要地位。农牧业并重，主要农作物有小麦、大麦、燕麦、玉米、水稻和豆类；经济作物以亚麻、向日葵和甜菜为主；畜牧业以养殖牛、羊、猪为主。由于干旱和过度开垦，俄罗斯荒漠化面积以每年 40 万～50 万 hm^2 的速度增长，且每年约有 77 万 hm^2 的水浇地出现盐碱化，遭到破坏的植被面积则达到 7000 万 hm^2。卡尔梅克共和国、达吉斯坦共和国和罗斯托夫州位于高加索及邻近地区，三地已出现土地沙化和退化的趋势。

澳大利亚位于南太平洋和印度洋之间，由澳大利亚大陆和塔斯马尼亚岛等岛屿和海外领土组成，东濒太平洋的珊瑚海和塔斯曼海，西、北、南三面临印度洋及其边缘海，国土面积为 769.2 万 km^2。澳大利亚跨两个气候带，北部属于热带，由于靠近赤道，1～2 月是台风期；南部属于温带，年平均气温北部为 27℃，南部为 14℃。中西部是荒无人烟的沙漠，干旱少雨，气温高，温差大；在沿海地带，雨量充沛，气候湿润。2019 年总人口 2554 万人。2019 年人均 GDP 达到 7.2 万澳元。农牧业用地为 440 万 km^2，占全国土地面积的 57%。主要农作物为小麦、大麦、棉花、高粱等，主要畜牧产品为牛肉、牛奶、羊肉、羊毛、家禽等，是世界上最大的羊毛和牛肉出口国。澳大利亚沙漠面积为 269 万 km^2，占国土面积的 35%。由于气候变化及过度开垦和放牧，全国共有 5.7 万 km^2 的土地发生盐渍化（2006 年），主要分布在东南和西南角。目前有约 500 万 km^2 的土地属干旱和半干旱地区，其中 68% 的地区存在荒漠化，26% 的地区属严重荒漠化，16% 的地区属极严重荒漠化。

5.1.1.3　石漠化典型国家

斯洛文尼亚位于欧洲中南部，巴尔干半岛西北端，西接意大利，北邻奥地利和匈牙利，东部和南部与克罗地亚接壤，西南濒亚得里亚海。斯洛文尼亚沿海属地中海气候，内陆属温带大陆性气候，1 月平均气温为 -2℃，7 月平均气温为 21℃。斯洛文尼亚平均海拔为 557m，最高峰为特里格拉夫峰，海拔为 2864m。国土面积为 20 273km²，森林覆盖率达 49.7%，国内有草地 5593km²，果园 363km²。2019 年总人口 209 万人。农业在国民经济中的占比逐年下降。2018 年农业用地为 4800km²，农业人口为 8 万人，2019 年人均 GDP2.2 万欧元，人均月收入 1215 欧元。斯洛文尼亚岩溶面积为 8913km²，约占其国土面积的 44%，喀斯特洞穴总量超过 6500 个，生态条件十分脆弱，耕地仅占其国土面积的 12%，许多耕地由于石漠化影响而肥力较差（郭来喜等，1997）。

5.1.2 生态技术评价方法

2017 年 9 月，在内蒙古鄂尔多斯召开的《联合国防治荒漠化公约》第十三次缔约方大会期间，采用便利抽样开展半结构访谈，受访对象包括参会的相关国家政府部门代表、研究人员、国际非政府组织人员等，通过面对面问答式的深入互动交流，获得了国外生态技术评价的信息。总计回收有效问卷 35 份，主要涉及 20 个国家，分别为肯尼亚、赞比亚、埃塞俄比亚、纳米比亚、澳大利亚、菲律宾、泰国、印度、土耳其、伊朗、哈萨克斯坦、约旦、以色列、尼泊尔、蒙古国、俄罗斯、美国、德国、法国、日本。受访人员对技术的评价包括应用难度、成熟度、效益、适宜性、推广潜力 5 个方面。

应用难度指技术应用过程中对使用者技能素质的要求及技术应用的成本；成熟度指技术体系完整性、稳定性和先进性；效益指技术应用后对生态、经济和社会带来的促进作用；适宜性指技术与应用区域发展目标、立地条件、经济需求、政策法律配套的一致程度；推广潜力指在未来发展过程中该项技术持续使用的优势。

每个方面包括 5 个等级的打分，其中应用难度（负指标），5 = 非常容易，4 = 比较容易，3 = 一般，2 = 比较困难，1 = 非常困难；成熟度，5 = 完全成熟，4 = 成功应用，3 = 技术风险可接受，2 = 通过验证，1 = 关键功能得到验证；效益，5 = 非常高，4 = 比较高，3 = 中等，2 = 比较低，1 = 非常低；适宜性，5 = 效果非常好，4 = 效果良好，3 = 较有效，4 = 效果未达预期，5 = 效果不明显；推广潜力，5 = 非常高，4 = 比较高，3 = 中等，2 = 比较低，1 = 非常低。全球典型脆弱生态区生态技术需求调研问卷见附录二，根据调研问卷形成的全球典型脆弱生态区生态技术评价及技术需求评估表（全球"一区一表"）见附录三。

5.1.3 水土流失治理技术及其评价

5.1.3.1 水土流失治理技术梳理及其评价

目前全球水土流失治理技术主要包括生物类、工程类、农作类及管理类四大类型，生物类水土流失治理技术主要包括人工造林种草、防风固沙林带、河岸缓冲林草带、牧草饲料种植；工程类水土流失治理技术主要包括梯田；农作类水土流失治理技术主要包括保护性耕作、等高带状耕作、农林复合种植；管理类水土流失治理技术主要包括封育、退耕还林还草（表5-1）。人工造林种草技术应用难度相对较高，且埃塞俄比亚、菲律宾及肯尼亚较其他国家难度更高；防风固沙林带技术应用难度较高，技术效益较低，技术推广潜力较大；河岸缓冲林草带技术在菲律宾和泰国的适应性较高；饲料牧草种植技术在肯尼亚和土耳其的适应性较高，而效益和推广潜力相对较低。梯田技术在泰国应用难度较高，技术效益中等。保护性耕作技术在 5 个评价维度的得分较高，且较为平均；等高带状耕作技术应用难度较高；农林复合种植技术应用难度较低，且效益及推广潜力较高。封育技术效益及应用难度较低，成熟度和推广潜力较高；退耕还林还草技术成熟度及推广潜力较高（表5-1）。

表 5-1　全球典型水土流失治理技术评价

技术类型	技术名称	国家	应用难度	成熟度	效益	适宜性	推广潜力
生物类	人工造林种草	埃塞俄比亚	3	4	4	4	5
		菲律宾	3	5	4	4	4
		肯尼亚	3	3	4	3	3
		土耳其	4	4	4	5	3
		平均分	3.3	4	4	4	3.5
	防风固沙林带	埃塞俄比亚	3	4	3	5	5
		肯尼亚	3	4	3	3	5
		平均分	3	4	3	4	5
	河岸缓冲林草带	菲律宾	3	4	3	5	4
		泰国	3	4	3	5	5
		平均分	3	4	3	5	4.5
	牧草饲料种植	肯尼亚	5	4	4	5	3
		土耳其	3	4	3	5	4
		平均分	4	4	3.5	5	3.5
工程类	梯田	菲律宾	3	3	3	4	4
		泰国	2	5	3	4	5
		埃塞俄比亚	4	4	3	4	4
		平均分	3	4	3	4	4
农作类	保护性耕作	哈萨克斯坦	3	5	5	5	5
		肯尼亚	5	3	4	4	3
		赞比亚	4	5	3	4	3
		泰国	3	3	4	3	4
		平均分	3.8	4	4	4	3.8
	等高带状耕作	菲律宾	2	5	2	4	5
		土耳其	3	5	2	4	5
		平均分	2.5	5	2	4	5
	农林复合种植	赞比亚	3	5	4	3	4
		菲律宾	4	5	3	4	3
		泰国	5	3	4	4	5
		平均分	4	4.3	3.7	3.7	4
管理类	封育	哈萨克斯坦	5	5	4	4	5
		菲律宾	5	5	3	5	5
		平均分	5	5	3.5	4.5	5
	退耕还林还草	菲律宾	4	4	4	4	4
		泰国	2	4	3	4	3
		平均分	3	4	3.5	4	3.5

资料来源：问卷调查

5.1.3.2 典型国家水土流失治理技术

哈萨克斯坦北部地区水土流失较为典型，针对水土流失问题，哈萨克斯坦实施了一系列的治理技术，具体如下。

1）牧草饲料种植。利用植物学、土壤学及生态学原理，筛选出一些在水土流失环境条件下能够生存并取得稳产高产的植物群落，广泛耕种，以达到牧场改良和饲料增产的目的。通过实验选出大约25种较有潜力的植物，如木地肤、猪毛菜、蒿草及其他一些灌木、半灌木和一年生、多年生的牧草。这些植物增加了饲料品种的多样化，营养成分也齐全，能增加牲畜的食欲，提高饲草的利用率。牧草品种的选育主要考虑两方面，一方面是根据当地环境选择牧草品种，另一方面是根据利用目的选择牧草品种。根据当地环境选择牧草品种时，首先了解土壤的类型，如中性偏碱土壤适合耐碱性强的品种，中性偏酸土壤适合耐酸性强的品种，盐碱地只适合种植耐盐碱的品种；其次根据各地降水量的不同选择抗旱能力不同的品种。根据利用目的选择牧草品种时，若以收获青贮饲料为目的，应以牧草的生物产量高低作为考虑重点，同时考虑牧草的抗病性、抗倒伏性等，也可采用混播，如结合固氮草类和生物量充足的草类，以获得平衡的营养物质。

2）人工种草。经过多年的生产实践，哈萨克斯坦科学家在高产人工草地培育方面已取得了一批成果，按照不同草地的区域特点选育适应性较强的牧草品种，根据产量、品质、生态效益等综合指标，筛选出适宜不同生态系统的草种及组合类型。例如，荒漠草地自然环境恶劣，气候极端干旱，降水稀少，太阳辐射强烈，风蚀、沙化严重，土壤含盐量较高，自然生态系统十分脆弱，适宜的混播组合比单播草种更有潜力。驯化当地野生的小乔木、灌木和半灌木，建植人工草地。半荒漠草原带采用牧草与树木间作的模式种植保水固土灌木、半灌木和乔木，凡能栽种乔木林的地方，林木和牧草实行混播、混栽。草原草地的春牧场选种鸭茅、红豆草、冰草组合，夏牧场选种无芒雀麦、草原羊茅、苜蓿、黑麦草组合，春夏牧场采用豆科栽培品种与禾本科栽培品种等比例混合。秋冬牧场选种冰草、新麦草和红豆草，豆科牧草比例降低至30%～40%。草甸草地分布在平原和山地两种地貌类型上。平原地区的草甸草地气候较湿润，通常选种冰草、新麦草、红豆草、黄花苜蓿等豆科与禾本科牧草组合，豆科牧草占60%～70%，禾本科牧草以30%～40%比例混播，产量较高，部分地区在牧草返青期和夏季干旱期依靠地下水和河水进行适时、适量灌溉。豆科牧草不仅含有丰富的蛋白质，而且因根瘤菌的作用可增加土壤肥力，鲜草产量可达8000～10 000kg/hm²，未灌溉的地区只有2500～3000kg/hm²。沼泽草地地表有积水和浅薄积水，土壤水分过多，通气不良。春秋季节免耕，可单独撒播芦苇、灯心草和莎草类，鲜草产量可达6000～9000kg/hm²。

5.1.4 荒漠化治理技术及其评价

5.1.4.1 荒漠化治理技术梳理及其评价

目前全球荒漠化治理技术主要包括生物类、工程类、农作类及管理类四大类型，生物类荒漠化治理技术主要包括人工造林种草；工程类荒漠化治理技术主要包括草方格沙障、水资源高效利用；农作类荒漠化治理技术主要包括保护性耕作、农林复合种植；管理类荒漠化治理技术主要包括建立自然保护区、封育、轮牧休牧、社区−牧民联合管理。人工造林种草技术推广潜力相对较高，技术效益中等。草方格沙障技术成熟度、效益、适宜性及推广潜力相对较高，技术应用难度较高；雨水收集技术适宜性较高；保护性耕作技术应用难度较低，技术效益及推广潜力较低；农林复合种植技术成熟度较高，技术适宜性较低；建立自然保护区技术的成熟度、适宜性和推广潜力较高，效益和应用难度中等；封育技术效益较低，但成熟度、应用难度及推广潜力较高；轮牧休牧技术效益较低，成熟度和适宜性较高；社区−牧民联合管理技术的应用难度很低，成熟度、效益及适宜性均为中等，推广潜力较高（表5-2）。

表 5-2　全球典型荒漠化治理技术评价

技术类型	技术名称	典型国家	应用难度	成熟度	效益	适宜性	推广潜力
生物类	人工造林种草	约旦	4	3	3	3	4
		伊朗	3	3	3	3	3
		印度	3	4	3	3	5
		俄罗斯	2	5	4	3	4
		平均分	3	3.75	3.25	3	4
工程类	草方格沙障	哈萨克斯坦	4	5	3	5	5
		中国	3	5	4	5	5
		平均分	3.5	5	3.5	5	5
	雨水收集	约旦	4	3	3	4	4
		伊朗	2	3	3	3	3
		印度	5	3	4	5	3
		哈萨克斯坦	4	5	3	5	4
		平均分	3.8	3.5	3.3	4.3	3.5
农作类	保护性耕作	哈萨克斯坦	5	3	4	4	3
		印度	4	5	3	4	3
		平均分	4.5	4	3.5	4	3
	农林复合种植	印度	3	5	4	3	4
		平均分	3	5	4	3	4
管理类	建立自然保护区	俄罗斯	3	4	3	4	4
	封育	哈萨克斯坦	5	5	4	4	5
		中国	5	5	3	5	5
		平均分	5	5	3.5	4.5	5
	轮牧休牧	蒙古国	4	5	3	4	5
		澳大利亚	3	4	3	4	4
		约旦	3	4	2	5	4
		平均分	3.3	4.3	2.7	4.3	4

续表

技术类型	技术名称	典型国家	应用难度	成熟度	效益	适宜性	推广潜力
管理类	社区-牧民联合管理	蒙古国	4	4	2	3	5
		伊朗	5	3	4	4	3
		平均分	4.5	3.5	3	3.5	4

资料来源：问卷调查

5.1.4.2 典型国家荒漠化治理技术

（1）约旦

约旦是典型的荒漠化国家，针对其荒漠化问题，实施了一系列的治理技术，具体如下。

1）人工造林种草。通过在荒漠化区应用人工种植技术，开展植物种植实验，以促进区域保水，缓解荒漠化现状，一定程度上缓解了区域荒漠化问题。然而当前的人工种植技术尚未达到预期效果：一方面是由于部分区域存在过度放牧等问题，一定程度上限制了人工种植技术的效果；另一方面由于在人工种植技术应用过程中，没有充分考虑生物多样性问题，技术应用区域的生态系统稳定性较差，效果不理想。

2）雨水收集。雨水高效利用是减缓水土流失和干旱缺水的有效途径，是改善生态环境和提高土地生产的结合点，是实现生态环境恢复、资源可持续利用的重要手段。通过应用雨水收集技术，回收再利用水资源进行综合的本地灌木和植被的重新种植，可有效治理区域荒漠化问题。当前雨水收集主要通过修建水窖实现，水窖主要用于人畜饮水和部分农田补灌，具有修建容易、使用方便、不易污染及渗漏蒸发少等特点，是目前雨水储存的主要形式。随着雨水集蓄利用技术的发展和集流面应用材料的不断更新，蓄水工程的类型也在不断变化，水窖、蓄水池、涝池和塘坝等都被用来储存雨水，传统的土窖逐步被新型材料建造的水窖取代。

3）草方格沙障。目前已开展了芦苇垫和草方格技术部分试点工作，如利用草方格沙障在已经发生荒漠化的地区进行防风固沙、涵养水分，通过使用麦草、稻草、芦苇等材料，在流动沙丘上扎设呈方格状的挡风墙，以削弱风力的侵蚀。草方格技术一方面能使地面粗糙，减小风力；另一方面可以截留雨水，提高沙层含水量，有利于固沙植物的存活。但目前应用范围小，效果不明显。如何充分有效地利用这一技术完成治理沙漠化的任务，是目前急需研究解决的问题。

（2）俄罗斯

俄罗斯作为典型的荒漠化国家，针对其存在的荒漠化问题，实施了一系列的治理技术，具体如下。

1）人工造林种草。针对干旱地区的退化土地，使用乔木、多年生草本和灌木系统建立人工林，通过提高土壤肥力，改善放牧和饲养动物的条件，提高荒漠化地区的土地生产力。具体技术为种植乔木和灌木作为牧草防护林带；改良牧草种植（1~2条可食用灌木条带，条带间隔宽度为15~30m）；利用洼地浇水井；给予项目补贴，包括现金补贴、贷款担保等。人工造林技术适用于俄罗斯里海地区。使用改良的苗木进行造林，通过采用生物和农业技术提高人工种植的稳定性与可行性，开展集约化育苗。对于苗圃中的幼苗使用幼苗强化技术，以适应土壤和小气候，从而在短期内获得适合移植的苗木，减少对生态系统的压力，将防护林的耐久性提高 1.5～2.0 倍。人工抚育技术适用于腐殖质含量低、碳酸盐含量高的土壤，以及相对湿度较低、蒸发量较大的干旱地区。

2）建立自然保护区。俄罗斯自然保护区分为 6 类：国家自然保护区、国家公园、自然公园、国家自然禁猎区、自然遗迹、森林公园和植物园。其中，国家自然保护区由联邦自然资源和生态部统一管理，主要采取三类保护方式：直接在保护地建立专门管理机构，如豹地国家公园设立了国家公园管理局；实行大自然保护区域（自然保护地群）管理体制，如哈巴罗夫斯克边疆区大自然保护区管理局体制，大规模整合了三个国家自然保护区、两个国家公园、四个国家自然禁猎区的管理机构；委托国家科研机构、高等教育组织管理。

5.1.5　石漠化治理技术及其评价

斯洛文尼亚作为典型的石漠化国家，针对其存在的石漠化问题，实施了一系列的治理技术，具体如下。

1）人工造林。在废弃的草场及撂荒地上开展人工造林，种植本土优势树种，如黑松、奥地利松等树种。注重针叶林与本地阔叶林树种之间的相互配合，在贫瘠多钙的环境中通过人工种植树木实现生态恢复。

2）物种选育。选择能够自我播种、拓展森林的树种，如黑松、奥地利松等，并在足够广阔的面积上种植。同时，为了防止油脂树种面积过大造成火灾隐患，还选育了一些本地阔叶树种进行混交。

3）围栏。在人工造林治理石漠化、开展生态恢复的过程中，将重点恢复区域实行围栏分隔，保护树苗幼株，防止鹿等野生动物啃食幼树叶子和顶部而影响石漠化治理效果。

4）禁牧。在人工造林治理石漠化、开展生态恢复的过程中，在石漠化重点治理区域配合实施禁牧，即在石漠化区域禁止放牧，通过控制人类生产生活来实现石漠化地区的森林恢复。

5）堤坝。在冬季农闲季节，区域居民将地里的石头挑拣出来，围绕耕地修筑石堤，在此基础上种植庄稼或者植树造林。

5.2　全球典型生态退化区生态技术需求评估

5.2.1　数据来源

5.2.1.1　国际权威组织报告分析

国际权威组织针对生态退化和生态技术，开展了一系列跟踪研究和评估工作，基于其研究和评估结果，分析不同区域的生态技术需求。通过对 21 个国际组织报告和文献（表 5-3）的全面梳理、归纳和总结，应用文献计量和内容分析法，凝练出不同区域生态技术需求。

表 5-3　生态技术需求评估数据和资料来源

国际组织	出版物名称	年份
IPBES	*Thematic Assessment of Land Degradation and Restoration*	2018
IPBES	*Assessment Report on Biodiversity and Ecosystem Services for Europe and Central Asia*	2018
IPBES	*Assessment Report on Biodiversity and Ecosystem Services for the Americas*	2018
IPBES	*Assessment Report on Biodiversity and Ecosystem Services for Africa*	2018
IPBES	*Report of the Plenary of the Intergovernmental Science Policy Platform on Biodiversity and Ecosystem Services on the Work of Its Sixth Session*	2018
UNCCD	*Sustainable Land Management Contribution to Successful Land-based Climate Change Adaptation and Mitigation*	2017
UNCCD	*Sustainable Land Management for Climate and People*	2017
FAO	*FAO Water Reports 45-Drought characteristics and management in North Africa and the Near East*	2018
WRI	*Roots of Prosperity-The Economics and Finance of Restoring Land*	2017
UNEP	*Global Environment Outlook-6 Assessment：West Asia*	2016
UNEP	*Global Environment Outlook-6 Assessment：Pan-European Region*	2016
UNEP	*Global Environment Outlook-6 Assessment：Asia and the Pacific*	2016
UNEP	*Global Environment Outlook-6 Assessment：Africa*	2016
FAO	世界粮食和农业领域土地及水资源状况——濒危系统的管理	2012
WOCAT	*Desire for Greener Land-Options for Sustainable Land Management in Dry Lands*	2012
UNFCCC & UNDP	应对气候变化技术需求评估（农业、林业、水资源）	2010
UN	生态系统与人类福祉：综合报告	2007
UN	生态系统与人类福祉：荒漠化综合报告	2007
UN	生态系统与人类福祉：生物多样性综合报告	2007
UN	生态系统与人类福祉：湿地与水综合报告	2007
WB	*Sustainable Land Management：Challenges，Opportunities，and Trades-offs*	2006

　　注：IPBES：The Intergovernmental Science-Policy Platform on Biodiversity and Ecosystem Services，生物多样性和生态系统服务政府间科学政策平台；UNCCD：*United Nations Convention to Combat Desertification*，联合国防治荒漠化公约；FAO：Food and Agriculture Organization of the United Nations，联合国粮食及农业组织；WRI：World Resources Institute，世界资源研究所；UNEP：United Nations Environment Programme，联合国环境规划署；WOCAT：World Overview of Conservation Approaches and Technologies，世界水土保持技术和方法概览；UNFCCC & UNDP：United Nations Framework Convention on Climate Change & United Nations Development Programme，联合国气候变化框架公约和联合国开发计划署；UN：United Nations，联合国；WB：World Bank，世界银行。

5.2.1.2　利益相关者问卷调查

2017 年 9 月进行利益相关者问卷调查，详细情况见 5.1.2 节的描述。

5.2.2　不同退化类型生态技术需求

通过统计分析各类国际组织评估报告和问卷调查的结果，对水土流失、荒漠化、石漠化及退化生态系统 4 类退化问题的生态技术需求进行了分析，共得到生态技术需求 4 类 34 项，其中生物类技术需求 10 项、工程类技术需求 7 项、农作类技术需求 5 项、其他类技术需求 12 项。其中，针对水土流失的生态技术需求共有 4 类 25 项，针对荒漠化的生态技术需求共有 4 类 24 项，针对石漠化的技术需求共有 4 类 16 项，针对退化生态系统的技术需求共有 4 类 22 项（表5-4）。

表5-4　全球不同退化类型生态技术需求

技术类型	技术名称	水土流失	荒漠化	石漠化	退化生态系统
生物类	人工造林	√	√	√	√
	物种筛选	√	√	√	√
	林草病虫害防治	√	√	√	√
	抗逆性植物培育		√	√	√
	控制入侵物种		√		√
	多样化种植	√	√	√	√
	人工种草	√	√		
	建立种子库	√	√		
	海岸带种植廊道				√
	人工湿地				√
	生物类技术数量	6	8	6	8
农作类	农林复合种植	√	√	√	√
	土壤培肥	√	√		√
	保护性耕作	√	√	√	
	旱作农业		√		
	节水灌溉				√
	农作类技术数量	3	4	2	3
工程类	高效水资源配置和利用	√	√	√	√
	坡面防护	√	√		
	人工补给地下水	√	√		
	改善基础设施	√	√		
	排导技术			√	√
	微地形改造	√			√
	集雨蓄水	√	√		
	工程类技术数量	6	5	3	3

技术类型	技术名称	水土流失	荒漠化	石漠化	退化生态系统
其他类	划区禁牧/轮牧/休牧/舍饲	√	√		√
	社区参与	√	√	√	√
	适宜性管理政策和机制保障	√	√	√	√
	土地规划	√	√	√	
	能力建设	√	√	√	
	替代生计	√	√	√	
	旱作区水产养殖	√	√		
	建立保护区				√
	新能源替代薪柴	√			√
	控制污染源				√
	围栏封育	√			
	退耕/休耕	√			
	其他类技术数量	10	7	5	8
总计		25	24	16	22

注："√"表示有相关的技术需求。

资料来源：国际权威组织报告分析、问卷调查

水土流失治理技术需求主要包括6项生物类技术（人工造林、物种筛选、林草病虫害防治、多样化种植、人工种草、建立种子库）、3项农作类技术（农林复合种植、土壤培肥、保护性耕作）、5项工程类技术（高效水资源配置和利用、坡面防护、人工补给地下水、改善基础设施、微地形改造、集雨蓄水）以及10项其他类技术（划区禁牧/轮牧/休牧/舍饲、社区参与、适宜性管理政策和机制保障、土地规划、能力建设、替代生计、旱作区水产养殖、新能源替代薪柴、围栏封育、退耕/休耕）。荒漠化治理技术需求主要包括8项生物类技术（人工造林、物种筛选、林草病虫害防治、抗逆性植物培育、控制入侵物种、多样化种植、人工种草、建立种子库）、4项农作类技术（农林复合种植、土壤培肥、保护性耕作、旱作农业）、5项工程类技术（高效水资源配置和利用、坡面防护、人工补给地下水、改善基础设施、集雨蓄水）以及7项其他类技术（划区禁牧/轮牧/休牧/舍饲、社区参与、适宜性管理政策和机制保障、土地规划、能力建设、替代生计、旱作区水产养殖）。石漠化治理技术需求主要包括6项生物类技术（人工造林、物种筛选、林草病虫害防治、抗逆性植物培育、控制入侵物种、多样种植）、2项农作类技术（农林复合种植、保护性耕作）、3项工程类技术（高效水资源配置和利用、改善基础设施、排导技术）以及5项其他类技术（社区参与、适宜性管理政策和机制保障、土地规划、能力建设、替代生计）。退化生态系统治理技术需求主要包括8项生物类技术（人工造林、物种筛选、林草病虫害防治、抗逆性植物培育、控制入侵物种、多样化种植、海岸带种植廊道、人工湿地）、3项农作类技术（农林复合种植、土壤培肥、节水灌溉）、3项工程类技术（高效水资源配置和利用、排导技术、微地形改造）以及8项其他类技术（划区禁牧/轮牧/休牧/舍饲、社区参与、适宜性管理政策和机制保障、建立保护区、新能源替代薪柴、控制污染

源、围栏封育、退耕/休耕)。

研究表明，4 类生态退化问题发生的区域及程度不同，是造成生态技术需求差异的主要原因。水土流失多发生在降水集中、雨水不能就地消纳、地面植被遭破坏且有一定坡度的地区。因此，其主要技术需求包括以改变微地形、拦淤为目的的工程技术（梯田、淤地坝），以及以固定土壤为目的的建植技术。在 4 类生态退化问题中，水土流失问题最为严重，是 4 类生态退化问题中分布范围最广的，因此对水土流失治理技术需求最高（25项）。荒漠化多发生于干旱地区（UNCCD，1999），主要影响因素是水资源短缺，其技术需求多是关于高效节水的农作类技术（旱作农业、保护性耕作），以实现水土资源可持续利用（宗宁等，2014）。石漠化面积较小（190.11 万 km^2，不足水土流失面积的 1/10），且在许多国家，喀斯特岩溶地貌被认为是一种旅游资源，而非需要治理的生态退化问题，因此全球范围内对石漠化治理技术的需求量最小。退化生态系统多发生在湿地、森林、农田等区域，主要由频繁人类活动打破原有生态平衡引起（孙永光等，2012；牛莉芹和程占红，2012)，其生态系统治理多关注物种多样性保护（建立保护区、人工湿地）、提高生态系统服务功能（海岸带种植廊道、人工湿地、新能源替代薪柴）等。

5.2.3　典型区生态技术需求

不同退化区在不同程度上存在生态技术需求。通过对相关国际组织报告和问卷调研进行梳理和分析，发现国外生态技术需求主要集中在 4 类（生物类、工程类、农作类、其他类）15 项技术，其中生物类技术需求最多（6 项），分别为抗逆性植物培育、人工造林、营建复合农林牧系统、人工种草、多样化种植、植物固沙，其中以抗逆性植物培育需求最高，人工造林、营建复合农林牧系统需求次之。工程类技术需求共有三项，分别为小型水坝建造、梯田建造、沟道护岸工程，其中小型水坝建造技术的需求最高，梯田建造次之。农作类技术两项，包括土壤改良、保护性耕作等。其他类生态技术 4 项，分别为划区禁牧/轮牧/休牧/舍饲、建立保护区、林草病虫害防治、围栏封育，其中对划区禁牧/轮牧/休牧/舍饲及建立保护区均有较高需求（表 5-5）。

表 5-5　全球典型地区生态技术需求

技术类型	技术名称	西非	东南亚	中亚	东亚	南亚	东非	北非	南美	欧洲	总计
生物类	抗逆性植物培育	√	√			√	√	√			5
	人工造林	√	√				√		√		4
	营建复合农林牧系统	√	√		√			√			4
	人工种草	√	√	√							3
	多样化种植		√				√				2
	植物固沙			√	√						2
农作类	土壤改良	√	√		√		√		√	√	6
	保护性耕作	√	√	√	√					√	5

续表

技术类型	技术名称	西非	东南亚	中亚	东亚	南亚	东非	北非	南美	欧洲	总计
工程类	小型水坝建造	√	√			√			√	√	6
	梯田建造	√	√						√		3
	沟道护岸工程	√						√			2
其他类	划区禁牧/轮牧/休牧/舍饲			√	√			√			3
	建立保护区	√				√				√	3
	林草病虫害防治	√					√				2
	围栏封育			√							1
总计		11	9	5	5	5	5	4	4	3	51

注："√"表示有相关的技术需求。
资料来源：国际权威组织报告分析、问卷调查

  不同地区生态技术需求存在差异（表5-5），西非地区生态技术需求量最多，共计11项，涉及全部4类生态技术，包括抗逆性植物培育、人工造林、营建复合农林牧系统、人工种草、土壤改良、保护性耕作、小型水坝建造、梯田建造、沟道护岸工程、建立保护区、林草病虫害防治。东南亚地区生态技术需求量次之，共计9项，主要集中在生物、工程、农作三类，包括抗逆性植物培育、人工造林、营建复合农林牧系统、人工种草、多样化种植、土壤改良、保护性耕作、小型水坝建造、梯田建造。中亚地区生态技术需求量共计三类5项，包括人工种草、植物固沙、保护性耕作、划区禁牧/轮牧/休牧/舍饲、围栏封育。东亚地区生态技术需求量共计三类5项，包括营建复合农林牧系统、植物固沙、土壤改良、保护性耕作、划区禁牧/轮牧/休牧/舍饲。南亚地区生态技术需求量共计4类5项，包括抗逆性植物培育、多样化种植、小型水坝建造、土壤改良、建立保护区。东非地区生态技术需求量共计4类5项，包括抗逆性植物培育、人工造林、小型水坝建造、土壤改良、林草病虫害防治。北非地区生态技术需求量共计三类4项，包括抗逆性植物培育、小型水坝建造、沟道护岸工程、划区禁牧/轮牧/休牧/舍饲。南美地区生态技术需求量共计两类4项，包括人工造林、营建复合农林牧系统、小型水坝建造、梯田建造。欧洲生态技术需求量最少，仅三项，主要集中在农作类、其他类，包括土壤改良、保护性耕作、建立保护区。

  西非、东南亚、中亚等地区生态技术需求较多，表明这些地区生态退化问题突出且得到了较高的关注。西非的生态退化问题是由人口剧增和过度耕作引发的土地退化，如布基纳法索75.0%的地区存在土地退化现象，是全球土地退化最为严重的国家之一（Niemeijer and Mazzucato，2002）。东南亚的生态退化问题是由扩大橡胶、棕榈种植引发的森林破坏，2000～2010年该区原始森林面积从6.6万km²下降至6.4万km²（年均-0.31%），次生林面积从14.4万km²下降至13.5万km²（年均-0.64%），其中巽他大陆森林破坏情况尤为严重，泥炭沼泽森林面积下降3.7%（Wilcove et al.，2013）。中亚的生态退化问题是过度放牧和森林采伐引起的荒漠化，截至2012年，该区土地退化面积为58.8万km²，占中亚总面积的10.4%，有土地退化趋势的地区面积为27.0万km²，2010～2015年该区荒漠化面积净增1.6万km²，增长率为0.40%（陈文倩等，2018）。

  基于国际组织报告及专家问卷，得到典型国家生态技术需求（表5-6），涉及全球

40 多个国家。生态技术需求共有 4 类 28 项，其中生物类技术 6 项，分别为人工造林种草、多样化种植、海岸带种植廊道、抗逆性植物选育、林草病虫害防治、营建复合农林牧系统；农作类技术 6 项，分别为保护性耕作、旱作农业、节水灌溉、饲草种植、土壤改良、农林复合种植；工程类技术 6 项，分别为高效水资源配置和利用、坡面防护、人工补给地下水、人工降雨、水坝、集雨蓄水；其他类技术 10 项，分别为生态旅游、建立保护区、以草定畜、禁牧、舍饲养殖、轮牧休牧、生态补偿、生态移民、退耕还林还草、围栏封育。

表 5-6　典型国家生态技术需求

技术类型	需求技术	需求国家
生物类	人工造林种草	越南、老挝、孟加拉国、蒙古国、南非、埃塞俄比亚、肯尼亚、加纳、摩洛哥、毛里求斯、厄瓜多尔、秘鲁、埃及、伊朗、中国、美国
	多样化种植	老挝、斯里兰卡、赞比亚、土耳其
	海岸带种植廊道	中国、柬埔寨、泰国、缅甸、印度、意大利、葡萄牙、利比亚
	抗逆性植物选育	泰国、印度尼西亚、孟加拉国、南非、肯尼亚、伊朗、赞比亚、埃塞俄比亚、以色列、中国
	林草病虫害防治	南非、加纳、毛里求斯
	营建复合农林牧系统	秘鲁、中国、泰国
农作类	保护性耕作	泰国、菲律宾、肯尼亚、埃塞俄比亚、赞比亚、越南、蒙古国、哈萨克斯坦、中国、法国、德国
	旱作农业	中国、印度、利比亚、伊朗
	节水灌溉	埃塞俄比亚、肯尼亚、加纳、摩洛哥、毛里求斯、厄瓜多尔、秘鲁、埃及、伊朗、利比亚、土耳其、阿富汗、哈萨克斯坦
	饲草种植	俄罗斯、蒙古国
	土壤改良	印度尼西亚、孟加拉国、埃塞俄比亚、马里、加纳、中国
	农林复合种植	老挝、中国、赞比亚、菲律宾、柬埔寨、泰国
工程类	高效水资源配置和利用	埃塞俄比亚、肯尼亚、赞比亚、尼日利亚、纳米比亚、沙特阿拉伯、伊朗、阿富汗、印度、土耳其
	坡面防护	印度尼西亚、厄瓜多尔、秘鲁、菲律宾、泰国、印度、中国
	人工补给地下水	摩洛哥、厄瓜多尔、秘鲁、埃及、哈萨克斯坦
	人工降雨	伊朗、阿塞拜疆、格鲁吉亚、土耳其、约旦、以色列、也门、阿曼
	水坝	马里、摩洛哥
	集雨蓄水	泰国、以色列、约旦、肯尼亚、赞比亚、加纳、摩洛哥、毛里求斯、秘鲁、埃及、伊朗
其他类	生态旅游	泰国、马来西亚、菲律宾、中国
	建立保护区	斯里兰卡、斯洛文尼亚、中国、日本
	以草定畜	蒙古国、中国、哈萨克斯坦
	禁牧	蒙古国、中国、哈萨克斯坦
	舍饲养殖	蒙古国、中国、哈萨克斯坦

技术类型	需求技术	需求国家
其他类	轮牧休牧	蒙古国、中国、哈萨克斯坦
	生态补偿	越南、老挝、孟加拉国、埃及、中国、美国
	生态移民	越南、老挝、孟加拉国、中国
	退耕还林还草	越南、老挝、孟加拉国、埃及、伊朗、中国、美国、法国、意大利
	围栏封育	越南、老挝、孟加拉国、蒙古国、秘鲁、埃及、伊朗、中国、美国

资料来源：国际权威组织报告分析、问卷调查

5.3 典型区生态技术筛选与推荐

通过对全球水土流失、荒漠化及石漠化典型区相关政府部门代表、研究人员、国际非政府组织人员等面对面问答式的深入互动交流，并参考国际权威组织对这些典型区的评估报告，梳理得到埃塞俄比亚、肯尼亚、赞比亚、菲律宾、泰国、哈萨克斯坦、蒙古国、土耳其、伊朗、以色列及约旦 11 个国家的生态技术推荐清单（表 5-7）。

表 5-7 典型国家生态技术推荐清单

区域类型	区域	具体国家	推荐的生态技术
水土流失、荒漠化	非洲	埃塞俄比亚、肯尼亚、赞比亚	等高带状耕作、旱作农业、农林复合种植、免耕、坡地保水植物种植
水土流失	东南亚	泰国、菲律宾	农田防护林、保护性耕作
水土流失、荒漠化	中亚、东亚	哈萨克斯坦、蒙古国	禁牧/轮牧/休牧、防风固沙林
水土流失、荒漠化	西亚	土耳其、伊朗、以色列、约旦	径流集水、节水灌溉、沙漠温室技术

资料来源：国际权威组织报告分析、面对面问答式的深入互动交流

非洲国家受经济发展水平约束，现阶段生态技术仍以改善农业生产为主要目标，在发展农业的基础上兼顾水土流失及荒漠化治理。对埃塞俄比亚、肯尼亚、赞比亚三个国家推荐的生态技术主要包括等高带状耕作、旱作农业、农林复合种植、免耕、坡地保水植物种植等，主要集中在农作类技术和生物类技术。埃塞俄比亚由于降水集中及过度开垦和放牧，其农田水土流失问题严重，每年约有 19 亿 t 土壤流失，其地形多为山地高原，推荐的生态技术为等高带状耕作，即在坡耕地上沿着等高线带状交互间作的一种坡地保持水土的种植方法，利用密生作物覆盖地面、减缓径流、拦截泥沙保护疏生作物的生长，比一般间作有更大的防蚀和增产作用，有利于改良土壤结构，提高土壤肥力和蓄水保土，可进行密生作物（如玉米、高粱等）和疏生作物（如小麦、莜麦等）间种，以及农作物与牧草间种。肯尼亚由于气候干旱、人口压力及定牧政策，水土流失较为严重，推荐的生态技术为旱作农业，即无灌溉条件的干旱地区，主要依靠天然降水从事农业生产的一种雨养农业，尽管灌溉农业对作物的增产效果比较明显，然而非洲地区由于干旱缺水的自然条件，灌溉农业并非是最好的选择，非洲地区应该更加注重发展改进旱作农业技术。中国北方地区的旱作农业发展历史悠久，目前国家对旱作农业技术推广高度重视，专门设立了旱作农业技

术推广项目，建立旱作农业示范区，进行以地膜覆盖、膜下滴灌、集雨补灌、水肥一体化等为核心的综合技术推广，这对非洲国家旱作农业具有借鉴意义。赞比亚由于季节性降水及森林砍伐等，造成土壤流失以及作物产量下降，推荐的生态技术为农林复合种植，即在同一块土地上，将多年生乔木和农作物结合种植在一起的土地利用方式，使农林牧业在不同的组合之间实现生态效益与经济效益协同发展，形成具有多种群、多层次、多产品、多效益特点的人工复合生态系统——农林复合系统，有利于环境和经济社会的协调发展。美国密苏里大学农林复合研究中心致力于生态、农业相关技术研究，包括林地种植技术、综合种植技术、防风林种植技术、河岸与高地缓冲植物带技术以及综合放牧技术等，其有专门的技术推广队伍，通过技术顾问、培训工作站、信息展览等途径与农民和专家进行多方交流合作，举办技术推广会、技术展览会、成果展示会及到地方上进行推荐演讲等，推动研究成果更加广泛地应用，有利于非洲国家引进、改进和发展本国的农林复合技术。

东南亚国家受极端气候（季节性暴雨）及过度开采、陡坡耕作等人类活动的影响，大面积土地（大部分是农田）发生较为严重的水土流失问题，其中，菲律宾水土流失面积约占其国土面积的 45%，泰国水土流失面积约占其国土面积的 33.96%。对菲律宾和泰国两个国家推荐的生态技术主要包括农田防护林及保护性耕作，东南亚国家丰富的水热条件为此类技术的实施提供了适宜的气候和水土条件。农田防护林是指为能够改善农田小气候并保证农作物丰产、稳产而营造的防护林，由于呈带状又称农田防护林带，在防护林带作用下，其周围一定范围内形成特殊的小气候环境，能降低风速、调节温度、增加大气湿度和土壤湿度、拦截地表径流达到水土保持功效，同时又可以减轻和防御各种农业自然灾害，保证农业生产稳产、高产。保护性耕作是指通过运用少耕、免耕、地表覆盖（秸秆、残茬、地膜等）、合理种植等措施，并辅以轮作、带状种植、多作种植、合理密植及农田防护林建设等配套技术，减少农田土壤侵蚀和土地退化，是兼顾生态效益、经济效益及社会效益的可持续农作类生态技术。农田防护林及保护性耕作技术既可以促使东南亚国家实现水土保持与土地退化的防治，又可以保证粮食生产，兼顾生态效益、经济效益和社会效益。

中亚及东亚的许多国家草地面积占比较高，过度放牧等不合理的草地利用方式造成较为严重的草地荒漠化问题。对哈萨克斯坦和蒙古国两个国家的推荐生态技术主要包括禁牧/轮牧/休牧及防风固沙林。禁牧即长期禁止放牧利用，一般应用在生态脆弱、水土流失严重的草场；休牧即短期禁止放牧利用，即一定期间对草地施行禁止放牧利用的措施；轮牧是划区轮牧或分区轮牧的简称，即将大片草地划分成若干小区，按一定顺序定期轮流放牧，轮牧周期长短取决于牧草再生速度。禁牧/轮牧/休牧等放牧管理技术能够有效地解除放牧对植被产生的压力，改善植物生存环境，促进植物恢复和生长，保护生态环境，缓解草畜矛盾，同时禁牧/轮牧/休牧等放牧管理技术简便易行、适用范围广，在我国内蒙古地区已经得到广泛应用，并取得了巨大的成效。防风固沙林是指在干旱多风的地区，为降低风速、固定流沙而营造的防护林，通常种植沙生植物，包括灌木及草本植物等，主要作用是降低风速、防风固沙、改善气候条件、涵养水源、保持水土，同时可以调节空气湿度、温度，减少冻害和其他灾害的危害。我国西北地区常见的是在格状沙丘上设置生物沙障，栽植柠条、沙蒿等固沙植物，以固定沙粒增加沙地湿度和有机质含量，使沙地环境得到初步改善，在此基础上栽植乔木树种，逐步达到防风固沙、改造沙地的目的。

西亚国家水资源短缺，以色列将境内所有的水源联合在国家整体管网内，由主要管道和各种输水管网将水自北部运送到境内中部和南部干旱地区。土耳其、伊朗、以色列及约旦以先进的干旱地区径流集水技术、沙漠温室技术和节水灌溉技术享誉世界，对其他国家具有借鉴意义。

第6章 中国生态退化与研究热点空间分布

本章首先对中国荒漠化、水土流失、石漠化主要生态退化进行监测识别，制作中国主要生态退化类型空间分布图。在此基础上，结合2000年以来的植被动态变化趋势，对中国生态退化态势进行分析。最后，通过CNKI文献大数据分析，根据国内学者对主要生态退化类型的研究关注热度，形成中国主要生态退化类型研究热点分布图。在国家生态文明建设背景下，研制中国主要生态退化类型、生态退化态势及研究热点的空间分布图对生态工程的实施、生态退化的治理与修复具有重要的科学参考价值。

6.1 中国主要生态退化类型空间分布

6.1.1 数据与方法

快速、准确识别典型生态退化地区的空间分布，并对这些生态退化地区开展定期监测、生态治理和修复工程，是中央和地方各级政府开展针对性生态文明建设的基础。科学的理论指导和可靠的数据支撑对典型生态退化地区的识别判定具有重要意义，其中可靠的数据的收集是前提，科学的识别判定方法是关键。

依据生态退化主要形式，针对性地收集和整理国家部委与权威机构发布或研制的涉及荒漠化、石漠化、水土流失、土壤侵蚀、地形坡度等各类综合或专题地图及数据，具体包括中国土壤侵蚀空间分布（1995年）、中国沙漠、戈壁和绿洲分布（2010年）、岩溶地区石漠化土地状况分布图（2012年）。上述各项主要生态退化及地形地貌专题图的详细信息可见表6-1。

表6-1 中国生态退化研究基础地图概况

名称	年份	地图编制基本方法	发布单位	下载地址
中国土壤侵蚀空间分布	1995	依据中华人民共和国行业标准《土壤侵蚀分类分级标准》（SL 190—1996）的总体要求编制而成。土壤侵蚀制图的内容涉及侵蚀营力、方式、形态及下垫面条件等因素，首先确定土壤侵蚀类型，然后在侵蚀类型的基础上确定土壤侵蚀强度	水利部、中国科学院遥感应用研究所	http://www.resdc.cn/doi/doi.aspx?doiid=47
中国沙漠、戈壁和绿洲分布	2010	来源于《中国自然地理图集》（第三版）	中国地图出版社	http://www.osgeo.cn/map/md4e9
岩溶地区石漠化土地状况分布图	2012	全国岩溶地区第二次石漠化监测工作成果。采用地面调查与遥感技术相结合，以地面调查为主的技术路线，取得了客观、可靠的监测数据	国家林业局	http://www.forestry.gov.cn/zsxh/3445/content-548741.html

中国主要生态退化类型空间分布制图流程如图 6-1 所示，主要步骤如下。

1）根据《中国自然地理图集》（第三版）提供的 1：2100 万中国沙漠、戈壁和绿洲分布，首先开展地理校正，对中国沙漠、戈壁、风蚀地、沙地、绿洲 5 类土地进行矢量化，形成荒漠化数据；然后以 1km×1km 为基本栅格单元，对其进行栅格化。

2）对岩溶地区石漠化土地状况分布图进行矢量化，获得石漠化空间分布；然后以 1km×1km 为基本栅格单元，对其进行栅格化。

3）对中国土壤侵蚀空间分布数据中的风力侵蚀及水力侵蚀进行重分类，将风蚀、水蚀原有的 6 个等级，分别赋值为 0、0、1、3、5、7，将水力侵蚀部分中东部平原区［DEM_QFD（地形起伏度）<30°］等级设为 0。

4）对石漠化、水蚀、风蚀数据分别进行局域统计分析，统计半径为 50km×50km 范围内各类型强度的均值，对统计结果采用等量分割法，进行强度分级及微小图斑合并，最终得到各类型退化的空间分布。

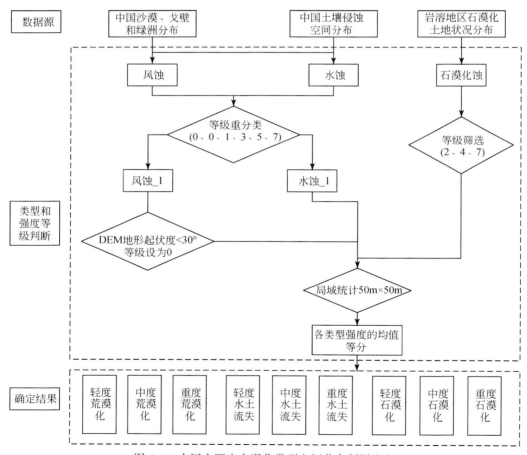

图 6-1　中国主要生态退化类型空间分布制图流程

在中国主要生态退化类型空间分布图的基础上，遴选和分析能够表征地表植被覆盖程度和生长质量的典型指标，从而进一步编制中国主要生态退化类型变化态势图。在国内外研究中，NDVI 指标被普遍认为能够反映地表植被覆盖状况，表征地表植被生长质量。

基于 NDVI 指标，分析 2000～2015 年中国地表植被覆盖程度和生长质量变化趋势的方法与第 4 章针对全球地表植被变化趋势开展分析的方法完全相同，此处不再赘述。

6.1.2　中国主要生态退化类型分布格局

（1）荒漠化

将中国荒漠化区划分为轻度荒漠化、中度荒漠化、重度荒漠化三个等级（图 6-2）。统计表明，中国荒漠化总面积达 210.50 万 km²，占研究区总面积的 22.19%。其中，轻度

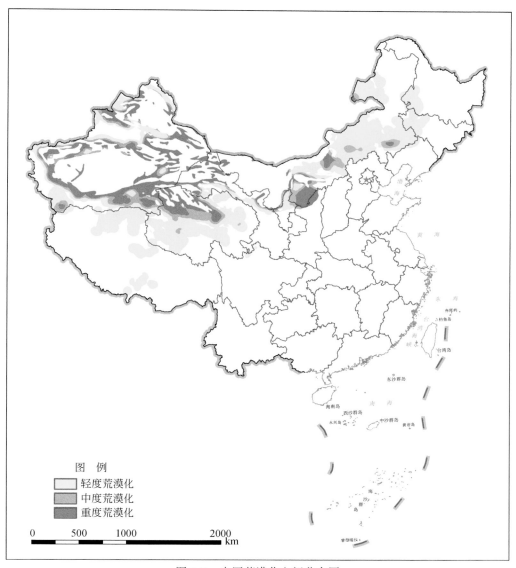

图 6-2　中国荒漠化空间分布图

荒漠化占比最大，占研究区总面积的 5.7%，其次是重度荒漠化，占研究区总面积的 13.6%；中度荒漠化占比最小，约占研究区总面积的 2.91%（表 6-2）。

表 6-2　中国荒漠化分布统计

类型	荒漠化面积/万 km²	占研究区总面积的比例/%	主要分布区域
重度	54.10	5.70	新疆、青海、甘肃、内蒙古
中度	27.60	2.91	新疆、青海、内蒙古
轻度	128.80	13.58	新疆、青海、西藏、内蒙古
合计	210.50	22.19	—

　　从空间上看，荒漠化主要分布在西北部干旱、半干旱和半湿润地区，不包括沙漠、戈壁、绿洲等区域。其中，重度荒漠化主要分布在塔里木河流域、天山山脉、祁连山区、毛乌素沙地及阴山北部等地；中度荒漠化主要分布在祁连山区、毛乌素沙地南部及乌兰察布阴山以北等地；轻度荒漠化主要分布在内蒙古呼伦贝尔草原、科尔沁草原、锡林郭勒草原、浑善达克沙地及青海省金银滩草原和阿尔金山高寒草原等地。

　　从行政区划上看，重度荒漠化主要分布在内蒙古、新疆、青海和甘肃，其中四省（自治区）重度荒漠化面积约为 52.7 万 km²，占全国重度荒漠化面积的 97.4%；中度荒漠化主要分布在内蒙古、新疆和青海，其中三省（自治区）中度荒漠化面积约为 25.5 万 km²，占全国中度荒漠化面积的 92.4%；轻度荒漠化主要分布在内蒙古、新疆、青海和西藏，其中四省（自治区）轻度荒漠化面积约为 112.6 万 km²，占全国轻度荒漠化面积的 87.4%。

　　（2）水土流失

　　水土流失是一种危害严重、分布范围广的生态环境问题。中国每年流失到江河的泥沙量达 50 多亿吨，由此引发了河流淤积、河床抬高、水库淤积、库容减少等生态环境问题，严重危及中国的水利建设和防洪能力（王效科等，2001）。将中国水土流失区划分为轻度水土流失、中度水土流失、重度水土流失三个等级（表 6-3，图 6-3）。中国水土流失总面积达 294.62 万 km²，占研究区总面积的 31.06%。其中，轻度水土流失面积最多，占研究区总面积的 25.04%；中度水土流失面积占研究区总面积的 4.72%；重度水土流失面积占研究区总面积的 1.30%（表 6-3）。

表 6-3　中国水土流失分布统计

类型	水土流失面积/万 km²	占研究区总面积的比例/%	主要分布区域
重度	12.32	1.30	宁夏、甘肃、山西、陕西
中度	44.79	4.72	宁夏、甘肃、山西、陕西、四川
轻度	237.51	25.04	河北、山东、山西、陕西、四川、云南、江西
合计	294.62	31.06	—

　　从空间上看，水土流失主要分布在中国中部、西南部以及东北部等地，范围广、区域大。从地形上看，轻度水土流失主要分布在大兴安岭、小兴安岭、长白山山区、燕山-太行山地区、四川盆地、横断山区、大别山区、云贵高原、武陵山区等地；中度水土流失主

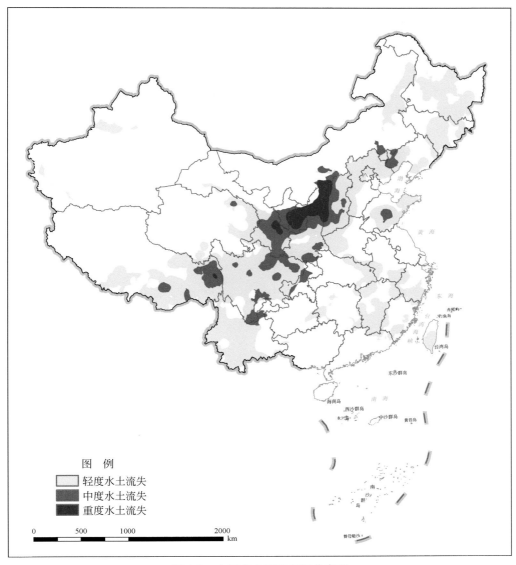

图 6-3　中国水土流失空间分布图

要分布在太行山脉、秦岭、横断山区、泰山等地；重度水土流失主要分布在黄土高原。

　　从行政区划上看，轻度水土流失几乎在中国所有省（自治区、直辖市）均有分布，其中河北、山东、山西、陕西、四川、云南、江西 7 省轻度水土流失面积为 105.68 万 km²，占全国轻度水土流失面积的 44.49%；宁夏、甘肃、山西、陕西、四川 5 省（自治区）中度水土流失面积为 28.63 万 km²，占全国中度水土流失面积的 63.92%；宁夏、甘肃、山西、陕西 4 省（自治区）重度水土流失面积达 11.31 万 km²，占全国重度水土流失面积的 91.80%。

（3）石漠化

石漠化是在脆弱的岩溶环境下，人类不合理的经济社会活动造成地表出现类似于荒漠景观的演变过程或结果，是生态退化的极端表现形式（杜文鹏等，2019）。将中国石漠化区划分为轻度石漠化、中度石漠化、重度石漠化三个等级（图6-4）。统计表明，中国石漠化总面积达68.87万 km²，占研究区总面积的7.26%。其中，轻度石漠化面积最多，占研究区总面积的3.72%；中度石漠化面积占研究区总面积的2.33%；重度石漠化面积占研究区总面积的1.21%（表6-4）。

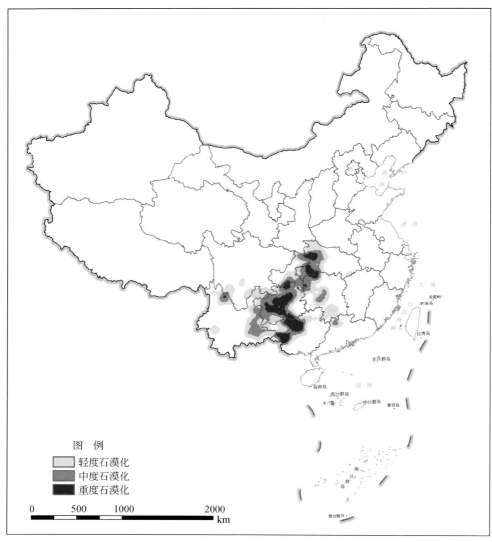

图6-4 中国石漠化空间分布图

表 6-4　中国石漠化分布统计

类型	石漠化面积/万 km²	占研究区总面积的比例/%	主要分布区域
重度	11.50	1.21	贵州、广西、湖北
中度	22.11	2.33	贵州、广西、湖北、湖南
轻度	35.26	3.72	贵州、广西、湖北、湖南、重庆、云南
合计	68.87	7.26	—

从空间上看，石漠化集中分布在中国西南地区，已成为中国西南地区社会经济发展的关键制约因素。其中，重度石漠化主要分布在云贵高原、珠江上游、巫山等地；中度石漠化主要分布在云贵高原、雪峰山、巫山、横断山脉等地；轻度石漠化主要分布在横断山脉、云贵高原、南岭、雪峰山及长江流域等地。

从行政区划上看，石漠化集中分布在我国西南各省（自治区、直辖市），其中贵州、广西、湖北、湖南、重庆、云南 6 省（自治区、直辖市）轻度石漠化面积为 29.68 万 km²，占全国轻度石漠化面积的 84.17%；贵州、广西、湖北、湖南 4 省（自治区）中度石漠化面积为 14.82 万 km²，占全国中度石漠化面积的 67.03%；贵州、广西、湖北三省（自治区）重度荒漠化面积达 10.56 万 km²，占全国重度荒漠化面积的 91.83%。

6.1.3　21 世纪以来中国主要生态退化态势

NDVI 是表征地表植被生长质量状况和植被覆盖程度的重要指标，对 NDVI 进行趋势分析是判别生态系统变化方向的基本方法。由图 6-5 中国陆地生态系统 NDVI 变化态势可知，2000～2015 年中国陆地生态系统 NDVI 变化呈上升态势的区域（80.87%）明显大于呈下降态势的区域（19.13%），说明 2000～2015 年中国地表植被生长质量总体有所改善。

其中，NDVI 呈上升态势的区域主要分布在塔里木盆地、柴达木盆地、祁连山、黄土高原、内蒙古西部及大兴安岭地区、东北平原、珠江流域等，植被盖度上升主要与这一阶段实施的退耕还林还草工程、"三北"防护林工程等生态建设项目有关；NDVI 呈下降态势的区域主要分布在青藏高原、天山山脉、阿尔泰山脉、内蒙古乌兰布统草原及锡林郭勒草原、长江中下游等，植被盖度下降主要受气候干旱和剧烈的人类活动等影响。

综合全国陆地生态系统 NDVI 变化趋势及中国主要生态退化类型空间分布，对各类型生态退化区 2000 年以来的生态变化态势进行进一步分析（图 6-6 和表 6-5），可得 2000～2015 年中国主要生态退化态势的分布特征。

1）中国大部分退化地区呈现退化持衡趋势，约占中国退化区面积的 66.41%。

2）中国约有 11.53% 的退化区处于退化加重态势，其中荒漠化退化加重区主要分布在新疆北部阿尔泰山及天山地区、内蒙古东部浑善达克沙地、科尔沁沙地等地；水土流失退化加重区主要分布在天山南麓及横断山区地区；草地退化加重区主要分布在西藏西北部及青海东南部等地；石漠化退化加重不明显。

3）中国约有 22.06% 的退化区处于退化逆转态势，其中荒漠化退化逆转区主要分布在内蒙古西北部呼伦贝尔、科尔沁及中部阴山南麓地区，青海东部等地；水土流失逆转区主要分布在黄土高原、辽河流域以及秦巴山区等地；石漠化退化逆转区主要分布在云贵高原等地；草地退化逆转不明显。

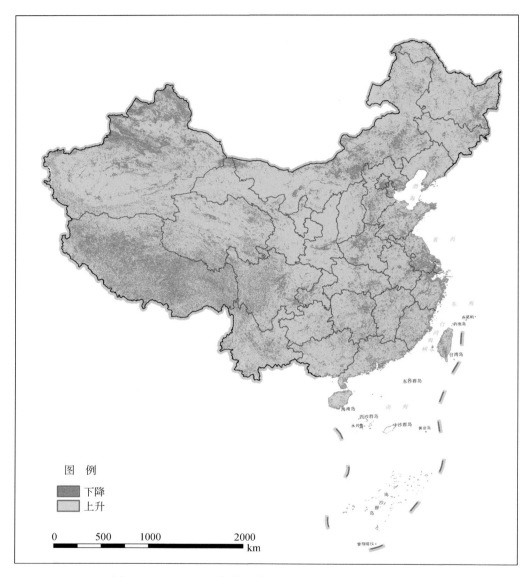

图 6-5 2000～2015 年中国陆地生态系统 NDVI 变化态势图

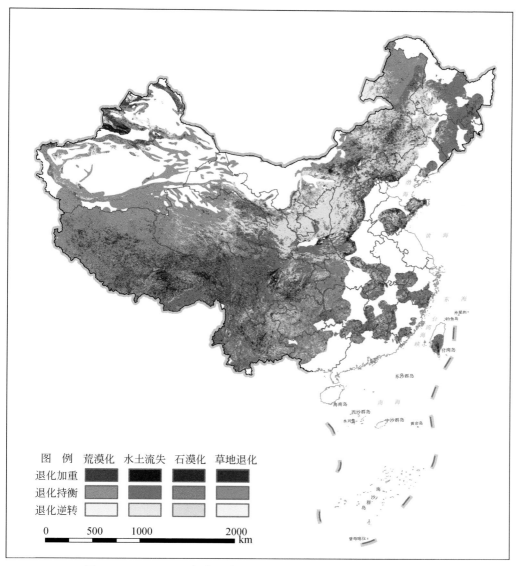

图 6-6　2000～2015 年中国主要生态退化类型退化态势空间分布图

表 6-5　中国主要生态退化面积及其占比

退化类型	统计类型	退化加重	退化持衡	退化逆转	合计
荒漠化	面积/万 km²	22.91	136.23	48.78	207.92
	占荒漠化面积的比例/%	11.02	65.52	23.46	100.00
水土流失	面积/万 km²	31.34	168.79	70.95	271.08
	占水土流失面积的比例/%	11.56	62.27	26.17	100.00

续表

退化类型	统计类型	退化加重	退化持衡	退化逆转	合计
石漠化	面积/万 km²	3.53	42.35	12.72	58.60
	占石漠化面积的比例/%	6.02	72.27	21.71	100.00
草地退化	面积/万 km²	14.03	66.21	4.92	85.16
	占退化草地面积的比例/%	16.47	77.75	5.78	100.00
合计	面积/万 km²	71.81	413.58	137.37	622.76
	占全部退化面积的比例/%	11.53	66.41	22.06	100.00

6.2 中国主要生态退化研究热点空间分布

6.2.1 数据与方法

以 CNKI 文献数据库作为代表中国生态退化研究热点的文本数据源，根据人类对荒漠化、石漠化及水土流失相关事件的感知和语义表达特点选取关键词组，使用网络爬虫检索技术开展网络检索及文本解析，获得相应文本数据并存储到本地文件及数据库中。进而利用开源自然语言处理工具包对文本数据开展中文分词及地名实体词识别，获取其中的地名词汇，同时利用标准地名数据库，对识别得到的地名词汇进行标准化及空间定位。然后对各地名出现次数进行累积，构建综合热度指数模型，计算得到中国荒漠化、石漠化及水土流失研究热度空间分布。为进一步探讨各类热度的动态变化情况，将研究时间段进行拆分，获取 1980~1989 年、1990~1999 年、2000~2009 年、2010~2017 年研究热度空间分布。最后对各类生态退化问题研究热度结果进行空间叠加，获得中国生态退化研究热点综合分析结果（图 6-7）。

6.2.1.1 数据获取

基于 CNKI 文献数据库，应用 Java 语言及 HTTP GET/POST 方法，以中国学术期刊网络出版总库（China Academic Journal Network Publishing Database，CAJD）高级检索页（http：//kns.cnki.net/kns/brief/result.aspx？dbprefix=CJFQ）作为种子节点，设置关键词组合进行主题检索。具体流程如下：

1）以 GET 方式访问 CAJD 高级检索页，获得其网页 Cookie（浏览器缓存数据）并保存，以 POST 方式继续访问 CNKI 检索处理器页及检索结果列表页，访问参数均参照 CAJD 高级检索页检索条件组设置，表 6-6 为某一组检索条件的变量名称、含义及其取值说明，表中的关键词取值以第一组为例进行说明。

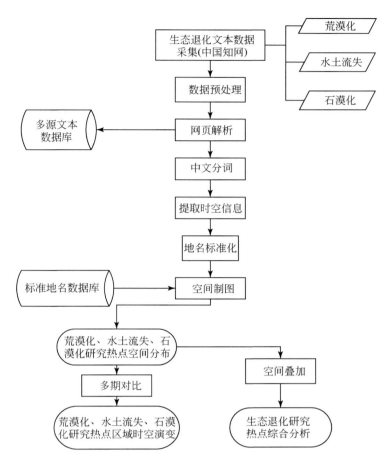

图 6-7　中国生态退化研究热点识别技术路线

表 6-6　检索条件变量名称、含义及其取值说明

变量名称	变量含义	变量取值	取值含义
dbprefix	检索数据库	CJFQ	期刊库
［key］_sel	检索范围	FT	全文
［key］_value1	关键词 1	"荒漠化"	—
［key］_relation	每组两个关键词之间的关系	#CNKI_OR	或含
［key］_value2	关键词 2	"风力侵蚀"	—
［key］_special1	检索逻辑	%	模糊
［key］_logical	多组检索条件之间的关系	or	或者
year_from	检索文献起始年份	1980	—
year_to	检索文献终止年份	1989	—

注：［key］为关键词组别，第 *n* 组关键词所含变量名称中的［key］取值为 txt_*n*，如第一组关键词的检索范围为 txt_1_sel。本研究中共设置 5 组关键词组，每组包含 1～2 个关键词。

CAJD 的单次检索最多仅可获取 6000 条数据，因此需要根据检索返回的文献总数对整个检索流程依据时间段进行拆分，根据拆分所得各时间段的起止年份顺序检索，以此获取全部文献数据。

2）对获得的检索结果列表页返回的内容进行解析，获得检索列表。对列表中包含的论文标题、作者姓名、出版时间等信息进行抽取，将结果存储到本地文件以及基于 SQLite[①] 构建的本地数据库中，表 6-7 为基于 CNKI 的中文文献信息存储字段说明。

表 6-7　基于 CNKI 的中文文献信息存储字段说明

字段名称	字段含义	字段类型及长度
file name	论文 ID	varchar（20）
title	论文标题	varchar（40）
author	作者姓名	varchar（40）
type	文献类型	varchar（20）
publication ISSN	出版物编号	varchar（40）
publication DATE	出版时间	varchar（40）
institution	作者机构	varchar（20）
key words	关键词	varchar（40）

3）通过 GET 方式访问步骤 2）中获取的文献链接，对返回页面进行解析，获取文献关键词、摘要等内容，并以文本文件形式将其保存到本地数据库，检索获得各类主题文献数量，见表 6-8。

表 6-8　基于 CNKI 中文学术期刊的生态退化研究检索

目标	关键词	文献库	时间	成果数量
荒漠化	荒漠化、沙漠化、风力侵蚀、风蚀	CNKI	1980 ~ 2017 年	43 985 篇
水土流失	水土流失、水力侵蚀、水蚀	CNKI	1980 ~ 2017 年	145 669 篇
石漠化	石漠化、岩溶退化、喀斯特退化	CNKI	1980 ~ 2017 年	4 791 篇

6.2.1.2　地名识别与词频统计

对爬取到的文本关键词及摘要数据进行中文分词及地名实体词识别，该过程的实现主要依赖开源 Java 自然语言处理工具包 HanLP（Han Language Processing）中的分词模块与实体词识别模块。由于本研究的可视化过程以县域行政区划为最小单元，需要将经过实体词识别的地名词汇与行政区划标准地名进行匹配，即地名的标准化。

为实现地名的标准化过程，需要构建标准地名库（standard toponym database，STD），标准地名库以中国地图出版社提供的 2012 年版中国县级行政区划空间数据属性表为基础，结合全国 1∶25 万基础地理数据对其中的部分地名及行政编码进行修正，将获得的全部地

---

① SQLite：一款轻量级关系型数据库系统，可以方便地在不同平台之间迁移。

名分为省、市、县三级建表，并对省、市级地名的简称、别称及行政代码进行补充，具体字段示例可见表6-9~表6-11。

表6-9　标准数据库中省级地名表存储示例

省级地名	代码	地名简称
北京市	11	北京
河北省	13	河北

表6-10　标准数据库中市级地名表存储示例

市级地名	代码	地名简称
石家庄市	1301	石家庄
唐山市	1302	唐山

表6-11　标准数据库中县级地名表存储示例

县级地名	代码
长安区	130102
桥东区	130103

　　在开展地名标准化过程之前，需要对识别出的地名进行预处理，主要包括对同一篇文献中重复出现的地名去重和对被拆分成多个地名的组合地名合并。在地名标准化过程中，需要同时开展行政区空间包容关系判断和地名频次汇总统计，目标是将多层级、不规范的、存在多义性的地名词汇，统一到县级、规范的、唯一性的地名上，并科学合理地为每一个县域单元赋予它在研究论文中出现的频次数。为此，研究建立了"逐级覆盖、累加统计"的地名匹配流程，从而将不同级别地名（省级地名、市级地名、县级地名），或者同一地名的不同表达形式（全称、简称、别称）进行准确识别、合理统计，并对识别统计结果进行归一化处理，具体的匹配流程如图6-8所示，主要内容如下。

　　1）获取某篇文本摘要经地名预处理后的全部地名列表 T_List，对 T_List 进行县级地名循环判断：判断某待标准化地名 T_i 中是否含有省级地名（T_Province）词汇，若包含，去掉该省级地名词汇，将剩余部分作为新的待标准化地名，与该省级词汇下属的所有县级地名词汇进行 KMP（Knuth-Morris-Pratt）算法模糊匹配。若 T_i 中不包含省级地名词汇，则与标准地名数据库中全部县级地名词汇进行模糊匹配。当 T_i 字符串（子串）有60%以上的连续部分与标准地名字符串（母串）相同时，认为 T_i 与该标准地名一致，即匹配成功。如果匹配成功，为被匹配到的该县级词 T_County 的词频加1，同时获取该县级词上属市级地名词汇 T_Prefecture 及省级地名词汇 T_Province，并从 T_List 列表中删除当前 T_i；对 T_List 中的剩余待匹配地名进行循环查找，如果包含 T_Prefecture 及 T_Province，对被包含的地名词进行剔除。

　　2）对剩余 T_List 进行市级地名循环判断：判断某待标准化地名 T_i 中是否含有省级地名词汇，若包含，去掉该省级地名词汇，将剩余部分作为新的待标准地名，与该省级词汇下属的所有市级地名词汇进行精确匹配。若 T_i 中不包含省级地名词汇，则与标准地

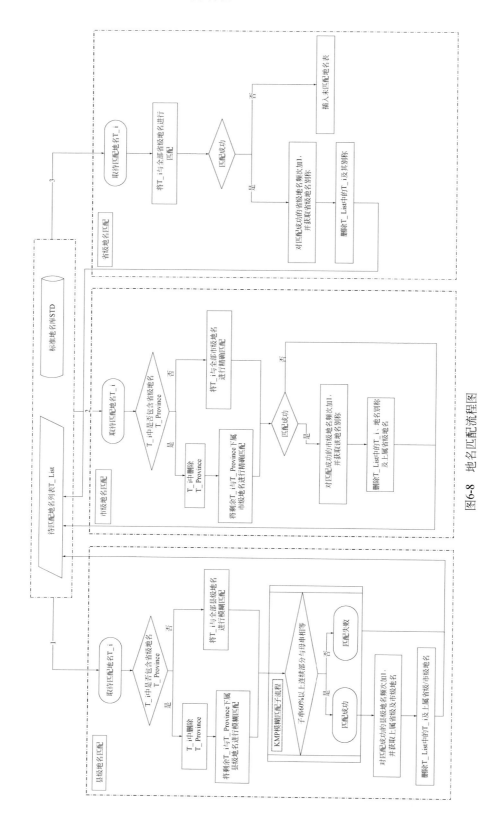

图6-8 地名匹配流程图

名数据库中全部市级地名词汇进行精确匹配。如果匹配成功，为被匹配到的该市级地名词汇 T_Prefecture 的词频加 1，同时获取该市级地名词汇的其他别称及该市级地名词汇上述省级地名词汇 T_Province，并从 T_List 列表中删除当前 T_i；对 T_List 中的剩余待匹配地名进行循环查找，如果包含该市级地名词汇 T_Prefecture 的别名及省级地名词汇 T_Province，对被包含的地名词汇进行剔除。

3）对剩余 T_List 进行省级地名循环判断：判断某待标准化地名 T_i 是否是省级地名词汇，如果匹配成功，为被匹配到的该省级地名词汇 T_Province 的词频加 1，同时获取该省级词汇的别称，并从 T_List 中删除当前 T_i；对 T_List 列表中的剩余待匹配地名进行循环查找，如包含该省级地名词汇的别称，对被包含的地名词汇进行剔除。

4）若经过上述三步匹配后，T_List 中仍包含未匹配到的词汇，将该地名及当前文本 ID 保存到数据库模块中的未匹配地名表中。

当全部文本都完成地名标准化后，对地名出现频次进行叠加，其目的是将全部的地名频次汇总到县级单元上。具体做法是遍历"地名–频次"表中出现的全部地名，将其中的省级或市级地名所对应的出现频次叠加到该省、市下辖的县级地名词汇所对应的出现频次上。

6.2.1.3　研究热度评价模型

获得任意县域单元在生态退化论文中出现的频次数量后，一个很自然的做法就是根据它们出现的频次数（即地名绝对热度）进行分级分析。以荒漠化研究热点计算为例，荒漠化研究论文中出现名字越多的县域，其荒漠化研究热度越高。这种做法在研究区面积较小时可能是可行的。但中国作为一个幅员辽阔、地区差异巨大的研究区，由于不同地区之间存在严重"信息鸿沟"，直接以地名绝对热度为依据会导致热度结果出现偏差。举例来说，在一些科技水平发达、科研人员数量较多、项目部署密度较大的地区，如我国东部地区或者北京、上海、武汉等行政区的周边地区，因为科研人员多、投入大、研究深入，生态退化相关论文数量较多，这些地区容易被误判为生态退化研究热点区域；反之，在我国广大西部地区或者新疆、青海、西藏等行政区，因为科研人员少、投入小、研究少，生态退化相关论文数量较少，这些地区则容易被误判为非生态退化研究热点区域。

除了以地名绝对热度为依据进行统计分析之外，另一种思路则是评估生态退化问题在全部研究问题中的比率（即地名相对热度）——以县域单元在生态退化研究论文中出现的频次数与该县域单元在全部领域科学研究论文中出现总频次数的比值来衡量一个区域生态退化学术研究热度的程度。这种方法在一定程度上消除了地名绝对热度衡量方法中由"信息鸿沟"导致的认知偏差，但同时也存在指示间接、区分度不够、灵敏性不足的问题。

既要避免区域发展过程中客观存在的"信息鸿沟"所导致的问题，也要避免由比值化处理后指标区分度下降、灵敏性不足的问题，一个合理的模型应该同时兼顾地名绝对热度和地名相对热度。因此，本研究提出了综合考虑上述两个因子的中国生态退化研究热点区域空间识别模型，该模型的具体计算方法与 4.2.1.3 节相同，此处不再赘述。

6.2.2　中国主要生态退化热点格局

（1）荒漠化

为了更直观地表达县级单元荒漠化热度随时间的变化趋势，对不同时间段的中国荒漠化研究热点进行计算，并对其分级赋值，赋值方法见表 6-12。

表 6-12　研究热度等级划分标准

研究热度指数（Q）	热度等级	等级含义
<0.05	1	极弱
0.05 ~ 0.20	2	微弱
0.20 ~ 0.40	3	轻度
0.40 ~ 0.60	4	中度
0.60 ~ 0.80	5	重度
>0.8	6	极重度

以 CNKI 期刊数据库为源，通过文本抽取、地名实体词识别、地名标准化等技术，获取了 1980 ~ 2017 年中国荒漠化研究热点空间分布图（图 6-9）。荒漠化研究热点空间分布图反映出 1980 年以来中国的荒漠化相关研究主要集中在北部和西部地区，其中以内蒙古西部及宁夏吴忠市盐池县最多，其次是内蒙古东部、宁夏大部分区域及新疆和田地区策勒县等地以及新疆大部分区域、青海格尔木市及内蒙古东部兴安盟和中部包头市，再次是青海大部及甘肃大部分区域，西藏、黑龙江黑河市、陕西榆林市和甘肃庆阳市宁县也有少量相关研究。

统计（表 6-13）表明，研究热度在中度及以上的县（区、市）共有 231 个，总面积达到 294.70 万 km^2，占研究区总面积的 31.06%。其中，研究热度等级达到重度及以上的区域面积达到 112.79 万 km^2，占研究区总面积的 11.89%；等级为中度的区域面积达到 181.91 万 km^2，占研究区总面积的 19.17%；等级为轻度的区域面积达到 99.89 万 km^2，占研究区总面积的 10.53%；另外，有 58.41% 的区域研究热度为极弱或微弱。

以 10 年为步长，将 1980 年以来的 37 年划分为 4 个时间段，即 1980 ~ 1989 年、1990 ~ 1999 年、2000 ~ 2009 年及 2010 ~ 2017 年，对各时间段荒漠化热度进行计算，获取各时间段荒漠化热点区域空间分布，并开展比较分析（图 6-10）。

1980 年以来，中国东部和南部大部分县（区、市）的荒漠化研究热度均处于微弱状态，且热度无明显变化。1980 ~ 1989 年，荒漠化研究热点主要分布在新疆、内蒙古、青海、甘肃、宁夏、黑龙江及陕西榆林市等；1990 ~ 1999 年，荒漠化研究热点较为集中分布在新疆、内蒙古、青海、甘肃、宁夏、西藏及陕西榆林市和黑龙江嫩江县等地，西藏各县（区、市）成为新的研究热点区域，而黑龙江大部分县（区、市）的研究热度下降；2000 ~ 2009 年，巴丹吉林沙漠、腾格里沙漠、毛乌素沙地仍保持较高的研究热度，内蒙古呼伦贝尔草原、塔里木盆地、柴达木盆地和宁夏吴忠市盐池县研究热度上升，黑龙江黑河

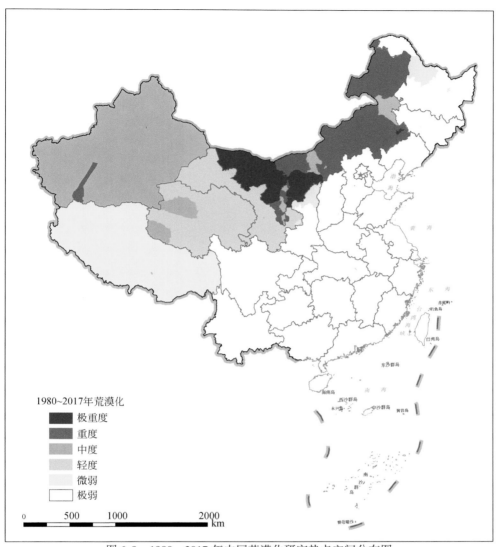

图 6-9　1980～2017 年中国荒漠化研究热点空间分布图

表 6-13　1980～2017 年中国荒漠化研究热点空间统计

等级含义	研究热点面积/万 km²	占研究区总面积的比例/%	主要分布区域
极重度	33.58	3.54	内蒙古阿拉善盟、鄂尔多斯市、通辽市科尔沁区，宁夏吴忠市盐池县
重度	79.21	8.35	内蒙古大部分区域、新疆和田地区策勒县、宁夏石嘴山市及吴忠市等
中度	181.91	19.17	新疆大部分区域、青海海西蒙古族藏族自治州格尔木市、内蒙古兴安盟和包头市
轻度	99.89	10.53	青海大部分区域、甘肃
微弱	131.96	13.91	西藏、黑龙江黑河市、陕西榆林市、甘肃庆阳市宁县
极弱	422.15	44.50	中国东部和南部大部分区域

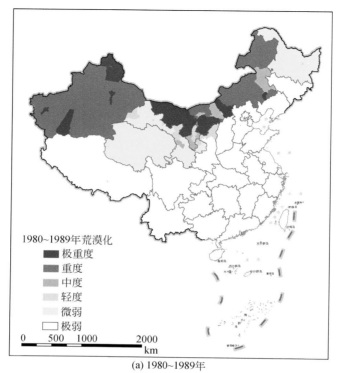

(a) 1980~1989年

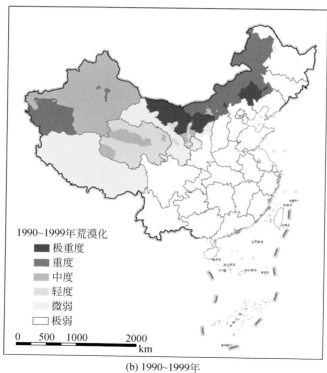

(b) 1990~1999年

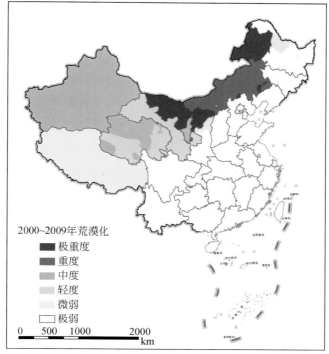

(c) 2000~2009年

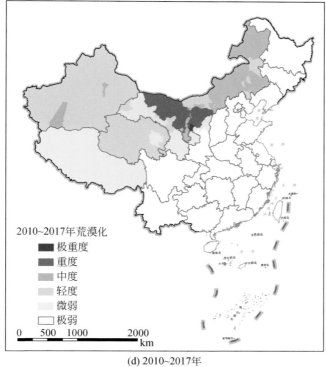

(d) 2010~2017年

图 6-10　不同时间段中国荒漠化研究热点空间分布图

市成为新的研究热点，与此同时，锡林郭勒草原、塔里木盆地、柴达木盆地等地研究热度下降；2010~2017 年，西藏、宁夏大部分区域及陕西榆林市热度保持不变，内蒙古、新疆大部分区域、甘肃及青海局部研究热度下降，宁夏吴忠市盐池县依旧保持较高的研究热度。

统计（表 6-14）表明，1980~1989 年，荒漠化研究热度在中度及以上的县（区、市）共有 220 个，总面积达到 281.97 万 km²，占研究区总面积的 29.72%。其中，热度等级为重度及以上的区域面积达到 263.99 万 km²，占研究区总面积的 27.82%；等级为中度的区域面积达到 17.98 万 km²，占研究区总面积的 1.90%；等级为轻度的区域面积达到 14.04 万 km²，占研究区总面积的 1.48%；另外，有 68.80% 的区域热度为极弱或微弱。

表 6-14　不同时间段中国荒漠化研究热点空间统计

时间段	等级含义	研究热点面积 /万 km²	占研究区总面积的比例/%	主要分布区域
1980~1989 年	极重度	59.90	6.31	阿拉善盟、鄂尔多斯市、乌兰察布市、阿勒泰地区等
	重度	204.09	21.51	新疆大部分区域、锡林郭勒盟、赤峰市和呼伦贝尔市等
	中度	17.98	1.90	兴安盟、包头市、通辽市北部、兰州市等
	轻度	14.04	1.48	榆林市、武威市、银川市、石嘴山市等
	微弱	148.59	15.66	青海、黑龙江、甘肃大部分区域
	极弱	504.10	53.14	中国东部和南部大部分区域
1990~1999 年	极重度	42.71	4.50	阿拉善盟、鄂尔多斯市和赤峰市等
	重度	108.31	11.42	喀什地区、和田地区、呼伦贝尔市和锡林郭勒盟等
	中度	146.57	15.45	新疆大部分区域、青海海西蒙古族藏族自治州格尔木市、西宁市和中卫市等
	轻度	57.75	6.09	青海大部分区域、甘肃兰州市、宁夏固原市等
	微弱	166.42	17.54	西藏、甘肃大部分区域、陕西榆林市等
	极弱	426.94	45.00	中国东部和南部大部分区域
2000~2009 年	极重度	59.98	6.32	内蒙古阿拉善盟、鄂尔多斯市、呼伦贝尔市等
	重度	55.28	5.83	内蒙古锡林郭勒盟、赤峰市、兴安盟、巴彦淖尔市、乌兰察布市等
	中度	203.43	21.44	新疆、青海海西蒙古族藏族自治州、宁夏大部分区域等
	轻度	76.15	8.03	甘肃省、青海玉树藏族自治州、果洛藏族自治州大部分区域等
	微弱	131.76	13.89	西藏、陕西榆林市、黑龙江黑河市
	极弱	422.10	44.49	中国东部和南部大部分区域
2010~2017 年	极重度	0.69	0.07	宁夏吴忠市盐池县
	重度	33.23	3.50	内蒙古阿拉善盟、鄂尔多斯市等
	中度	78.19	8.24	内蒙古呼伦贝尔市、锡林郭勒盟、通辽市、乌兰察布市等
	轻度	243.17	25.63	新疆、青海大部分区域、内蒙古兴安盟、甘肃武威市等
	微弱	164.22	17.32	西藏、甘肃大部分区域、陕西榆林市、青海海南藏族自治州
	极弱	429.20	45.24	中国东部和南部大部分区域

1990～1999 年，研究热度在中度及以上的县（区、市）共有 226 个，总面积达到 297.59 万 km²，占研究区总面积的31.37%。其中，热度等级为重度及以上的区域面积达到 151.02 万 km²，占研究区总面积的 15.92%；等级为中度的区域面积达到 146.57 万 km²，占研究区总面积的 15.45%；等级为轻度的区域面积达到 57.75 万 km²，占研究区总面积的 6.09%；另外，有62.54%的区域热度为极弱或微弱。

2000～2009 年，研究热度在中度及以上的县（区、市）共有 238 个，总面积达到 318.69 万 km²，占研究区总面积的 33.59%。其中，热度等级为重度及以上的区域面积达到 115.26 万 km²，占研究区总面积的 12.15%；等级为中度的区域面积达到 203.43 万 km²，占研究区总面积的 21.44%；等级为轻度的区域面积达到 76.15 万 km²，占研究区总面积的 8.03%；另外，有58.38%的区域热度为极弱或微弱。

2010～2017 年，研究热度在中度及以上的县（区、市）共有 101 个，总面积达到 112.11 万 km²，占研究区总面积的 11.81%。其中，热度等级为重度及以上的区域面积达到 33.92 万 km²，占研究区总面积的 3.57%；等级为中度的区域面积达到 78.19 万 km²，占研究区总面积的 8.24%；等级为轻度的区域面积达到 243.17 万 km²，占研究区总面积的 25.63%；另外，有62.56%的区域热度为极弱或微弱。

（2）水土流失

为了更直观地表达县级单元水土流失热度随时间的变化趋势，对不同时间段的中国水土流失研究热点进行计算，并对其分级赋值，赋值方法见表 6-15。

表 6-15　中国水土流失研究热度等级划分标准

研究热度指数（Q）	热度等级	等级含义
<0.03	1	极弱
0.03～0.06	2	微弱
0.06～0.20	3	轻度
0.20～0.35	4	中度
0.35～0.55	5	重度
>0.55	6	极重度

1980～2017 年中国水土流失研究热点的空间分布如图 6-11 所示。水土流失研究热点区域主要分布在黄土高原及云贵高原，涉及陕西、宁夏、内蒙古、甘肃、贵州等省（自治区）。此外，在黑龙江大兴安岭北部、内蒙古东部的西辽河流域也有轻微的研究热度。

统计（表 6-16）表明，研究热度在中度及以上的县（区、市）共 66 个，面积达到 23.66 万 km²，占研究区总面积的 2.49%。其中，研究热度达到重度及以上的区域主要分布在黄土高原和西南喀斯特地区，如甘肃定西市安定区，陕西延安市、榆林市神木市、榆林市府谷县，贵州毕节市，福建龙岩市长汀县，宁夏固原市，陕西延安市安塞区，内蒙古鄂尔多斯市准格尔旗、贵州毕节市金沙县等地。研究热度为中度的区域主要分布在黄土高原周边地区、西南喀斯特地区，如内蒙古鄂尔多斯市，甘肃定西市、天水市清水县，陕西榆林市榆阳区、子洲县，山西吕梁市中阳县、方山县，云南昆明市西山区，贵州毕节市七星关区。

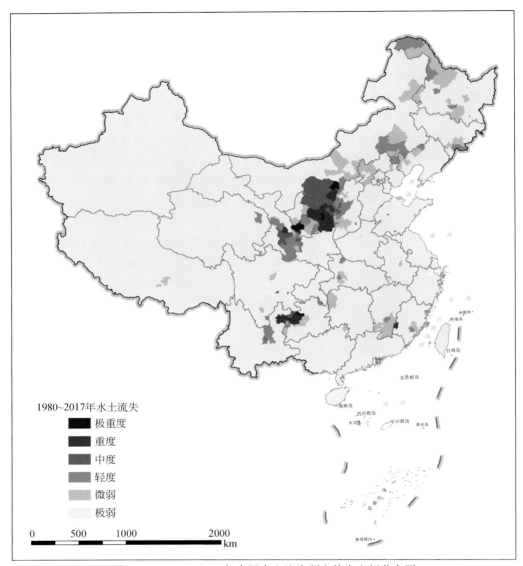

图 6-11　1980~2017 年中国水土流失研究热点空间分布图

表 6-16　1980~2017 年中国水土流失研究热点空间统计

等级含义	研究热点面积 /万 km²	占研究区总面积的 比例/%	主要分布区域
极重度	2.21	0.23	宁夏固原市，陕西延安市安塞区，内蒙古鄂尔多斯市准格尔旗，贵州毕节市金沙县
重度	9.31	0.98	甘肃定西市安定区，陕西延安市、榆林市神木市、榆林市府谷县，贵州毕节市，福建龙岩市长汀县

等级含义	研究热点面积 /万 km²	占研究区总面积的 比例/%	主要分布区域
中度	12.14	1.28	内蒙古鄂尔多斯市，甘肃定西市、天水市清水县，陕西榆林市榆阳区、子洲县，山西吕梁市中阳县、方山县，云南昆明市西山区，贵州贵阳市七星关区
轻度	26.89	2.83	甘肃兰州市、陇南市、天水市，山西吕梁、太原市，内蒙古克什克腾旗、翁牛特旗、敖汉旗，云南昆明市，青海西宁市
微弱	46.35	4.89	江西赣州市，贵州贵阳市，湖南湘西土家族苗族自治州，山西临汾市，内蒙古赤峰市、乌兰察布市、呼伦贝尔市，黑龙江黑河市、大兴安岭地区
极弱	851.80	89.79	其他县（区、市）

以 10 年为步长，将 1980～2017 年划分为 4 个时间段，即 1980～1989 年、1990～1999 年、2000～2009 年及 2010～2017 年。1980～2017 年各时间段水土流失研究热度空间分布格局的时间变化过程表明（图 6-12），1980～1989 年，中国水土流失研究的热点集中分布在黄土高原区；1990～1999 年，黄土高原研究热度持续上升，与此同时，贵州西部、内蒙古东部也逐步成为研究热点；2000～2009 年，水土流失研究热点区域进一步扩大，内蒙古中部鄂尔多斯、乌兰察布，黑龙江大兴安岭北部的部分县（区、市），也逐步成为水土流失研究热点区域；2010～2017 年，水土流失研究热点区域有所收缩，研究热点区域重新回到黄土高原及云贵高原。

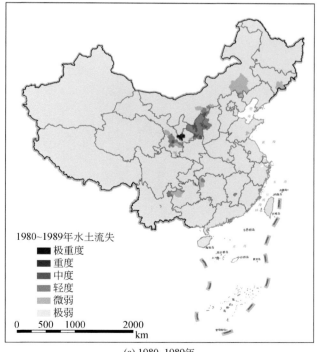

(a) 1980～1989年

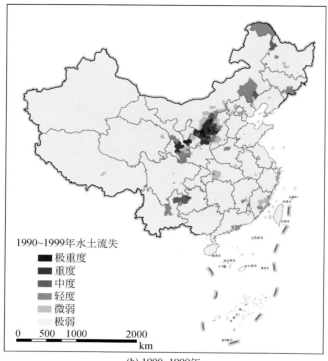

(b) 1990~1999年

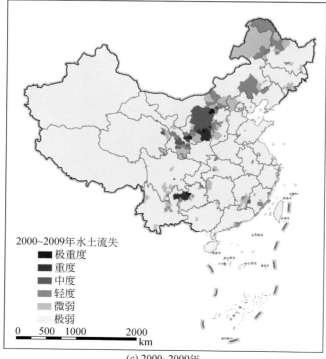

(c) 2000~2009年

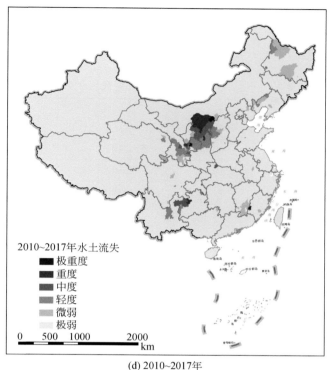

(d) 2010~2017年

图 6-12　不同时间段中国水土流失研究热点空间分布图

　　统计（表 6-17）表明，1980~1989 年，水土流失研究热度在中度及以上的县（区、市）共有 15 个，面积达到 3.67 万 km²，占研究区总面积的 0.39%。主要分布在黄土高原地区，如甘肃定西市陇西县、陕西榆林市靖边县、绥德县、延安市安塞区、富县、黄龙县、山西吕梁市柳林县、中阳县等地。研究热度为重度及以上的区域主要分布在宁夏固原市等。

　　1990~1999 年，研究热度在中度及以上的县（区、市）共有 65 个，总面积为 19.08 万 km²，占研究区总面积的 2.01%。其中，热度等级为极重度的区域面积达到 1.98 万 km²，占研究区总面积的 0.21%；等级为重度的区域面积为 9.65 万 km²，占研究区总面积的 1.02%；等级为中度的区域面积为 7.45 万 km²，占研究区总面积的 0.78%；等级为轻度的区域面积为 28.85 万 km²，占研究区总面积的 3.04%；另外，有 94.95% 的区域热度为极弱或微弱。

　　2000~2009 年，研究热度在中度及以上的县（区、市）共有 64 个，总面积为 23.66 万 km²，占研究区总面积的 2.50%。其中，热度等级为极重度的区域面积为 1.57 万 km²，占研究区总面积的 0.17%；等级为重度的区域面积为 6.84 万 km²，占研究区总面积的 0.72%；等级为中度的区域面积为 15.25 万 km²，占研究区总面积的 1.61%；等级为轻度的区域面积为 39.85 万 km²，占研究区总面积的 4.20%；另外，有 93.30% 的区域热度为极弱或微弱。

　　2010~2017 年，研究热度在中度及以上的县（区、市）共有 36 个，总面积为 17.86 万 km²，占研究区总面积的 1.88%。其中，热度等级为极重度的区域面积为 1.32 万 km²，占研究区总面积的 0.14%；等级为重度的区域面积为 7.77 万 km²，占研究区总面积的

0.82%；等级为中度的区域面积为 8.77 万 km²，占研究区总面积的 0.92%；等级为轻度的区域面积为 19.06 万 km²，占研究区总面积的 2.01%；另外，有 96.11% 的区域热度为极弱或微弱。

表 6-17　不同时间段中国水土流失研究热点空间统计

时间段	等级含义	研究热点面积/万 km²	占研究区总面积的比例/%	主要分布区域
1980~1989 年	极重度	0.78	0.08	宁夏固原市
	重度	0.27	0.03	宁夏固原市原州区
	中度	2.62	0.28	甘肃定西市陇西县，陕西榆林市靖边县、绥德县，延安市安塞区、富县、黄龙县，山西吕梁市柳林县、中阳县
	轻度	13.58	1.43	甘肃定西市、天水市清水县，陕西延安市、榆林市，山西吕梁市、忻州市偏关县、河曲县，贵州毕节市威宁彝族回族苗族自治县
	微弱	18.51	1.95	吉林白山市，内蒙古赤峰市，贵州毕节市，湖南湘西土家族苗族自治州
	极弱	912.94	96.23	其他县（区、市）
1990~1999 年	极重度	1.98	0.21	宁夏固原市西吉县、彭阳县，陕西榆林市靖边县、绥德县、府谷县，延安市安塞区
	重度	9.65	1.02	甘肃定西市，宁夏固原市，陕西榆林市、延安市，山西吕梁市，贵州毕节市金沙县
	中度	7.45	0.78	贵州毕节市，陕西延安市吴起县、甘泉县、延川县、宜川县，山西吕梁市兴县、交口县、交城县，黑龙江黑河市嫩江县，内蒙古赤峰市敖汉旗
	轻度	28.85	3.04	黑龙江大兴安岭地区，内蒙古赤峰市，吉林白山市，河南郑州市，云南昆明市，甘肃陇南市、兰州市等
	微弱	20.16	2.13	内蒙古鄂尔多斯市、乌兰察布市，湖北宜昌市，甘肃天水市、庆阳市，福建福州市，青海西宁市等
	极弱	880.61	92.82	其他县（区、市）
2000~2009 年	极重度	1.57	0.17	贵州毕节市金沙县，宁夏固原市彭阳县，内蒙古鄂尔多斯市准格尔旗，陕西延安市安塞区
	重度	6.84	0.72	宁夏固原市，陕西延安市、榆林市绥德县，贵州毕节市等
	中度	15.25	1.61	内蒙古鄂尔多斯市，陕西榆林市，甘肃定西市，青海西宁市等
	轻度	39.85	4.20	内蒙古赤峰市、乌兰察布市四子王旗，甘肃天水市、兰州市，黑龙江大兴安岭地区、黑河市，福建泉州市等
	微弱	64.32	6.78	甘肃陇南市、庆阳市，山西临汾市，河北张家口市，内蒙古呼伦贝尔市、包头市，云南昆明市，江西赣州市、瑞金市等
	极弱	820.87	86.52	其他县（区、市）

时间段	等级含义	研究热点面积 /万 km²	占研究区总面积的比例/%	主要分布区域
2010～2017 年	极重度	1.32	0.14	宁夏固原市彭阳县，内蒙古鄂尔多斯市准格尔旗，福建龙岩市长汀县等
	重度	7.77	0.82	宁夏固原市西吉县，内蒙古鄂尔多斯市，陕西延安市安塞区，贵州毕节市金沙县、黔西县等
	中度	8.77	0.92	甘肃定西市安定区、天水市清水县，宁夏固原市，陕西榆林市，贵州毕节市等
	轻度	19.06	2.01	甘肃定西市、天水市、兰州市、庆阳市，陕西延安市、榆林市佳县，山西吕梁市，云南昆明市等
	微弱	24.31	2.56	黑龙江哈尔滨市、黑河市，江西赣州市，甘肃陇南市等
	极弱	887.47	93.55	其他县（区、市）

（3）石漠化

为了更直观地表达县级单元石漠化热度随时间的变化趋势，对不同时间段的中国石漠化研究热点进行计算，并对其分级赋值，赋值方法见表 6-18。

表 6-18　中国石漠化研究热度等级划分标准

研究热度指数（Q）	热度等级	等级含义
<0.003	1	极弱
0.003～0.02	2	微弱
0.02～0.05	3	轻度
0.05～0.10	4	中度
0.10～0.20	5	重度
>0.20	6	极重度

1980～2017 年中国石漠化研究热点空间分布如图 6-13 所示。研究结果表明，1980 年以来中国石漠化研究热点区主要分布贵州、云南和广西三省（自治区），尤其以贵州毕节市、六盘水市、贵阳市、安顺市、黔西南布依族苗族自治州、黔南布依族苗族自治州、黔东南苗族侗族自治州及广西河池市、百色市、南宁市、桂林市，云南昭通市等地的石漠化研究成果最为丰富。此外，在贵州遵义市及铜仁市、湖南湘西土家族苗族自治州、云南昆明市及曲靖市和红河哈尼族彝族自治州及文山壮族苗族自治州等地也有相关研究成果存在。

统计（表 6-19）表明，研究热度在中度及以上的县（区、市）共有 57 个，面积达到 15.53 万 km²，占研究区总面积的 1.64%。其中，研究热度达到重度及以上的区域主要分布在西南喀斯特地区，如重庆，贵州毕节市，贵阳市花溪区、云岩区、修文县、清镇市，安顺市关岭布依族苗族自治县、普定县，黔西南布依族苗族自治州晴隆县，云南昆明市石林彝族自治县，广西河池市都安瑶族自治县、环江毛南族自治县等地。研究热度为中度的

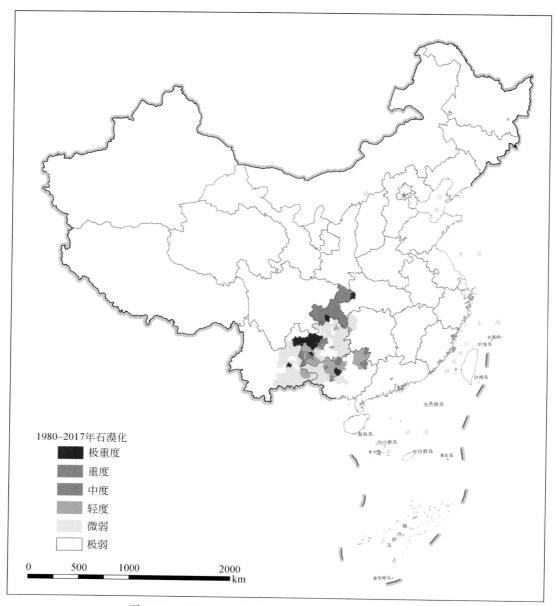

图 6-13 1980~2017 年中国石漠化研究热点空间分布图

区域主要分布在西南喀斯特周边地区，如贵州贵阳市北部和东部县域，六盘水市盘州市①，黔西南布依族苗族自治州贞丰县、兴仁县②、兴义市，广西桂林市全州县、恭城瑶族自治县、阳朔县、平乐县，百色市平果县，河池市凤山县等地区。

---

① 1999 年 2 月，盘县特区改为盘县；2017 年 4 月，经国务院批准，撤销盘县，设立县级盘州市。
② 2018 年 8 月，经国务院批准，撤销兴仁县，设立县级兴仁市。

表 6-19　1980 ~ 2017 年中国石漠化研究热点空间统计

等级含义	研究热点面积 /万 km²	占研究区总面积的比例/%	主要分布区域
极重度	4.09	0.43	贵州毕节市，安顺市关岭布依族苗族自治县、普定县，重庆南川区、巫山县，云南昆明市石林彝族自治县，广西河池市都安瑶族自治县
重度	8.63	0.91	重庆大部分县域，贵州贵阳市花溪区、云岩区、修文县、清镇市，黔西南布依族苗族自治州晴隆县，广西河池市环江毛南族自治县
中度	2.81	0.30	贵州贵阳市北部和东部县域，六盘水市盘州市，黔西南布依族苗族自治州贞丰县、兴仁县、兴义市，广西桂林市全州县、恭城瑶族自治县、阳朔县、平乐县，百色市平果县，河池市凤山县
轻度	7.66	0.81	贵州六盘水市北部县域，黔西南布依族苗族自治州普安县、安龙县、册亨县、望谟县，安顺市镇宁布依族苗族自治县等，广西河池市大部分县域，桂林市大部分县域，云南文山壮族苗族自治州广南县，湖南湘西土家族苗族自治州凤凰县，广东广州市白云区
微弱	23.94	2.52	贵州遵义市大部分县域，铜仁市大部分县域，黔东南苗族侗族自治州大部分县域等，广西百色市，南宁市东北部县域，云南昆明市，红河哈尼族彝族自治州，曲靖市大部分县域，文山壮族苗族自治州大部分县域
极弱	901.57	95.03	其他县（区、市）

以 10 年为步长，将 1980 年以来的 37 年划分为 4 个时间段，即 1980 ~ 1989 年、1990 ~ 1999 年、2000 ~ 2009 年及 2010 ~ 2017 年。1980 ~ 2017 年各时间段石漠化研究热度空间分布格局的时间变化过程表明（图 6-14），1980 ~ 1989 年，中国石漠化研究的热点集中分布在西南喀斯特地区；1990 ~ 1999 年，西南喀斯特地区研究热度持续上升，与此同时，湖南湘西土家族苗族自治州，广西百色市、柳州市、贵港市、南宁市，重庆，黑龙江黑河市、大兴安岭地区等也逐步成为研究热点；2000 ~ 2009 年，石漠化区域有所收缩，回归到云贵高原；2010 ~ 2017 年，石漠化研究热点区域与上一阶段基本持衡，仍集中在云贵高原。

统计（表 6-20）表明，1980 ~ 1989 年，对石漠化的研究总体来看关注比较低，主要分布在西南喀斯特地区。具体而言，为贵州毕节市，黔西南布依族苗族自治州普安县，安顺市镇宁布依族苗族自治县、关岭布依族苗族自治县，黔东南苗族侗族自治州黎平县，广西桂林市全州县，湖南衡阳市常宁市、郴州市桂阳县等地。

1990 ~ 1999 年，研究热度在中度及以上的县（区、市）共有 63 个，总面积为 11.36 万 km²，占研究区总面积的 1.20%。其中，热度等级为重度及以上的区域面积为 2.11 万 km²，占研究区总面积的 0.22%；等级为中度的区域面积为 9.25 万 km²，占研究区总面积的 0.98%；等级为轻度的区域面积为 15.86 万 km²，占研究区总面积的 1.67%；另外，有 97.13% 的区域热度为极弱或微弱。

2000 ~ 2009 年，研究热度在中度及以上的县（区、市）共有 129 个，总面积为 12.23 万 km²，占研究区总面积的 1.30%。其中，热度等级为重度及以上的区域面积为 3.53 万 km²，占研究区总面积的 0.38%；等级为中度的区域面积为 8.70 万 km²，占研究区总面积的 0.92%；等级为轻度的区域面积为 0.93 万 km²，占研究区总面积的 0.10%；另外，有 98.60% 的区域热度为极弱或微弱。

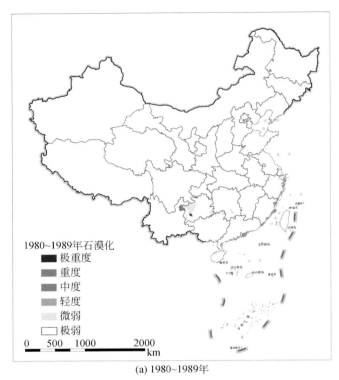

(a) 1980~1989年

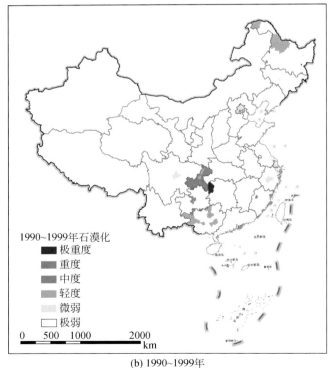

(b) 1990~1999年

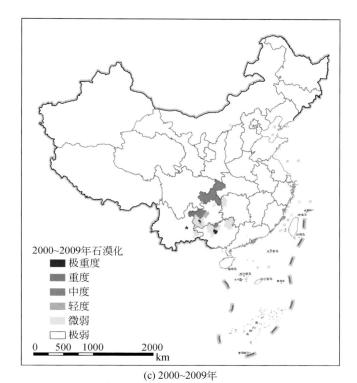

(c) 2000~2009年

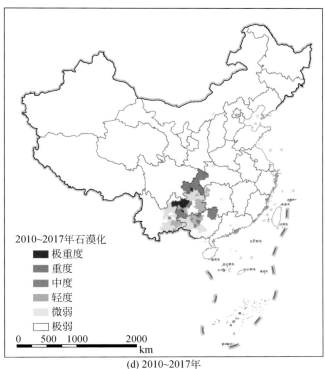

(d) 2010~2017年

图 6-14　不同时间段中国石漠化研究热点空间分布图

2010~2017 年，研究热度在中度及以上的县（区、市）共有 90 个，总面积为 18.48
万 km²，占研究区总面积的 1.95%。其中，热度等级为重度及以上的区域面积为 13.14 万
km²，占研究区总面积的 1.39%；等级为中度的区域面积为 5.34 万 km²，占研究区总面积
的 0.56%；等级为轻度的区域面积为 10.41 万 km²，占研究区总面积的 1.10%；另外，中
国有 96.95% 的区域石漠化研究热度为极弱或微弱。

表6-20 不同阶段中国石漠化研究热点空间统计

时间阶段	等级含义	研究热点面积/万 km²	占研究区总面积的比例/%	主要分布区域
1980~1989 年	极重度	0.15	0.02	贵州安顺市关岭布依族苗族自治县
	重度	0.63	0.07	贵州毕节市
	中度	0	0	—
	轻度	0	0	—
	微弱	4.03	0.42	贵州毕节市大部分县域、黔西南布依族苗族自治州普安县、安顺市镇宁布依族苗族自治县、黔东南苗族侗族自治州黎平县、广西桂林市全州县、湖南衡阳市常宁市、郴州市桂阳县
	极弱	943.89	99.49	其他县（区、市）
1990~1999 年	极重度	1.62	0.17	湖南湘西土家族苗族自治州
	重度	0.49	0.05	广西百色市乐业县，福建三明市将乐县
	中度	9.25	0.98	重庆大部分县域，贵州贵阳市大部分县域，毕节市金沙县，黔南布依族苗族自治州罗甸县、荔波县
	轻度	15.86	1.67	广西百色市大部分县域、柳州市、贵港市、南宁市武鸣区、重庆忠县、开县①、黑龙江黑河市、漠河市
	微弱	4.87	0.51	北京，上海，江苏通州市②，浙江金华市，四川成都市
	极弱	916.61	96.62	其他县（区、市）
2000~2009 年	极重度	0.73	0.08	广西河池市都安瑶族自治县，云南昆明市石林彝族自治县，贵州安顺市关岭布依族苗族自治县
	重度	2.80	0.30	贵州毕节市、安顺市普定县
	中度	8.70	0.92	重庆，广西河池市环江毛南族自治县
	轻度	0.93	0.10	贵州贵阳市大部分县域、黔西南布依族苗族自治州贞丰县
	微弱	12.15	1.28	贵州六盘水市、安顺市、黔西南布依族苗族自治州，广西河池市、桂林市，云南文山壮族苗族自治州广南县、西畴县，湖南湘西土家族苗族自治州，内蒙古呼和浩特市和林格尔县
	极弱	923.39	97.32	其他县（区、市）

续表

时间阶段	等级含义	研究热点面积/万 km²	占研究区总面积的比例/%	主要分布区域
2010～2017 年	极重度	3.11	0.33	贵州毕节市、安顺市关岭布依族苗族自治县
	重度	10.03	1.06	重庆大部分县域，贵州贵阳市大部分县域、安顺市普定县、黔西南布依族苗族自治州晴隆县，广西河池市环江毛南族自治县、都安瑶族自治县、云南昆明市石林彝族自治县
	中度	5.34	0.56	贵州黔西南布依族苗族自治州大部、盘州市、六枝特区，广西桂林市、河池市凤山县、百色市平果县
	轻度	10.41	1.10	贵州黔东南苗族侗族自治州、安顺市大部分县域、六盘水市水城县，广西河池市大部分县域、南宁市马山县，云南文山壮族苗族自治州大部分县域，湖南湘西土家族苗族自治州
	微弱	20.79	2.19	贵州遵义市、铜仁市大部分县域、黔南布依族苗族自治州长顺县，云南红河哈尼族彝族自治州、昆明市大部分县域、曲靖市大部分县域，广西百色市、南宁市大部分县域、崇左市天等县域，内蒙古呼和浩特市和林格尔县
	极弱	899.02	94.76	其他县（区、市）

注：①2016 年 6 月，经国务院批准，撤销开县，设立开州区。
②1993 年 2 月，撤销南通县，设立通州市；2009 年 7 月，撤销通州市，设立通州区。

第7章　中国典型生态退化区生态技术需求

本章采用利益相关者问卷调查的方法，从应用难度、成熟度、效益、适宜性、推广潜力5个方面对中国水土流失、荒漠化及石漠化三类退化问题的生态技术（生物类、工程类、农作类、管理类）进行评价；采用文献综合分析及利益相关者问卷调查相结合的方法对中国典型水土流失区、荒漠化区及石漠化区生态技术需求进行分析、评价和总结；在此基础上，对典型区生态技术进行筛选与推荐。

7.1　中国典型生态退化区生态技术及其评价

7.1.1　典型生态退化区遴选

根据第6章中国水土流失、荒漠化及石漠化空间分布的分析结果，选取退化问题相对严重的代表性地区现有生态技术进行评价。水土流失选择的代表性地区是甘肃定西、甘肃天水及陕西榆林；荒漠化选择的代表性地区是甘肃敦煌、甘肃武威民勤县、宁夏中卫沙坡头区、宁夏吴忠盐池县、内蒙古锡林郭勒；石漠化选择的代表性地区是广西百色平果县果化镇、广西河池环江毛南族自治县、贵州毕节鸭池镇、贵州安顺关岭布依族苗族自治县、云南红河哈尼族彝族自治州泸西县。

7.1.1.1　水土流失典型区

定西市位于甘肃省中部，地处黄土高原和西秦岭山地交汇区，位于我国北方农牧交错带西段，分布范围在103°52′E～105°13′E，34°26′N～35°35′N。当地属温带半湿润和中温带干旱气候区，总面积1.96万km²，海拔1420～3941m，年均气温7℃，年均降水量350～600mm，年均蒸发量1400mm，年均无霜期122～160天。土壤以黄绵土、灰钙土为主。植被类型从北到南为荒漠草原、干旱草原、草甸草原。定西市辖六县一区，2017年常住人口280.8万人，其中城镇人口96.4万人，农村人口184.4万人。现有耕地为1210万亩[①]，城镇、农村居民全年人均可支配收入分别为22 543元和6855元（2019年）。定西市水土流失面积15 800km²，占总面积的80.6%；年均流失泥沙总量约8786万t，占黄河年均输沙量的5.6%，年均土壤侵蚀模数5253t/km²，严重地区高达12 000t/km²，年流失土层厚度4～10mm。定西市水土流失的主要原因是水蚀及过度开垦。定西市处于生态治理中期阶

---

① 1亩≈666.7m²

段，以小流域为单元，遵循"荒山封禁造林、坡地退耕种草、梯田覆膜种薯、沟道筑坝拦蓄"的治理开发模式，实行山、水、林、田统一规划，规模治理，综合开发。

天水市位于甘肃省东南部，其罗玉沟流域地处黄土高原丘陵沟壑区第三副区，是藉河（渭河一级支流）的一级支流，分布范围在 105°30′E ~ 105°45′E，34°34′N ~ 34°40′N。天水市罗玉沟流域属温带大陆性季风气候，流域呈狭长羽状，总面积 71.2km²，海拔 1165 ~ 1895m，年均气温 10.7℃，年均降水量 554.2mm，年均蒸发量 1293mm，年均无霜期 184 天。土壤以山地褐色土、山地灰褐土和冲积土为主。流域内乔木均为人工种植。2017 年天水市常住人口 333 万人，其中城镇人口 134 万人，占 40%；农村人口 199 万人，占 60%。城镇、农村居民全年人均可支配收入分别为 24 612 元和 7693 元（2018 年）。农耕地占流域总面积的 55.0%，主要农作物有小麦、玉米、马铃薯，近年来经济林发展较快，以樱桃、苹果、杏、梨、核桃为主。该流域水土流失面积 47.9km²，占流域总面积的 67.3%，多年平均径流量 30 700m³/km²，多年平均土壤侵蚀模数 7500t/km²。该流域水土流失的主要原因是水蚀及过度开垦。天水市水土流失治理始于 20 世纪 50 年代，1941 年成立"农林部水土保持实验区"开始水土保持实验研究（现为"黄河水土保持天水治理监督局/天水水土保持科学试验站"，着力于水土保持实验研究、水土流失治理示范区建设及水土保持技术推广）；1956 ~ 1983 年，以罗玉沟试验场为中心的试验研究和以农村基点为典型的示范推广在流域展开；1984 ~ 1998 年罗玉沟流域作为黄土高原丘陵沟壑区第三副区的代表流域进行观测试验研究；1999 年至今，实施了黄河水土保持生态工程藉河示范区总体规划下的规模治理及监测评价。经过长时间的治理，罗玉沟流域水土流失情况得到极大改善，植被盖度由 1983 年的 10.3% 提高到 2016 年 67.4%；年均土壤侵蚀模数由 1983 年的 7500t/km² 减少到 2016 年 4170t/km²，减少了 44.4%；与坡地相比，新修梯田、5 ~ 10 年梯田、20 年以上梯田降水利用率分别提高 5.5%、14.0% 和 16.5%。

榆林市位于陕西省最北部，与山西、宁夏、甘肃、内蒙古交界，地处黄土高原和毛乌素沙地南缘的交界处，位于北方农牧交错带中心，分布范围在 107°28′E ~ 111°15′E，36°57′N ~ 39°35′N。当地属温带半干旱大陆性季风气候，土地面积 42 921.1km²，年均气温 10℃，年均降水量 400mm，年均日照时数 2593 ~ 2914h。土壤以粟钙土、黑垆土为主。北部为风沙草滩区，占总面积的 42%，南部为黄土丘陵沟壑区，占总面积的 58%。榆林市辖 1 市 2 区 9 县，2017 年常住人口 340.3 万人，其中城镇人口 196.5 万人，占总人口的 57.7%，农村人口 143.8 万人，占总人口的 42.3%。全市居民全年人均可支配收入 22 831 元，城镇、农村居民全年人均可支配收入分别为 31 317 元和 12 034 元（2018 年）。榆林市水土流失面积 41 700km²，占总面积的 97.16%，年均土壤侵蚀模数 12 200t/km²，相当于每年流失近 1cm 的表土层，局部地区侵蚀模数高达 44 800t/km²，是黄河中游水土流失最严重的区域，12 个县（区、市）皆为全国水土流失重点治理地区。榆林市水土流失的主要原因是干旱、水蚀及过度开垦、过度人类活动等。榆林市处于生态治理全面发展阶段，近年来致力于丰富沙区造林树种的多样性，建立沙化土地产权制度，建立荒漠生态效益补偿制度，构建特色经济林果产业体系等。

7.1.1.2　荒漠化典型区

敦煌市位于甘肃省西北部，地处河西走廊最西端，分布范围在 92°13′E ~ 95°30′E，

39°40′N～41°40′N。当地属暖温带干旱气候，总面积 31 200km²，平均海拔 1139m，年均气温 9.9℃，年均降水量 42mm，年均蒸发量 2500mm，年均日照时数 3200h，年均无霜期 152 天。土壤以灌淤土为主。天然植被以旱生灌木、草本植物为主。敦煌市辖 9 镇，2017 年常住人口 19.0 万人，其中城镇人口 12.8 万人，农村人口 6.2 万人。绿洲面积仅 1400km²，占总面积的 4.5%，农作物播种面积 116km²。2019 年城镇、农村居民全年人均可支配收入分别为 36 215 元和 18 852 元。敦煌市沙化土地面积 7551km²，占全市总面积的 24.2%，其中，中度和重度荒漠化土地占荒漠化土地总面积的 65%。敦煌市荒漠化的主要原因是风蚀及水资源过度利用，包括抽水灌溉、旅游业发展需求。敦煌市处于荒漠化治理中期阶段，当地政府遵循"南护水源、中建绿洲、西拒风沙、北通疏勒"的总体规划，紧抓流域水量合理分配、农业高效节水灌溉、节水型社会建设工程、"引哈济党"工程、生态治理和修复、流域综合管理调度 6 方面的工作，以改善其荒漠化现状。

民勤县隶属甘肃省武威市，地处河西走廊东北部，东西北三面被腾格里沙漠、巴丹吉林沙漠包围，分布范围在 101°49′E～104°12′E，38°3′N～39°27′N。当地属温带大陆性干旱气候，总面积 15 800km²，平均海拔 1400m，年均气温 8.8℃，年均降水量 113.2mm，年均蒸发量 2675.6mm，年均日照时数为 3134.5h，无霜期约 152 天。土壤以灰棕漠土、风沙土为主。土地类型为荒漠戈壁、沙质草地及少量的绿洲，其中，绿洲面积约为 1800km²，占总面积的 11.39%。下辖 18 个镇，2017 年常住人口 24.1 万人，其中城镇人口 7.3 万人，占总人口的 30.3%，农村人口 16.8 万人。2016 年城镇、农村居民全年人均可支配收入分别为 20 340 元和 11 250.2 元，2018 年退出甘肃省贫困县。民勤县荒漠化面积已达 15 200km²，占土地总面积的 96.2%，极重度荒漠化面积为 5760km²（占总面积的 36.46%），重度荒漠化面积为 2650km²（占总面积的 16.77%），中度荒漠化面积为 4414km²（占总面积的 29.74%）。其中风蚀荒漠化面积 13 200km²，占荒漠化土地总面积的 86.84%，盐渍化面积 1260km²，占荒漠化土地总面积的 8.29%。民勤县荒漠化的主要原因是干旱、鼠害、超载过牧及过度开发活动等。民勤县先后实施了国家重点公益林、"三北"防护林、退耕还林、封沙育草等生态工程，目前处于治理中期阶段，着力点在节水，主要工作包括灌区节水改造并严格落实水资源管理制度，调整农业结构，以水定产、以水定规模、以水布局，加大生态配水比例。

沙坡头区隶属宁夏回族自治区中卫市，位于宁夏、甘肃、内蒙古三省（自治区）交界，腾格里沙漠的东南缘，分布范围在 104°17′E～106°10′E，36°06′N～37°50′N。当地属温带大陆性气候，总面积 6877km²，海拔 1100～2955m，年均气温 9.6℃，年均降水量 186.6mm，年均蒸发量 3000mm，年均日照时数 2776h，无霜期约 179 天。土壤以风沙土为主，沙层厚度一般在 20～30m，最厚达 50m。2017 年，常住人口 41.1 万人，其中城镇人口 22.9 万人，农村人口 18.2 万人，城镇化率 55.7%。汉族人口 37.2 万人，占总人口的 90.5%，回族人口 2.7 万人，占总人口的 6.6%。2019 年城镇、农村常住居民全年人均可支配收入分别为 31 028 元和 13 210 元。自然景观以沙漠为主，植被稀少，地表裸露，荒漠化依然严重，生态环境十分脆弱。沙坡头区荒漠化的主要原因是干旱、风蚀及人为过度开垦、过度放牧、水资源过度开发等。沙坡头荒漠化治理始于 20 世纪 50 年代（1955 年沙坡头沙漠研究试验站成立，1958 年包兰铁路竣工）；80 年代形成以麦草方格为核心的"五带一体"治沙体系;1984 年成立中国第一个"沙漠自然生态保护区";"十一五"以来开展"三北"防护林 4 期工程、退耕还林工程、天然林资源保护工程及自治区"六个百万亩"生态林业建设工程等重点项目。目前着力于发展沙产业,包括沙漠林业、风能发电、光伏发电、沙漠旅游。

盐池县隶属宁夏回族自治区吴忠市,位于宁夏东部,属鄂尔多斯高原,北接毛乌素沙地,南靠黄土高原,分布范围在 106°33′E ~ 107°47′E,37°04′N ~ 38°10′N。当地属大陆性季风气候,总面积 8522.2km²,年均气温 8.4℃,年均降水量 350 ~ 250mm,年均蒸发量2100mm,年均无霜期 160 天。土壤以灰钙土、风沙土为主。主要植被类型为荒漠草原,另有人工灌溉草地 3227km²(占全区总面积 37.9%)。盐池县辖 4 镇 4 乡 1 个街道办,总人口 17.3 万人,其中农村人口 14.3 万人,占总人口的 83%,城镇人口 3 万人,占总人口的 17%。天然草原 5580km²(占土地总面积的 65.5%),耕地 887km²,是宁夏旱作节水农业和滩羊、甘草的主产区,2018 年退出宁夏贫困县。荒漠化草地约 5550km²(占天然草原总面积的 99.5%),其中重度荒漠化草地 4570km²(占天然草原总面积的 82%),以每年113km² 的速度增长。1992 ~ 2000 年,全县年均大风 9 次,沙尘暴 8 次,扬沙天气 45 次。盐池县草地退化的主要原因是干旱、风蚀及过度放牧、过度人类活动等,目前处于生态治理中期阶段。近年来,按照"北治沙,中治水,南治土"的治理思路,坚持"五个结合"(草原禁牧与舍饲相结合、封山育林与退牧还草相结合、生物措施与工程措施相结合、建设保护与开发利用相结合、移民搬迁与迁出地生态恢复相结合)。

锡林郭勒位于内蒙古自治区中部,分布范围在 115°59′E ~ 120°00′E,42°32′N ~ 46°41′N。当地属温带大陆性气候,总面积 20.3 万 km²,草地面积 17.96 万 km²,海拔 800 ~ 1800m,年均气温 0 ~ 3℃,年均降水量 295mm,年均蒸发量 1500 ~ 2700mm,年均日照时数 2800 ~3200h,无霜期 110 ~ 130 天。土壤有黑土、黑钙土等多种类型。植被类型为草甸草原、典型草原、荒漠草原。2019 年常住人口 105.83 万人,其中城镇人口 70.56 万人,农村人口35.33 万人。2019 年人均可支配收入 32 460 元,城镇、农村常住居民人均可支配收入分别为宅 40 778 元、17 391 元。由于干旱、大风、过度开垦及放牧等,锡林郭勒荒漠化严重。2009 年锡林郭勒盟草地普查结果表明:全盟沙化草地面积 19 400km²(占草地总面积10.1%),其中重度沙化 3200km²(占草地总面积 1.64%),中度沙化草地面积 8300km²(4.31%),轻度退化草地面积 7900km²(4.07%)。2000 ~ 2018 年,依托京津风沙源治理、退耕还林等重点生态工程,累计完成防沙治沙林业生态建设任务 1954 万亩。目前处于治理中期阶段,强化科技,注重成效,不断加大防沙治沙适用技术的推广应用和科技支撑力度,重点推广抗旱造林、雨季容器苗造林、飞播造林、工程固沙等先进适用技术,聘请科研院所为科技支撑单位,把科研、推广与生产有机结合,提高防沙治沙的质量和成效。

7.1.1.3 石漠化典型区

果化镇隶属广西壮族自治区百色市平果县,位于广西西南部,属亚热带季风气候,年均降水量约 1500mm,5 ~ 8 月降水量占全年的 65%,海拔 110 ~ 570m。2000 年,人均耕地面积不足 0.06hm²,粮食作物以玉米、黄豆为主,大部分耕地没有基本的灌溉条件或设施,田间管理粗放,作物产量低,种养和劳务输出是居民主要的经济来源,人均纯收入 658 元。果化镇属于典型的喀斯特峰丛洼地，纯灰岩和硅质灰岩，由于基岩裸露、土层贫瘠及过度开垦等，果化镇石漠化问题较为突出，2004～2005 年，果化镇重度石漠化占土地总面积的 61.5%，中度石漠化占土地总面积的 16.5%。实施石漠化治理后，其植被覆盖率由 2000 年的 10% 提高到 2016 年的 70%，土壤侵蚀模数由 1550kg/km^2 下降到 511kg/km^2。

环江毛南族自治县隶属广西壮族自治区河池市，位于广西西北部，地处云贵高原东南缘，分布范围在 107°51′E～108°43′E，24°44′N～25°33′N，当地属南亚热带向中亚热带过渡的季风气候区，年均气温南部丘陵一带 19.9℃，北部山区 15.7℃。全县 1 月平均气温 10.1℃，7 月平均气温 28℃，年均日照时数 4422h，年均降水量 1750mm，年均蒸发量 1571.1mm，无霜期 290 天。环江毛南族自治县平均海拔 300～800m，境内土壤有红壤、黄红壤、黄壤、棕色石灰土、黑色石灰土 5 个土壤亚类。成土母岩以石灰岩和砂页岩为主，砂岩、页岩次之。环江毛南族自治县 2017 年常住人口 28.21 万人，其中农村人口 19.55 万人，占常住人口的 69.30%。2018 年全县人均 GDP 为 20 003 元，城镇居民全年人均可支配收入 26 979 元，农村居民全年人均可支配收入 9907 元。环江地区由于基岩裸露程度大、干旱和内涝严重，以及过度开垦、过度樵采等，石漠化较为严重，全县有岩溶土地 328 697.7hm^2，占全县土地面积的 72.2%，占广西岩溶土地面积的 3.9%。其中石漠化面积为 29 176.6hm^2，占全县岩溶土地面积的 8.9%，占广西石漠化面积的 2%；潜在石漠化土地 124 483.6hm^2，占全县岩溶土地面积的 37.9%。土地石漠化每年造成该县大量水土流失和耕地破坏，洪涝、山体滑坡等次生灾害频发。全县岩溶地区每年水土流失量约为 600t/hm^2，受影响耕地约 2000hm^2，因灾损失 1000 余万元，超 10 万人基本生存条件受到威胁。

鸭池镇石桥小流域隶属贵州省毕节市，地处四川、云南、贵州三省结合部，面积 854.1hm^2。喀斯特面积占总面积的 90.9%。当地属喀斯特高原峰丛山地地貌区，气候温凉，年均气温 14℃，水源点大多出露低洼地带；现存植被为次生林，大部分分布在山坡中上部。鸭池镇农地多分布在山坡上，水资源利用困难，灌溉用水和人畜饮水较为困难。坡耕地占比大于 90%，综合生产力低且产量不稳定，人口密度大（374 人/km^2），99.8% 为农业人口。由于陡坡开垦、植被破坏等，石桥小流域面积中 52.8% 发生轻度及以上等级的石漠化，耕地的 60% 发生石漠化。鸭池镇在 2006～2010 年进行了封山育林、人工造林、农田水利建设等试验示范，并在石桥小流域治理工程进行了多项技术措施的空间优化组合。

关岭布依族苗族自治县隶属贵州省安顺市，位于贵州省西南部。该县气温时空分布不均，海拔 850m 以下为南亚热带干热河谷气候，900m 以上为中亚热带河谷气候，降水较为集中，5～10 月降水量占全年总降水量的 83%。地形自西南向东北倾斜，切割较强，海拔 565～1432m，碳酸盐岩广泛分布，耕地零星破碎。由于基岩裸露，荒山荒坡及石质坡地占用比例过高，加之过度开垦、过度樵采、毁林毁草种地、放火烧山等人类活动，原生植被破坏严重，石漠化严重，2006 年以前，约 67.9% 的土地发生轻度及以上石漠化，中度石漠化比例达 37.8%。

泸西县为云南省红河哈尼族彝族自治州下辖县，位于云南省东南部，地处 103°30′E～104°03′E，24°15′N～24°46′N，总面积 1674km^2。属亚热带季风气候区，干湿分明，夏季多雨，冬季干旱，年均气温 13～14℃，年均降水量 1000mm 左右，气温较低。气候除季节性的变化外，还由于各地海拔和地势的不同而存在着局部性的地区差异，海拔 820 ~ 2459m，土壤以红壤为主。该县水资源匮乏，有效灌溉面积较少，大部分耕地属雨养农业，农作物产量低且不稳。由于基岩裸露、地形陡峭及过度开垦、过度樵采等，泸西县石漠化问题突出，全县石漠化总面积 746.6km²，占全县土地面积的 44.6%，"壮年小树被盗伐，砍倒林木就开荒，耕地多林地少，只见红土不见树" 是当地生态退化问题的真实写照。2010 年开始综合治理和水资源合理开发利用，主要措施是修建田间生产道路、排灌沟渠、水池水窖等。

7.1.2　典型生态退化区生态技术

通过专家问卷调研获取技术效果评价的相关数据，2018 年 7 月对国内从事水土流失、荒漠化、石漠化治理的专家学者及政府部门技术人员进行问卷调研，采用面对面访谈或邮寄式问卷填答的方式。调研涉及 17 个市（区、县）的 55 个机构，包括研究人员、政府部门和企业，共回收有效问卷 90 份。问卷的设置主要包括现有区域特定退化问题描述、现阶段使用的生态技术列举、技术效果评价。受访人员对技术的评价包括应用难度、成熟度、效益、适宜性、推广潜力 5 个方面，每个方面包括 5 个等级的打分（详见本书 5.1.2 节）。中国典型脆弱生态区生态技术需求调研问卷见附录四，根据调研问卷形成的中国典型脆弱生态区生态技术评价及技术需求评估表（中国"一区一表"）见附录五。

基于专家问卷得到典型脆弱区（水土流失区、荒漠化区、石漠化区、退化草地、退化湿地）现有生态技术共计 4 类（生物类、工程类、农作类、其他类）38 项，其中适用于水土流失治理的技术共计 4 类 33 项，这些技术的应用地区主要分布在黄土高原丘陵沟壑区及燕山山地丘陵区；适用于荒漠化治理的技术共计 3 类 12 项，这些技术的应用地区主要分布在吐哈盆地、塔里木盆地；适用于石漠化治理的技术共计 4 类 24 项，这些技术的应用地区主要分布在滇黔桂峰丛洼地；适用于退化草地治理的技术共计 4 类 18 项，这些技术的应用地区主要分布在科尔沁沙地边缘、浑善达克沙地边缘、巴丹吉林沙漠、腾格里沙漠边缘、三江源高寒草地、羌塘藏北高原；适用于退化湿地的治理技术共计 2 类 4 项，这些技术的应用地区主要分布在辽河三角洲、鄱阳湖湿地、三江平原等（表 7-1）。

表 7-1　中国典型脆弱生态区生态技术清单

技术类型	技术名称	适用退化类型
生物类	自然封育	水土流失、荒漠化、石漠化、退化草地、退化湿地
	松耙补播	退化草地
	人工造林种草	水土流失、荒漠化、石漠化、退化草地
	植物篱	水土流失、石漠化、
	人工生物结皮	水土流失、荒漠化、石漠化、退化草地
	飞播种草	荒漠化、退化草地
	经果林	水土流失、石漠化
	林分改造	水土流失、石漠化

技术类型	技术名称	适用退化类型
工程类	淤地坝	水土流失
	梯田	水土流失、石漠化
	鱼鳞坑整地造林	水土流失
	水平沟整地造林	水土流失
	水平阶整地造林	水土流失
工程类	谷坊	水土流失
	草方格沙障	荒漠化、退化草地
	植物沙障	荒漠化、退化草地
	地坎/地埂保护	水土流失、石漠化
	填沟/炸石造地	水土流失、石漠化
	坡面土地整理	水土流失、石漠化
	洼地（谷地）土地整理	水土流失、石漠化
	竹节沟	水土流失
	削坡/降坡/治坡/稳坡/崩岗治理	水土流失
	水窖蓄水	水土流失、石漠化
	管渠引水	水土流失、石漠化
农作类	水平沟种植	水土流失
	农林间作	水土流失、荒漠化、石漠化
	垄沟种植	水土流失
	少耕免耕	水土流失、石漠化、退化草地
	施肥	水土流失、石漠化、退化草地
	有机肥/绿肥改良土壤	水土流失、石漠化、退化草地
	等高耕作	水土流失、石漠化、退化草地
其他类	生态补偿	水土流失、荒漠化、石漠化、退化草地、退化湿地
	生态移民	水土流失、荒漠化、石漠化、退化草地、退化湿地
	建立保护区	水土流失、荒漠化、石漠化、退化草地、退化湿地
	禁牧/轮牧/休牧	水土流失、荒漠化、石漠化、退化草地
	自然封育	水土流失、石漠化、退化草地
	病虫害防治	水土流失、荒漠化、石漠化、退化草地
	防除毒杂草	退化草地

资料来源：问卷调查

7.1.3 水土流失治理技术及其评价

　　基于专家问卷调查，可知目前水土流失治理技术主要包括生物类、工程类、农作类、其他类四大类型，生物类水土流失治理技术主要包括人工造林种草；工程类水土流失治理技术主要包括梯田和淤地坝。人工造林种草在水土流失区的适宜性及推广潜力都较高，天水和榆林人工造林种草的适宜性及推广潜力全部达到 5 分，技术效益也较高，天水人工造林种草的技术效益达到 4 分，榆林达到 5 分；榆林人工造林种草的应用难度比天水高。梯田和淤地坝技术在水土流失区的适宜性及推广潜力较高，在定西、天水、榆林，梯田和淤地坝的适宜性及推广潜力基本都达到 5 分，成熟度同样较高，3 个地区梯田和淤地坝技术的成熟度在 4~5 分，梯田和淤地坝的应用难度较低，得分在 3~4 分（表 7-2）。

表 7-2　中国典型水土流失区关键治理技术评价

技术类型	技术名称	地点	应用难度	成熟度	效益	适宜性	推广潜力
生物类	人工造林种草	天水	4	4	4	5	5
		榆林	3	4	5	5	5
		平均分	3.5	4	4.5	5	5
工程类	梯田	定西	4	4	4	5	5
		天水	3.5	4.5	4	5	5
		榆林	3	5	4	5	5
		平均分	3.5	4.5	4	5	5
	淤地坝	定西	4	4	4	5	5
		天水	3	4	5	4.5	4.5
		榆林	3	4	4	5	5
		平均分	3.3	4	4.3	4.8	4.8

资料来源：问卷调查

目前国内水土流失治理技术存在一些问题，如人工造林所选树种的种类较为单一，未能做到因地选种，易发病虫害；部分梯田质量较差，机械化程度较低且梯田道路修建不合理，造成劳动力成本高，后期的管理维护不到位，部分梯田老化破损严重；部分淤地坝缺少配套的排水防汛技术，滞洪能力不足，未能定时维护检修，存在安全隐患。

7.1.4　荒漠化治理技术及其评价

基于专家问卷调查，分析得到中国现有荒漠化治理技术评价结果（表 7-3），涉及甘肃敦煌、甘肃民勤、宁夏沙坡头及内蒙古锡林郭勒沙地等地区，受访对象包括地方政府部门代表、研究人员等，通过面对面访谈或邮寄式问卷填答的方式的深入互动交流，获得了荒漠化治理技术评价的信息。受访人员对技术的评价包括应用难度、成熟度、效益、适宜性、推广潜力 5 个方面。

表 7-3　中国典型荒漠化区关键治理技术评价

技术类型	技术名称	地点	应用难度	成熟度	效益	适宜性	推广潜力
生物类	人工造林种草	敦煌	3	4	5	4	5
		民勤	3	3.5	5	4	5

技术类型	技术名称	地点	应用难度	成熟度	效益	适宜性	推广潜力
生物类	人工造林种草	沙坡头	3	4	5	5	4
		平均分	3	3.8	5	4.3	4.7
	飞播种草	民勤	5	4	3.5	4.5	4
		锡林郭勒沙地	3	4	5	5	5
		沙坡头	3	4	5	5	4
		平均分	3.7	4	4.5	4.8	4.3
	人工生物结皮	沙坡头	3	2	5	3.5	4
农作类	农林间作	民勤	3	4	5	5	5
工程类	草方格沙障	敦煌	2	3	3	4	3
		民勤	3	5	4	5	5
		沙坡头	3	5	4	5	4
		平均分	2.7	4.3	3.7	4.7	4
其他类	自然封育	民勤	5	4	3.5	4.5	4
	禁牧/休牧/轮牧	锡林郭勒沙地	3	5	4	5	5

资料来源：问卷调查

目前国内荒漠化治理技术主要包括生物类、工程类、农作类、其他类四大类型，生物类荒漠化治理技术主要包括人工造林种草、飞播种草、人工生物结皮；工程类荒漠化治理技术主要包括草方格沙障；农作类荒漠化治理技术主要包括农林间作；其他类荒漠化治理技术主要包括自然封育、禁牧/轮牧/休牧等。人工造林种草产生的技术效益较高，在敦煌、民勤、沙坡头三个地区都达到5分，人工造林种草的推广潜力及适宜性较高，三个地区的推广潜力在4~5分，然而人工造林种草的应用难度中等，三个地区只有3分；飞播种草技术在民勤、锡林郭勒沙地及沙坡头的适宜性较高，应用难度中等；人工生物结皮的应用难度中等且成熟度较低，目前应用的地区较少，但是具有较高的效益及推广潜力。农林间作的效益、适宜性及推广潜力均较高。草方格沙障是较为常见的荒漠化治理工程技术，在敦煌、民勤、沙坡头等地均有使用，草方格沙障的适宜性较高，在4~5分。自然封育的应用难度较低，适宜性较高，但效益中等。禁牧/轮牧/休牧等放牧管理类技术的成熟度及适宜性均较高，应用难度中等。

目前国内荒漠化治理技术存在一些问题，如人工造林所选树种的种类较为单一，所选择的许多树种并不适应当地生态环境，造成幼苗存活率较低；另外部分地区造林过量，使得地下水资源日益短缺；草畜平衡制定的单位面积载畜量不适合当地草场情况，禁牧/休牧/轮牧等放牧管理类技术监管力度不足等。

7.1.5 石漠化治理技术及其评价

基于专家问卷调查，分析得到中国现有石漠化治理技术评价结果（表7-4），涉及广西果化、广西环江、贵州毕节鸭池、贵州关岭、云南泸西等地区，受访对象包括地方政府部门代表、研究人员等，通过面对面访谈或邮寄式问卷填答的方式的深入互动交流，获得了石漠化治理技术评价的信息。受访人员对技术的评价包括应用难度、成熟度、效益、适宜性、推广潜力 5 个方面。

通过对石漠化治理过程中经常使用的经果林技术（生物类）、梯田技术（工程类）、自然封育技术（其他类）的评价可知：经果林的适宜性较高，应用难度一般。梯田的推广潜力较高，关岭及泸西等地区推广潜力达到 5 分，而梯田的应用难度较高。自然封育的推广潜力、适宜性及效益均较高，4 个石漠化地区的得分在 4~5 分。

表 7-4　中国典型石漠化区关键治理技术评价

技术类型	技术名称	地点	应用难度	成熟度	效益	适宜性	推广潜力
生物类	经果林	果化	3	3	5	4	4
		关岭	4	5	3	4	3
		泸西	3	3	3	4	3
		平均分	3.3	3.7	3.7	4	3.3
工程类	梯田	环江	1.4	4.9	3.3	4	4
		关岭	3	4	4	4	5
		毕节鸭池	3	3	4	4	4
		泸西	3	4	4	4	5
		平均分	2.6	4	3.8	4	4.5
其他类	自然封育	环江	3.2	4.2	4.2	4.4	4
		毕节鸭池	4	5	5	5	5
		关岭	5	4	4	4	5
		泸西	4	4	5	5	5
		平均分	4.1	4.3	4.6	4.6	4.8

资料来源：问卷调查

7.2　中国典型生态退化区生态技术需求评估

7.2.1　数据来源

2018 年 5~6 月对国内从事退化生态治理和恢复的专家学者、企业及管理人员进行了问卷调研。调研采用邮寄式问卷填答的方式，共回收有效问卷 113 份，涉及 18 个省（自治区、直辖市）的 65 个机构，调研对象包括研究人员、政府部门和企业。问卷问题的设置从现有退化问题—生态技术—技术效果评价切入，最后获取技术需求及其详细信息，因此获取的生态技术需求信息能够反映退化和治理区的实际情况。

7.2.2 典型生态退化区生态技术需求

荒漠化、水土流失、石漠化和退化生态系统是我国生态退化的主要表现形式。分析结果表明，针对这些退化问题的生态技术需求总计4类25项，主要分布在13个典型区，包括生物类7项，其中人工造林种草需求量最高，经果林次之；工程类6项，其中植物沙障需求量最高，新型水窖次之；农作类6项，其中高效种植需求量最高，等高沟垄种植、土壤保水、免耕/休耕/少耕次之；其他类技术6项，其中生态补偿及划区禁牧/轮牧/休牧需求量最高（表7-5）。

表7-5　中国典型生态退化区生态技术需求

技术类型	技术名称	荒漠化、退化草地							水土流失					石漠化	总计
		巴丹吉林/腾格里沙漠/毛乌素沙地边缘	三江源	浑善达克沙地边缘	科尔沁沙地边缘	羌塘藏北高原	吐哈盆地	塔里木盆地	黄土高原丘陵沟壑区	燕山山地丘陵	三江平原	辽河三角洲	鄱阳湖湿地	滇黔桂峰丛洼地	
生物类	人工造林种草	√	√	√	√	√			√						6
	经果林		√	√					√					√	4
	防除毒杂草	√	√												3
	景观格局优化		√								√			√	3
	物种筛选		√												2
	人工生物结皮	√			√										2
	林分改造								√						1
农作类	高效种植		√				√		√						3
	等高沟垄种植								√					√	2
	土壤保水	√	√												2
	免耕/休耕/少耕	√			√										2
	土壤快速熟化								√						1
	土壤改良	√													1

续表

技术类型	技术名称	荒漠化、退化草地							水土流失					石漠化	总计
		巴丹吉林/腾格里沙漠/毛乌素沙地边缘	三江源	浑善达克沙地边缘	科尔沁沙地边缘	羌塘藏北高原	吐哈盆地	塔里木盆地	黄土高原丘陵沟壑区	燕山山地丘陵	三江平原	辽河三角洲	鄱阳湖湿地	滇黔桂峰丛洼地	
工程类	植物沙障	√	√	√	√										4
	新型水窖	√							√					√	3
	地坎/地埂								√					√	2
	机整梯田								√					√	2
	坝系水土资源利用	√							√						2
	人工湿地建设											√			1
其他类	生态补偿	√	√						√	√	√	√	√		7
	划区禁牧/轮牧/休牧	√	√	√	√	√		√						√	7
其他类	舍饲	√	√	√											3
	建立保护区	√	√						√						3
	人工降雨		√									√			2
	化学固沙	√													1
总计	案例区	14	13	8	4	2	1	1	13	2	2	1	1	7	25
	退化区	19							16					7	42

注："√"表示有相关的技术需求。

资料来源：问卷调查

不同退化区生态技术需求存在空间差异，荒漠化、退化草地区生态技术需求主要分布在 7 个典型区，共计 4 类 19 项，以生物类和其他类为主，主要包括人工造林种草、防除毒杂草、经果林、划区禁牧/轮牧/休牧、生态补偿、舍饲等；工程类技术需求主要为植物沙障。水土流失区技术需求主要分布在 5 个典型区，共计 4 类 16 项，以其他类为主，其中生态补偿需求量较高。石漠化区技术需求主要集中在滇黔桂峰丛洼地，共计 4 类 7 项，以工程类为主，包括新型水窖、地坎/地埂、机整梯田等（表 7-5）。

分析发现，各退化区技术需求与退化问题的发生密切相关，其中巴丹吉林/腾格里沙漠/毛乌素沙地边缘（14 项）、三江源（13 项）、黄土高原丘陵沟壑区（13 项）的技术需求较高，表明这些地区退化问题突出、治理需求迫切，并受到了国家的高度关注（Bryan et al., 2018）。巴丹吉林/腾格里沙漠/毛乌素沙地边缘（内蒙古、甘肃、宁夏、陕西等）人口密集，是我国重要的生态保护区和农牧区（李蕾蕾等，2015），然而过去很长时间，由于过度放牧及过度开垦等，土地荒漠化严重（万华伟等，2016；陈宝瑞等，2007；蒋琴，2011）。三江源被誉为"中华水塔"，是我国重要的生态屏障区和水源涵养区，也是全球高海拔地区生物多样性最集中的地区和气候变化的敏感区（许尔琪和张红旗，2015），其生态环境健康关乎全球生态安全。但由于不合理的开发利用，三江源草地呈大面积退化，2004 年退化面积达到其总面积的 40.1%，失去经济价值和生态服务功能的黑土滩面积达 4.9 万 km² (Shang et al.，2008；Li et al.，2013)，对该区生态环境安全和草地畜牧业的持续发展构成了极大的威胁 (Zhang et al.，2016a)。2005 年国务院批准了《青海三江源自然保护区生态保护和建设总体规划》，三江源治理工程全面展开，并取得了显著的成效（邵全琴等，2016；Zhen et al.，2018）。黄土高原丘陵沟壑区是我国水土流失最为严重的地区，水土流失面积达 39.0 万 km²，占该区总面积的 60.9%，其中剧烈水蚀区 3.7 万 km²，占全国剧烈水蚀区面积的 89.0%。该区多年平均输沙量约 14 亿 t，严重影响了当地农业生产，并造成下游河道淤积（黄明斌等，2001；高海东等，2015）。

7.3 典型生态退化区生态技术筛选与推荐

通过对中国水土流失、荒漠化及石漠化典型区相关政府部门代表、研究人员等面对面问答式的深入互动交流，梳理得到甘肃定西、甘肃天水、陕西榆林、甘肃民勤、甘肃敦煌、宁夏沙坡头、宁夏盐池、内蒙古锡林郭勒、云南泸西、贵州关岭、贵州毕节、广西环江、广西平果 13 个退化典型区生态技术推荐清单（表 7-6）。

表 7-6　中国典型生态退化区生态治理推荐技术清单

区域类型	区域	推荐技术
水土流失	甘肃定西	缓冲植被带
	甘肃天水	套笼种植
	陕西榆林	坡面植被种植
荒漠化	甘肃民勤	集雨滴灌
	甘肃敦煌	绿洲区秸秆覆盖防蚀
	宁夏沙坡头	环保材料沙障
	宁夏盐池	乡土种筛选与繁育
	内蒙古锡林郭勒	饲草料种植
石漠化	云南泸西	欧李（钙果）种植、地下河提水
	贵州关岭	花椒种植、小型沼气工程
	贵州毕节	生物地埂、优良草种筛选
	广西环江	土壤保水剂、岩溶洼地排水
	广西平果	表层岩溶泉蓄引取水、益生菌土壤改良

资料来源：问卷调查

通过对甘肃定西、甘肃天水、陕西榆林三个水土流失区政府部门代表、研究人员面对面问答式的深入互动交流，梳理得到上述三个水土流失区的生态治理推荐技术。对甘肃定西水土流失治理推荐的技术为缓冲植被带。对甘肃天水水土流失治理推荐的技术为套笼种植，即在乔木幼苗期，设置竹编围栏/围笼对其进行保护，防治鼠兔对幼苗的啃食，提高幼苗成活率。对陕西榆林水土流失治理推荐的技术为坡面植被种植，即在局部有一定坡度的坡面上进行乔灌木或农作物的种植，起到保水保土的作用。

通过对甘肃民勤、甘肃敦煌、宁夏沙坡头、宁夏盐池、内蒙古锡林郭勒 5 个荒漠化区政府部门代表、研究人员面对面问答式的深入互动交流，梳理得到上述 5 个荒漠化区的生态治理推荐技术。对甘肃民勤荒漠化治理推荐的技术为集雨滴灌，即利用雨水积蓄工程收集雨水，然后采用滴灌技术对农田进行补充灌溉，是干旱、半干旱地区及其他缺水山丘区解决农田灌溉的一种有效方法。对甘肃敦煌荒漠化治理推荐的技术为绿洲区秸秆覆盖防蚀，即将作物秸秆粉碎后直接翻压在土壤里，能够起到增加雨水入渗，抑制水分蒸发，减少地表径流；调节地温，利于微生物的繁殖和活动，促进土壤养分转化与分解；保护土壤表层，防止水土流失，抑制杂草生长；秸秆腐烂后，增加有机质和腐殖质，培肥地力；改善土壤物理性状，增加团粒结构，增加孔隙率，降低土壤耕层容重等作用。对宁夏沙坡头荒漠化治理推荐的技术为环保材料沙障。对宁夏盐池荒漠化治理推荐的技术为乡土种筛选与繁育。对内蒙古锡林郭勒荒漠化治理推荐的技术为饲草料种植，即在可耕种的农区种植青贮等饲料作物，减少草场压力。

通过对云南泸西、贵州关岭、贵州毕节、广西环江、广西平果 5 个石漠化区政府部门代表、研究人员面对面问答式的深入互动交流，梳理得到上述 5 个石漠化区的生态治理推荐技术。对云南泸西石漠化治理推荐的技术为欧李（钙果）种植、地下河提水。欧李不仅具有较高的生态效益，且由于其具有生长迅速、结果早、产量高等特点，也具有较高的经济效益。地下河为中国南方岩溶区最重要的岩溶现象之一，同时也是地下水赋存的一种独特形式，近年来调查数据表明，南方岩溶区有地下河 3066 条（包含其地下河子系统），流量合计大于 $1500\text{m}^3/\text{s}$，相当于黄河径流量。由此可见，南方岩溶地下河的地下储水空间巨大、地下河水资源量极为丰富。然而，部分岩溶区仍经常发生工农业生产用水及人畜饮水困难问题，仅云南、贵州、广西三省（自治区）至今还有 800 万人的饮水问题尚未得到解决，耕地受旱面积约 2530 万亩，究其原因，一方面是强烈的岩溶作用，导致地下岩溶空间发育，使雨水和地表水极易漏失到地下，造成"地下水滚滚流，地表水贵如油"的状况；另一方面岩溶地下河埋藏于地下几十至数百米甚至千米，延伸长度亦有几千米至数十千米，地表仅能见到出水口和少数地下河天窗或竖井，受地层、构造、水文和地貌等多种因素影响，地下河分布结构复杂，这一丰富的岩溶地下河水资源仅在部分地区得到有效利用，因此仍有巨大的地下河水资源有待开发。对贵州关岭石漠化治理推荐的技术为花椒种植、小型沼气工程。对贵州毕节石漠化治理推荐的技术为生物地埂、优良草种筛选。对广西环江石漠化治理推荐的技术为土壤保水剂、岩溶洼地排水。对广西平果石漠化治理推荐的技术为表层岩溶泉蓄引取水、益生菌土壤改良。

第8章　中国黄土高原丘陵沟壑区水土流失治理技术需求评估

本章旨在辨识并评估典型水土流失案例区现有水土保持技术、识别技术需求、构建指标体系分析技术需求的可行性。通过分析机构调查问卷、农户问卷和空间数据，重点研究中国黄土高原丘陵沟壑区——陕西安塞水土保持技术应用现状，对现有技术及技术需求可行性进行评估，并在村域尺度开展技术需求及空间布局的案例分析，包括确定指标体系、指标因子赋值和赋权、可行性评价，以期为参与式、可持续生态治理提供依据。

8.1　背景与目标

8.1.1　安塞水土流失区自然与社会经济特征

延安市安塞区位于陕北黄土高原丘陵沟壑区，属中温带大陆性半干旱季风气候，年均气温 9.1℃，年均降水量 506.6mm，全年降水量的 60% 集中在 7～9 月。土地总面积 2950km²，海拔 1012～1731.1m。梁峁旱作农业，坡耕地面积大，1999 年前，15°以上的坡耕地占农用地面积的 71.9%，25°以上坡耕地占 34.4%。2015 年农业人口 14.65 万人，占总人口的 75.0%，第一产业占生产总值的 7.8%，农业总产值中种植业占 83.9%，林业占 3.1%，牧业占 10.3%，农村居民全年人均纯收入 1.04 万元。2015 年水土流失面积 2832km²，占土地总面积的 96%。安塞区是典型受人类活动影响的生态环境脆弱区。

纸坊沟流域和南沟流域是安塞境内的两个主要流域，分别位于沿河湾镇和高桥镇，流域面积分别为 8.27km² 和 24.61km²，两个流域均属延河流域。延河流域是延安重要的水源地，也是水土流失重点区域，年均土壤侵蚀模数为 5000～6000t/km²，土地利用类型以耕地、林地和草地为主，三类土地占比在 96%～99%，15°以上土地占比超过 60%。水土保持技术应用历史悠久，种类多样，具有黄土高原水土保持与生态治理科学研究和试验示范的典型代表性。纸坊沟流域在国家"七五"计划期间成为黄土高原综合治理试验示范区，包括 3 个自然村，流域内农户先于流域外开展水平沟种植作物，经过水土保持规划和治理，特别是 1999 年退耕还林以来，林草面积比例逐步增加。目前，沟口川地以种植水果和蔬菜大棚为主，沟头坡地以果业为主、种植业和养殖业为辅，外出务工人员占比达 80% 以上。南沟流域包括 7 个自然村，2015 年以来完成治沟造地和削峁造田超过 260hm²，新建蓄水坝 7 座，完成植树造林和林分改造超过 800hm²，建成延安市安塞区南沟水土保持示范园，为陕西省水土保持示范园，园内以果业和旅游业为主，吸引了外出务工人员陆续返乡就业创业。

8.1.2　生态技术需求评估目标

黄土高原水土流失严重，为了防治土壤侵蚀、保护生态环境，自 20 世纪 70 年代以来，实施自上而下的大规模水土流失治理和以退耕还林（草）为代表的一系列生态建设工程，黄土高原水土流失治理已取得一定成效，总体生态恢复成效显著（张琨等，2017），土壤侵蚀量和产沙量减少（Chen et al.，2007；Fu et al.，2011；Zhao et al.，2013），植被恢复明显，NDVI 和 NPP 显著提高（刘国彬等，2017；Liu et al.，2017；Liu et al.，2019），固碳能力提升（Deng et al.，2014），收入的多元化及非农收入增加带来家庭总收入的提高（Wang et al.，2017）。生态治理和恢复技术（即生态技术）在生态工程实施与带动区域社会经济发展中起到了至关重要的作用（甄霖等，2016）。生态技术的应用能够促使生态原真性得到恢复、节约资源和能源、避免或减少环境污染、区域经济得到发展、居民收入水平和社会参与意识及技能得到提高（甄霖和谢永生，2019）。自生态工程实施以来，多项生态技术已经在黄土高原研发并应用，包括治坡、治沟和小型水利工程等工程类技术 18 项，水土保持造林、种草、天然封育等生物类技术 11 项，以及水土保持耕作、栽培和土壤培肥等农作类技术 13 项（中国–全球环境基金干旱生态系统土地退化防治伙伴关系和中国–全球干旱区土地退化评估项目，2008；李生宝等，2011；余新晓和毕华兴，2013）。同时，研发应用了一系列具有国际影响力的生态技术，干旱条件下造林技术、生物篱技术、工程–生物措施相结合的治理模式等处于国际领先位置，90% 以上已经得到广泛应用（环境领域技术预测研究组，2015）。

尽管生态技术的应用给黄土高原带来了显著的生态效益、经济效益和社会效益，但局部地区，尤其是陡坡耕地水土流失问题仍然严重，治理形势依然严峻（刘国彬等，2017）。已有研究表明，黄土高原几十年的人工林草建设在某种程度上缺乏合理性，主要表现在追求人工林草的高生长量、高经济效益而引进种植高耗水植物种，如刺槐、柠条等使土壤形成干层（邵明安等，2015；Jia et al.，2017）或出现小老树（侯庆春等，1991）现象；人工造林导致生物多样性缺失（Wang and Shao，2013）；生态需水亏缺、水资源平衡问题等屡见报道（程国栋等，2000；Feng et al.，2016）；淤地坝作为人为干扰可能存在安全隐患；生态工程需要投入大量人力和物力，但存在人工造林存活率低的现象（张汉雄和邵明安，2001；Chen et al.，2007）。安塞现有治理技术表现如何，应用中存在什么问题，今后需要何种技术或技术组合，这些问题亟待解决。目前尚缺少生态技术评估和基于指标体系进行技术需求分析等实证研究。针对黄土高原丘陵沟壑区立地条件和社会经济发展水平，通过实地调研和问卷调查，本章旨在辨识并评估现有水土保持技术，识别技术需求，构建指标体系分析其立地适宜性和社会–经济可行性，为生态治理提供依据。

8.2 基础数据和研究方法

8.2.1 基础数据

研究组于 2018 年 4~6 月开展了黄土高原水土保持技术评估与需求分析机构问卷调查，内容涉及现有技术应用情况和需求技术，回收有效问卷共计 22 份，受访者分别来自中国科学院水利部水土保持研究所、西北农林科技大学、水利部水土保持监测中心、北京林业大学、西安理工大学、陕西师范大学、陕西省土地工程建设集团有限责任公司、陕西地建土地工程技术研究院有限责任公司、中国科学院地理科学与资源研究所等 15 家科研机构、决策部门和工程设计与施工企业，专业背景涵盖水土保持与荒漠化防治、水利工程、水文学与水资源、土壤学、生态学、地理学、生态经济等，从事水土保持相关工作的平均工作年限为 14 年。此外，2018 年 6 月在纸坊沟和南沟两个流域内分别选取纸坊沟、峁嵧峧、大南沟和杏树窑 4 个自然村开展实地调研和农户问卷调查，4 个自然村回收有效问卷共计 86 份，问卷调查内容主要包括受访农户家庭基本信息、土地利用情况、水土保持技术及其效果和技术需求等。专家和农户问卷数据用于评估黄土高原主要水土保持技术、识别技术需求、确定技术适宜性和可行性分析指标。

DEM 栅格数据（30m）来源于国家科技资源共享服务平台——国家地球系统科学数据中心（http://www.geodata.cn）；2015 年中国土地利用现状遥感监测数据（30m）来源于中国科学院资源环境科学数据中心，包括耕地、林地、草地、水域、建设用地和未利用地 6 个一级类型；卫星影像数据来自谷歌地图（Google Earth）（10m），道路图层根据谷歌影像数字化得到。以上数据用于技术需求空间分析。

8.2.2 技术效果评价

2017 年 1 月~2018 年 4 月，经过 5 轮专家讨论和文献分析，确定了 5 个评估维度对黄土高原 12 项水土保持技术进行专家评分（Zhen et al., 2017；胡小宁等，2018），即应用难度、成熟度、适宜性、效益和推广潜力。采用 5 点量表打分，1 代表难应用、成熟度低、适宜性差、效益差、推广潜力小，5 代表易应用、成熟度高、适宜性好、效益好、推广潜力大。农户对水土保持技术效益评估中，1~5 分别表示效果差、效果较差、效果一般、效果较好和效果好。

8.2.3 技术需求分析

（1）确定指标体系

根据实地调研和文献资料分析，结合需求调查专家和农户问卷，考虑研究区水土保持技术应用情况与数据的可获得性，确定技术需求优先级指标包括立地适宜性和社会-经济可行性两个维度。立地适宜性方面选择坡度、地貌类型和土地利用类型三个指标，坡度作为是否退耕还林（草）的主要自然判断因子，将其划分为4级：2°～5°会发生轻度土壤侵蚀，需注意水土保持；5°～15°会发生中度水土流失，应采取修筑梯田、等高种植等措施，加强水土保持；15°～25°水土流失严重，必须采取工程、生物等综合措施防治水土流失；>25°为开荒限制坡度，即不准开荒种植农作物，已经开垦为耕地的，要全部退耕还林（草）。地貌类型分为梁峁、坡面和沟谷，分别适用不同的坡面治理（如梯田）和沟道治理（如淤地坝）措施。土地利用类型分为耕地、林地、草地和未利用地，分别适用对应的工程、生物和农作措施。社会−经济可行性方面选择家庭劳动力、可进入性和农户意愿三个指标，家庭劳动力的多寡影响水土保持效果，如家庭劳动力仅1人很难从事果树种植，更适合选择机械化程度高的作物种植。可进入性指技术实施的便利性和产品的市场可达性，包括到道路的距离和道路质量，决定了技术实施的难度和农产品贸易成本的高低，如距离道路远或道路条件差，不利于修建机整梯田的机械作业和材料运输，也不利于果品销售和采摘。农户意愿在很大程度上可以反映技术需求的优先级，农户会统筹考虑自家的土地利用情况、技术普适性和投资回报率等，其意愿会影响水土保持技术的可持续实施。

（2）指标因子赋值和赋权

在技术需求清单中选择与坡度、地貌类型和土地利用类型及农户生产生活密切相关的7项技术，其中梯田分为水平梯田和隔坡梯田。将各评估指标的立地适宜性和社会−经济可行性划分为4个等级：高度适宜/可行、中等适宜/可行、勉强适宜/可行、不适宜/可行，分别对应4、3、2、1（表8-1）。立地适宜性和社会−经济可行性赋值原则：降水就地入渗拦蓄、充分利用光温水肥资源、合理配置基本农田和经济林（蒋定生，1997）；梁峁配置人工和天然林草，坡面依据坡度从高到低依次配置林草、梯田，沟谷优先配置造地、梯田；经果林尽可能不改变现状，保障经济合理；其他条件相同的情况下，尽可能将梯田修建在坡度小的地方；改造重点在坡面和沟底，优先安排梯田，其余安排人工林草和天然林草。

表 8-1　水土保持技术需求评估指标因子分级赋值

评估维度	评估指标	指标因子分级	工程				生物		农作
			水平梯田	隔坡梯田	治沟造地	鱼鳞坑整地	人工造林种草	天然封育	保护性耕作
立地适宜性	坡度	2°～5°	4	1	3	2	3	2	2
		5°～15°	4	2	2	2	3	3	3
		15°～25°	2	3	2	4	4	3	2
		>25°	1	1	2	3	3	4	1
	地貌类型	梁峁	2	2	1	3	3	3	2
		坡面	3	3	1	3	3	4	2
		沟谷	1	1	4	3	3	4	1
	土地利用类型	耕地	4	4	2	2	2	2	4
		林地	1	1	2	4	3	4	1
		草地	1	1	2	3	4	3	1
		未利用地	1	1	4	4	3	4	2

评估维度	评估指标	指标因子分级	工程				生物		农作
			水平梯田	隔坡梯田	治沟造地	鱼鳞坑整地	人工造林种草	天然封育	保护性耕作
社会-经济可行性	家庭劳动力	户均<2 人	3	3	3	2	2	3	3
		户均≥2 人	4	4	4	3	3	3	4
	可进入性	<2km（硬化路面）	4	4	4	4	4	4	4
		≥2km（土路）	2	2	2	2	2	4	2
	农户意愿	0%~25%	1	1	1	1	1	1	1
		25%~50%	2	2	2	2	2	2	2
		50%~75%	3	3	3	3	3	3	3
		75%~100%	4	4	4	4	4	4	4

注：立地适宜性，1. 不适宜，技术难以克服立地条件的限制性；2. 勉强适宜，技术受立地条件的严重限制；3. 中等适宜，技术受立地条件中等程度限制；4. 高度适宜，技术不受立地条件限制。

社会-经济可行性，1. 不可行，技术应用无法适应区域社会经济发展需求；2. 勉强可行，技术应用勉强适应社会经济发展需求；3. 中等可行，技术应用中等程度适应社会经济发展需求；4. 高度可行，技术应用高度适应社会经济发展需求。

利用层次分析法，通过专家打分构建各评估指标和技术的两两判断矩阵，计算得到各个指标的优先级权重，最后经检验，其 CR 均小于 0.1，满足一致性要求（表 8-2）。

表 8-2　水土保持技术需求评估指标优先级赋权

评估维度	评估指标	水平梯田	隔坡梯田	治沟造地	鱼鳞坑整地	人工造林种草	天然封育	保护性耕作
立地适宜性（0.5）	坡度	0.26	0.26	0.08	0.28	0.23	0.15	0.26
	地貌类型	0.10	0.10	0.73	0.07	0.12	0.07	0.10
	土地利用类型	0.64	0.64	0.19	0.65	0.65	0.79	0.64
	CR<0.1	0.04	0.04	0.07	0.07	0	0.08	0.04
社会-经济可行性（0.5）	家庭劳动力	0.29	0.29	0.23	0.33	0.25	0.09	0.41
	可进入性	0.05	0.05	0.12	0.14	0.25	0.09	0.11
	农户意愿	0.66	0.66	0.65	0.53	0.50	0.82	0.48
	CR<0.1	0.08	0.08	0	0.06	0	0	0.03

（3）技术需求的空间分析

通过 ArcGIS 软件分析处理得到各评估指标的矢量或栅格图层，利用栅格计算器将各个图层进行加权叠加，得到水土保持需求技术空间分布。其中，优先级 3~4 分为高需求、2~3 分为中需求、1~2 分为低需求。坡度图层直接从 DEM 中提取，地貌类型图层通过提取 DEM 中的山脊线和山谷线得到梁峁与沟谷。

8.3　水土流失治理技术效果评价

8.3.1　水土流失治理技术现状分析

目前农户应用的主要水土保持技术有三类 12 项：①工程类，包括梯田、水平沟整地和鱼鳞坑整地、淤地坝、谷坊、治沟造地、集雨水窖；②生物类，包括人工造林种草、天然封育和地埂植物带；③农作类，包括等高沟垄和保护性耕作。这些技术应用最普遍的首先是人工造林种草，92.6% 以上的农户都在自家退耕地植树种草或天然封育，造林前均采用鱼鳞坑整地或水平沟整地，主要树种为刺槐、山杏、山桃、柠条。其次是梯田，除纸坊沟部分农户在川地种植大棚外，其他三个村受访农户采用梯田种植农作物和果树的比例较高，占 88.9%~95.8%，主要种植玉米和苹果。最后是等高沟垄，峁嵘崄超过 50% 的受访农户仍在坡耕地使用等高沟垄种植少量玉米和豆类，其他三个自然村占比较低（12.5%~25.9%）。

目前应用地埂植物带和保护性耕作的农户极少，不足 1%。淤地坝、谷坊和治沟造地工程由政府或企业实施。梯田和等高沟垄自 20 世纪 70 年代开始逐步应用，80 年代开始建设淤地坝和谷坊，1999 年退耕还林以来进行大规模造林种草，2005 年政府逐步在果园中修筑集雨水窖，2010~2013 年地埂植物带曾在峁嵘崄短暂应用，南沟流域自 2015 年开始实施治沟造地。4 个自然村的受访农户中，纸坊沟有川地大棚，未种植果树，大南沟和杏树窑有少量治沟造地；南沟流域的两个自然村农户在坡耕地种植果树（表 8-3）。纸坊沟流域宽幅梯田的田宽 10~20m，人工梯田的田宽 3~5m；南沟流域自 2013 年起新修宽幅梯田，平均田宽 40~50m。产量方面，两个流域农户梯田种植玉米的产量为 6000~7500kg/hm^2，苹果产量约为 6000kg/hm^2（乔化）和 22 500kg/hm^2（矮化）；等高沟垄种植玉米产量为 3000~3750kg/hm^2，使用等高沟垄种植前坡耕地种植玉米的产量约为 2250kg/hm^2。

表 8-3　调研农户基本特征

	特征	纸坊沟	峁嵘崄	大南沟	杏树窑
农户	户数/户	$N=16$	$N=19$	$N=27$	$N=24$
	平均年龄/岁	54.2	55.8	57.7	56.5
	户均人口/人	5.5	4.3	5.1	6.1
	户均劳动力/人	1.5	1.5	2.0	2.4
	受教育年限/年	5.3	3.5	4.0	6.0
户均拥有耕地/hm^2	梯田（农作物）数量	0.19（$N=5$）	0.50（$N=15$）	0.39（$N=18$）	0.61（$N=13$）
	梯田（果树）数量	—	0.58（$N=17$）	0.68（$N=23$）	0.90（$N=21$）
	退耕地（生态林）数量	1.53（$N=16$）	1.21（$N=19$）	0.96（$N=25$）	1.29（$N=23$）
	坡耕地（果树）数量	—	—	0.62（$N=6$）	0.73（$N=3$）
	治沟造地（苜蓿/农作物）数量	—	—	0.20（$N=3$）	0.46（$N=9$）
	川地（大棚）数量	0.18（$N=7$）	—	—	—

8.3.2 技术应用效果

在应用的 12 项技术中，工程类的梯田和淤地坝、生物类的地埂植物带 3 项技术的综合表现最好。12 项技术应用难度差异明显，治沟造地较难应用（2.08），天然封育较易应用（4.78），工程类技术比农作类技术难度高，受投资成本和地形条件限制影响，工程类技术中集雨水窖应用难度较低（4.25）。各项技术在成熟度和效益方面的差异不大，成熟度较高的技术为天然封育（4.97），成熟度相对较低的技术为地埂植物带（4.11），效益较高的技术为保护性耕作（4.75）和淤地坝（4.67），效益相对较低的技术为人工造林种草（4）和梯田（4.08）；专家认为人工造林种草仍有更大的经济收益潜力，目前水土保持林占比大。保护性耕作的适宜性较高（5），推广潜力较大（5）；水平沟整地适宜性较低（4.08），推广潜力较小（3.85）；随着宽幅梯田建设和机械化操作，等高沟垄优势已不明显 [图 8-1（a）]。

与 20 世纪 70 年代以前的黄土高原坡耕地种植相比，农户对应用梯田种植作物和经果林、水平沟种植作物、水平沟整地和鱼鳞坑整地造林的产量与水土保持效果的满意程度高于专家，原因在于上述措施可为农户带来直接的增产、增收；淤地坝、治沟造地和谷坊三项沟道治理技术，农户满意程度低于专家。农户对农作类技术的满意程度同样低于专家，而对生物类技术的满意程度高于专家 [图 8-1（b）]。

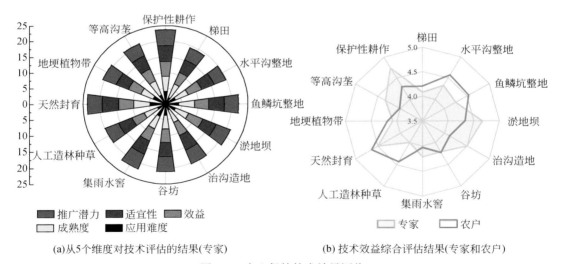

(a)从5个维度对技术评估的结果(专家)　　(b)技术效益综合评估结果(专家和农户)

图 8-1　水土保持技术效果评价

技术应用中存在的问题主要表现（表 8-4 和表 8-5）：①2000 年以前修建的人工梯田（旧梯田）需要机整改造，2000 年以后修建的部分机整梯田（新梯田）缺少排水设施；②缺少对 2000 年以前修建的淤地坝（旧坝）进行监测和风险评价，2015 年以来修建的淤地坝（新坝）还未形成可生产的坝地，部分治沟造地配套措施不到位，如耕作层未覆足够熟土；③集雨水窖的农户满意度低于专家，目前水窖数量和质量不能满足种植果树的农户对喷施农药和灌溉的更大需求，超过 50% 的水窖漏水或废弃；④农户对生物类技术的满意度高于专家，从植被盖度提高和退耕还林补贴角度来看，农户对水土流失灾害减少和生态环境变好有一致的感知；⑤缺少林草管理措施、地埂植物与作物争水争肥；⑥农户对农作类技术的效益评分低于专家，机械化程度低和轮作休耕影响短期收益是农户反馈的主要问题。农户对技术效益的评估，除了关注减少水土流失等生态效益外，更加关注产量提高和收入增加等经济效益。例如，农户曾种植北沙柳和紫穗槐保护梯田地埂，北沙柳可以作为编织用材，还可以收割出售，尽管与农作物争水争肥影响梯田作物产量，但80%以上的农户表示如果有收购需求，还会重新种植。

表 8-4　安塞水土流失问题诊断

现状	诊断指标	陕西安塞			数据来源
退化问题	退化类型	水土流失（黄土高原丘陵沟壑）			文献资料，实地调研
	退化程度	1999~2010 年实施退耕还林后，土壤侵蚀以强度侵蚀为主（46.47%）转以中度侵蚀为主（59.98%），全区平均土壤侵蚀由 1998 年的 9780t/km² 转为 2010 年的 5460t/km²			文献资料
	退化驱动力	自然：夏季暴雨、水蚀、重力侵蚀。 人为：过度开垦、过度放牧、过度樵采、工矿开采			实地调研、专家座谈、问卷调查
已用技术	治理路径	20 世纪 80 年代，人工梯田； 20 世纪末，退耕还林； 21 世纪以来，机整梯田			文献资料、实地调研、专家座谈
	已用主要技术	梯田	退耕还林还草	淤地坝	实地调研、专家座谈、问卷调查
	现存主要问题	极端降水导致人工梯田失稳、滑塌；老龄化对梯田持续利用带来不利影响	高陡边坡无法恢复植被；还林还草可能影响农民生计和经济发展	坝体安全运行维护需要人员和经费投入；工程缺乏定期维护和排水等配套设施	实地调研、专家座谈、问卷调查

表 8-5　安塞水土流失治理技术存在的问题和技术需求

技术类型	技术名称	技术作用	存在的问题	技术需求
工程类	梯田（坡面治理）	防止坡面水土流失，就地拦蓄，增产	旧梯田不便于机械操作，遇暴雨易被冲毁；缺少护坎措施；缺少排水设施	梯田加固维护、隔坡梯田、植被缓冲带、梯田改造
			新梯田缺少熟土覆盖；缺少排水设施	机整宽幅梯田及配套设施
	水平沟整地（坡面治理）	蓄水保墒能力较强	生土，通风条件差，作物或苗木生长慢	表土保存回填
	鱼鳞坑整地（坡面治理）	受地形限制小，土方量小	蓄水量有限 经果林管理不便	干旱陡坡地造林
	淤地坝（沟道治理）	滞洪、拦泥、蓄水、建设农田，坝地产量高	旧坝：缺少监测评价	淤地坝风险评价和预警
			新坝：坡面植被恢复好，坝地形成速度慢	治沟造地

续表

技术类型	技术名称	技术作用	存在的问题	技术需求
工程类	治沟造地（沟道治理）	建成高标准农田，促进粮食增产，巩固退耕还林（草）成果	缺少配套措施或施工未达设计标准	治沟造地配套排水沟渠和覆熟土
				生土快速熟化
	谷坊（沟道治理）	防止沟床下切，形成坝阶地	土谷坊抗冲蚀能力差，易被冲毁	谷坊修复
			浆砌石谷坊投资大，排水孔布设不便	石柳谷坊
	集雨水窖（小型水利工程）	高效利用自然降水，解决人畜用水	干砌石和浆砌石水窖体积小（2～6m³），仅够果树施药用，无法灌溉；受地质条件影响大，成本高，易干裂，渗漏水，水质差	旧水窖修缮、新材料水窖
生物类	人工造林种草	增加植被盖度	树种单一、病虫害，高耗水树种引起土壤干层，高陡边坡无法恢复植被，道路边坡绿化耗水量大，	水保林树种筛选、径流林业技术、林分改造、密度调控、补植补播、植物护坡
	天然封育	增加植被盖度	缺少管理措施，自然演替3～5年后重新退化	人工干预封育
	地埂植物带	加强梯田地埂的稳固性和抗侵蚀能力，增加林草覆盖	与梯田作物争水争肥，经济效益小	经济灌木或草种筛选
农作类	等高沟垄	拦蓄地表径流，增加土壤水分入渗率，增产	机械化程度低	机整宽幅梯田、高效农业
	保护性耕作	增加植物盖度，蓄水保墒	为追求短期收益，较少轮作，较多病虫害，影响产量	轮作休耕
			大部分果树未行间种草	草种筛选
			缺少配套措施	滴灌、防雹网、地膜

8.4 水土流失治理技术需求评估

8.4.1 退化诊断与需求分析

结合生态技术需求评估总体框架（图3-4），开展陕西安塞水土流失区生态退化诊断、技术需求匹配和技术可行性评价，得到可行性技术需求清单。

（1）生态退化诊断

通过搜集相关数据，识别陕西安塞水土流失类型、等级、主要成因和治理中存在的问题等（表8-4）。针对研究区现有水土保持技术应用中存在的问题，识别需求及其对应的技术需求（表8-5），根据其与已有技术的关系，分为三类，即新技术、改良技术和配套技术：①新技术，如人工干预封育、植物护坡、植被缓冲带、新材料水窖、生土快速熟化；②改良技术，如梯田加固维护、旧水窖修缮、谷坊修复、林分改造、补植补播、水保林树种筛选；③配套技术，配套技术及其治理工程必须严格遵照相应的设计和施工的标准规范，如治沟造地配套排水沟渠和覆熟土、梯田果树配套防雹网。

（2）技术需求匹配

通过多源数据分析，从实施阶段、治理对象、作用机制、适用的退化程度和驱动机制角度对生态技术进行分类，按照生态治理和恢复的过程，建立已有生态技术的属性表并进行技术需求匹配，形成安塞水土流失治理技术需求清单（表8-6）。

表8-6　安塞水土流失治理技术需求清单

技术类型	技术名称	作用位置	功能和作用	主要适用条件
工程类	机整水平梯田	土壤	蓄水、保土	缓坡地（<15°）
	淤地坝	沟道	滞洪、拦泥、淤地、蓄水	流域沟道
	梯田陡坎/护梗加固	土壤	蓄水、保土、防灾减灾	缓坡地（<15°）
	填沟造地	土壤	蓄水、保土	沟道
	人工反坡梯田	土壤	蓄水、保土	缓坡地（<15°）
	鱼鳞坑整地	土壤	蓄水、保土	坡地
	水平阶	土壤	蓄水、保土	坡地
	竹节沟	土壤	蓄水、保土	坡地
	崩岗削坡、降坡、治坡、稳坡	土壤、岩石	蓄水、保土、防灾减灾	坡地
	谷坊	沟道	滞洪、拦泥、淤地、蓄水	流域沟道
生物类	林分改造	植被	增加生物多样性、防灾减灾	生态林地
	人工造林	植被	蓄水、保土、增加植被盖度	坡地
	无灌溉造林	植被	增加植被盖度	—
	人工种草	植被	蓄水、保土、增加植被盖度	—
	植被缓冲带	植被	蓄水、保土	沟道
	梯田地埂植物篱	植被	蓄水、保土、增加植被盖度	缓坡地（<15°）
	微生物–植物护坡	土壤	蓄水、保土	坡面
农作类	保水剂	土壤	蓄水、保水	降水量500mm以上
	作物留茬	土壤	增加土壤抗蚀性	耕地、经济林地
	土壤快速熟化	土壤	增加土壤抗蚀性	梯田、治沟造地
	水平沟种植	土壤	蓄水、保土	缓坡地（<15°）
	保护性耕作（免耕/少耕/间作/轮作）	土壤	蓄水、保土	耕地、草地
其他类	退耕还林（草）	植被	增加植被盖度	陡坡地（>25°）
	生态移民	其他	减少人为干扰	退化严重的地区

（3）技术需求可行性评价

根据机构专家和农户问卷，从生态与环境效益、经济可行性、社会文化可接受性和机制体制 4 个维度构建技术需求可行性评价指标体系，并厘定判定阈值（表 8-7）。例如，用 1 ~ 5 分别表征立地适宜性、土壤侵蚀减少量、成本、农户利益、就业机会、政策适宜性、利益相关方认知和意愿等指标低、较低、中等、较高和高 5 个水平。通过专家打分和层次分析法评估形成可行性技术清单（表 8-8）。

表 8-7　安塞水土流失治理技术可行性评价指标及判定阈值

评价维度	评价指标	水平				
生态与环境效益	立地适宜性（地带性）	高	较高	中等	较低	低
	土壤侵蚀减少量	高	较高	中等	较低	低
经济可行性	成本/（元/m²）	0 ~ 50	51 ~ 100	101 ~ 200	201 ~ 300	>300
	农户收益	高	较高	中等	较低	低
社会文化可接受性	就业机会	高	较高	中等	较低	低
机制体制保障性	政策适宜性	高	较高	中等	较低	低
	利益相关方认知和意愿	高	较高	中等	较低	低

表 8-8　安塞水土流失治理技术可行性技术清单

技术名称	生态与环境效益	经济可行性	社会文化可接受性	机制体制保障性	可行性排序
梯田陡坎/护梗加固	5	3	4	4	1
治沟造地	5	2	5	4	2
无灌溉造林	4	3	4	3	3
鱼鳞坑整地	4	4	4	5	4
保护性耕作	4	5	3	5	5
林分改造	3	3	3	4	6
退耕还林（草）	5	3	1	2	7
淤地坝	4	2	1	2	8

注：5 表示高可行性，4 表示较高可行性，3 表示中等可行性，2 表示较低可行性，1 表示低可行性。

为实现典型区"水土保持型生态农业"的目标，推荐技术组合：梯田陡坎/护梗加固（坡面治理）+治沟造地（沟道治理）+鱼鳞坑整地（坡面治理）+淤地坝（沟道治理）+无灌溉造林（山坡植被恢复）+林分改造+保护性耕作（免耕/少耕/间作/轮作）+退耕还林（草）。

8.4.2　技术需求的空间分布

在高需求技术中，水平梯田分布在 2° ~ 15° 坡面，隔坡梯田分布在 15° ~ 25° 坡面，治沟造地分布在沟谷林地或草地，鱼鳞坑整地和人工造林种草分布在 15°～25°坡面的林地、草地，天然封育分布在 25°以上坡面以及梁峁、沟谷，保护性耕作分布在梯田、坡耕地和需要轮作的川地。户均劳动力越多、距离道路越近、农户意愿越高的村落和地块，梯田、治沟造地、人工造林种草的需求越高。

纸坊沟流域两个自然村的立地条件更适宜通过人工造林种草进行植被恢复，尤其是峙崾岘超过 70%的土地坡度为 5°～25°，基于农户意愿，68.4%的峙崾岘农户需要更多梯田果树种植及配套技术，56.3%的纸坊沟农户需要更多梯田种植作物或蔬菜瓜果技术，同时需要休耕、轮作等保护性耕作技术，对天然封育的需求体现为继续领取退耕补贴的意愿。南沟流域两个自然村 25°以上的土地面积占比均超过 25%，更适宜通过人工适度干预的天然封育进行植被恢复，其中大南沟 43.7%的土地无技术需求，经过 2015 年以来的削峁造田和治沟造地，农户没有更多梯田或造地需求，对技术需求主要体现在技术改良和配套技术的应用方面，如造地后覆熟土、配套排水设施；35%的杏树窑农户需要造地技术，其户均劳动力为 2.4 人，是 4 个自然村中劳动力最多的，其对造地的需求面积占比为 2.6%，对新修梯田和造地后种植果树有配套防雹网的需求。峙崾岘和杏树窑多处需要梯田加固、旧梯田合为宽幅梯田等。可达性对技术需求的影响更大，如杏树窑为土路，影响工程类措施机械化作业和果品销售，其配套措施还包括道路等基础设施的完善。

受到地貌和土壤类型、降水特征、植被生长状况及人类活动的影响（Shi and Shao，2000；Yang et al.，2010），水土流失仍是黄土高原丘陵沟壑区主要的生态环境问题（王兵等，2012），生态环境依然较脆弱，需要持续综合治理，持续增加林草植被覆盖率，提升其质量，提升人工植被稳定性，强化水土保持功能（刘国彬等，2017）。从科学研究的角度，需要科学评估生态工程实施或生态技术应用的生态效益、社会效益、经济效益及生态服务功能价值（Fu et al.，2011；Sun et al.，2015），深入研究生态退化机理，精准识别技术需求（甄霖等，2016），从而为生态治理提供科学支撑。从农户的角度，除了少数极端天气、特大灾害情况外，水土流失已经不是影响日常生产生活和生计的最主要问题，农户更关心退耕后增加新的可机械化耕作的优质耕地（如治沟造地），如何稳定增产（如防雹、果树抚育、品种改良），富余劳动力如何就近就地就业（发展第三产业）。这说明要结合气候变化条件和社会经济发展，综合考量水土保持技术的应用和生态工程的实施，从而提出切实可行的技术方案。

为了及时掌握生态–经济–社会系统的发展变化过程、水土保持治理成效及亟待解决的问题，必须在研究区开展有针对性的生态诊断（刘国彬等，2004）、技术需求调查和需求分析。纸坊沟流域作为早期示范区，其纸坊沟村位于沟口，有一定数量的川地可种植大棚，水土流失风险和农民生计问题不突出；而位于沟头的峙崾岘大量青壮劳动力放弃种植和养殖选择外出务工，2000 年以前已发生过大面积撂荒的现象，之后政府推广梯田种植果树，因果树需要精细抚育管理，加之冰雹导致的连续减产，收入不稳定，农户种植积极性不高，但乔化品种尚未老化仍在产果，从成本方面考虑，很难放弃现有果树种植其他作物，因此需要政府协助建设防雹网等配套设施，或补贴品种改良，用便于操作的矮化品种逐步替代乔化品种，提高农户收入和积极性，防止梯田撂荒可能引起的水土流失。南沟流域作为新型示范区，目前在大南沟村新修了大量宽幅梯田，并通过土地流转实现规模化种植矮化品种，配套防雹网，林间套种油菜返田，治沟造地种植黑枸杞和苜蓿，通过果树种植和旅游业吸引劳动力返乡务工，使农户有稳定的收入来源。相邻的杏树窑村也有政府实施的治沟造地工程。虽然部分农户有意愿种植玉米作为饲料，但因耕作层浅薄、质量差，大部分已撂荒，加之道路等基础设施条件差，果树产量低，农户对梯田或坡耕地种植仍持消极态度。因此，尊重地方差异和农户意愿，在不同地区采取因地制宜的差异性策略，可以减少生态修复的盲目性，降低修复成本，达到事半功倍的效果（曹世雄等，2018）。本研究对村落尺度的水土保持技术进行需求分析，为建立生态技术需求评估框架奠定基础，为可持续生态治理提供依据。

由于外出务工人员占比较高，本研究农户问卷样本量较少，对农户意愿的分析仍存在局限性。由于水土流失和生态退化的程度不同，对不同治理目标情景下的不同技术和技术组合方案——短期快速修复方案和长期生态功能提升方案仍有待进一步探讨。未来研究还应将成本和政策机制维度纳入指标体系综合分析，以完善水土保持技术适宜性和需求可行性指标体系。

第9章 哈萨克斯坦生态变化及影响因素

本章基于文献资料、遥感数据（土地覆被数据和归一化植被指数）及实地调研数据，研究哈萨克斯坦社会制度变迁对土地利用变化的影响及人类活动对生态变化的响应，以期为半干旱−干旱地带的生态系统可持续管理提供科学依据和借鉴。

9.1 哈萨克斯坦社会制度变迁与生态格局

9.1.1 社会制度变迁概述

近百年来，哈萨克斯坦经历了一系列体制变迁。早在 20 世纪初期，俄国移民至哈萨克斯坦的人口达到高峰期，移民主要包括哥萨克军队和俄国欧洲部分的农民（Aldashev and Guirkinger，2017）。俄国革命后，哈萨克斯坦大部分土地脱离俄国统治，成为暂时独立的阿拉什自治共和国的一部分。1930 年，政府强制性实施集体所有化政策，直接导致了 1932～1933 年发生的饥荒事件——哈萨克斯坦大饥荒，超百万人和 80% 的牲畜死亡（Olcott，1995）。加入苏联后，为缓解经济压力，政府急剧增加牲畜数量，并重新起用荒漠带牧场（Alimaev et al.，1986）。在 1954～1963 年"处女地运动"（the Soviet Virgin Lands Campaign）期间，开垦 $2.3 \times 10^5 \mathrm{km}^2$ 的肥沃草原带作为耕作区，此后耕地被持续缓慢开垦（Kraemer et al.，2015），同时牲畜数量持续性增加（Lal et al.，2007）。1991 年苏联解体，成立哈萨克斯坦共和国。苏联解体初期，哈萨克斯坦经济紊乱，人口流失严重（吉力力·阿不都外力和马龙，2015）。

伴随社会制度变迁而来的是生产方式与经济结构的变化，如 20 世纪初期俄国移民进入哈萨克斯坦的同时也带来了农业种植技术的发展（Aldashev and Guirkinger，2017），赫鲁晓夫时期的"处女地运动"改变了传统的畜牧业生产方式（Kraemer et al.，2015），苏联解体使得大面积耕地被弃耕（Lambin and Meyfroidt，2011）、大量国有牧场被荒废（Robinson，2000；Behnke，2003）。可见，社会制度变迁改变政治管理体制的同时也深刻改变着人类对土地的利用方式，而土地利用方式与强度的变化又会影响着生态系统的格局和功能（Foley et al.，2005）。

9.1.2 生态系统格局与土地覆被现状

哈萨克斯坦生态系统地带性分布显著，从南到北主要为高山草地、荒漠、半荒漠、草地和农田生态系统，其土地覆被类型主要包括耕地、草地、灌丛、林地以及裸地等。气候因素是造成地带性分布的主要原因，哈萨克斯坦属于典型的干旱大陆性气候，夏季炎热干燥，冬季寒冷少雪，其中荒漠草地年均降水量少于100mm，半荒漠草地和典型草地年降水量在200mm左右，在高山地区年均降水量可达900mm。在苏联解体前后，除高山草地生态系统外，其他生态系统的变化均十分显著。

　　草地是哈萨克斯坦占地面积最大、分布最广的土地覆被类型，其总面积约为145.49万km^2（表9-1）；其中森林草原带和大部分草原带被开垦为耕地，目前草地主要分布于典型草原、半荒漠草地、荒漠草地和高山草地。高山草地主要分布于天山山脉、准噶尔阿拉套山、外伊犁阿拉套山、阿尔泰山等区域，面积约为12.83万km^2，占哈萨克斯坦国土面积的4.71%，草地和针叶林为主要植被类型［图9-1（a）］。该区域通常建立自然保护区，无显著退化现象，部分区域人类活动过于频繁而导致轻微退化［图9-1（b）］。典型草原面积约为31.44万km^2，占哈萨克斯坦国土面积的11.54%，草本植被长势良好且物种丰富度高［图9-1（c）］，如冰草、野草莓以及迷果芹等，该区域目前有放牧活动［图9-1（d）］。此外草原带存在着苏联解体后的弃耕地，经过近30年的植被群落的演替，目前主要被原生草和新生杂草所覆盖。荒漠草地面积约为52.67万km^2，占哈萨克斯坦国土面积的19.33%，其主要的植被类型为草本植物和低矮灌丛［图9-1（e）和图9-1（f）］。半荒漠草地面积约为47.46万km^2，占哈萨克斯坦国土面积的17.42%，其主要的植被类型为草本植物和少量的低矮灌丛［图9-1（g）］，并有苏联时期的大型牧场存在［图9-1（h）］。

(a) 高山草地1

(b) 高山草地2

(c) 典型草原1

(d) 典型草原2

(e) 荒漠草地1

(f) 荒漠草地2

(g) 半荒漠草地1

(h) 半荒漠草地2

(i) 耕作区景观

(j) 试验样地景观

图 9-1　高山草地、典型草原、荒漠草地、半荒漠草地、耕作区和试验样地景观

资料来源：2018 年 7 月实地调研时拍摄（赖晨曦摄）

表 9-1　2015 年土地覆被类型面积统计

Ⅰ级地类	Ⅱ级地类	面积/万 km²	占哈萨克斯坦国土面积的比例/%
草地	高山草地	12.83	4.71
	荒漠草地	52.67	19.33

续表

Ⅰ级地类	Ⅱ级地类	面积/万 km²	占哈萨克斯坦国土面积的比例/%
草地	半荒漠草地	47.46	17.42
	典型草原	31.44	11.54
	（森林草原带）草地	1.09	0.40
耕地	—	62.69	23.01
灌丛	—	17.25	6.33
林地	—	5.90	2.16
城镇建设用地	—	0.38	0.14
裸地	—	34.26	12.57
水体	—	6.41	2.35
冰雪	—	0.11	0.04

注：Ⅱ级地类是根据哈萨克斯坦的生态分区进行统计。
资料来源：Climate Change Initiative Land Cover（Defourny et al.，2016）

耕地是哈萨克斯坦第二大土地覆被类型，主要分布于科斯塔奈州、北哈萨克斯坦州、阿克莫拉州、巴甫洛达尔州、卡拉干达州地区，其面积约为62.69万 km²，占哈萨克斯坦国土面积的23.01%，其农作物主要包括小麦、高粱、大豆、玉米、燕麦、土豆等［图9-1（i）和图9-1（j）］。近20年来，耕地面积基本保持平衡，但是种植结构有所改变。裸地是哈萨克斯坦第三大土地覆被类型，主要分布于西南部的曼格斯套州和咸海周边地区，其面积约为34.26万 km²，占哈萨克斯坦国土面积的12.57%；其他土地覆被类型稀少。林地资源主要分布于东哈萨克斯坦州的鲁德内山脉和南阿尔泰山脉等，面积约为5.90万 km²，占哈萨克斯坦国土面积的2.16%。

9.1.3 1982~2015年哈萨克斯坦生态变化遥感分析

（1）1982~2015年NDVI变化趋势

1982~2015年哈萨克斯坦NDVI呈现出先增长再降低然后又增长的变化趋势。1982~1993年NDVI呈现增长趋势，至1993年达到峰值；1993~2008年NDVI出现降低趋势，其中1993~1996年及2007~2008年NDVI出现明显的下降；2008~2015年NDVI开始增长（图9-2）。

不同植被类型的时序NDVI分析结果显示，1982~2015年哈萨克斯坦不同植被类型的NDVI变化步调不一致。在灌丛区域，NDVI在1982~2007年呈现增加的趋势，2007~2015年呈现降低的趋势；在草地区域，则呈现先增长（1982~1993年）再降低（1993~2008年）然后又增长（2008~2015年）的变化趋势，与总体变化一致；在农田区域，NDVI呈现先增长（1982~1993年）再降低（1993~2015年）的变化趋势（图9-3）。

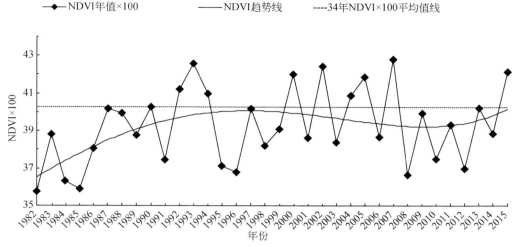

图 9-2　1982～2015 年哈萨克斯坦年均 NDVI

NDVI×100 是将 NDVI 值扩大 100 倍，为了更好地展示其值的变化效果，下同（平均值乘 100）

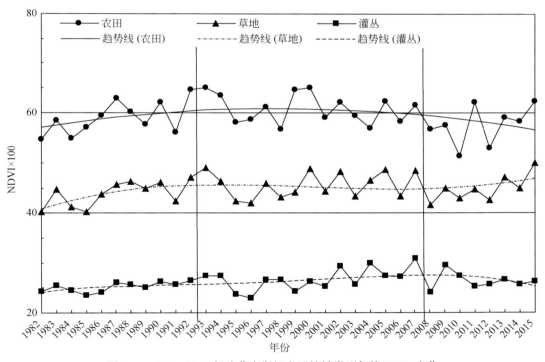

图 9-3　1982～2015 年哈萨克斯坦主要植被类型年均 NDVI 变化

（2）1982～2015 年 NDVI 变化趋势的空间格局

通过逐栅格对 1982～2015 年 NDVI 变化趋势进行分析，结果显示，NDVI 变化呈现显著下降的区域主要分布在哈萨克斯坦北部、西北部和南部；呈现显著上升的区域主要分布在哈萨克斯坦东部和中东部。

基于哈萨克斯坦 1982~2015 年 NDVI 趋势分析结果，分级得到植被退化分布格局。植被退化分级标准依次为：NDVI 变化斜率<−0.03（退化严重）、−0.03~−0.01（退化）、−0.01~0.01（基本不变）、0.01~0.03（改善）、>0.03（提升较大）。1982~2015 年哈萨克斯坦植被退化的区域集中分布在西北部的农田和草地交错地带以及南部边缘的农田，退化严重的区域占土地总面积的 24.0%。对于三类主要的植被类型，草地退化面积占草地总面积的 23.5%、农田退化面积占农田总面积的 48.4%、灌丛退化面积占灌丛总面积的 13.7%；植被改善的区域分布在中东部的农田以及农田和草地的交错带，提升较大的面积占土地总面积的 11.8%。整体而言，1982~2015 年哈萨克斯坦植被生长呈现出退化的趋势，且在北部、西北部和南部更加明显。

（3）1982~2015 年哈萨克斯坦生态变化规律

1982~2015 年哈萨克斯坦 NDVI 呈现出先增长（1982~1993 年）再降低（1993~2008 年）然后又增长（2008~2015 年）的变化趋势。1982~1993 年农田、草地、灌丛 NDVI 均呈现出增长趋势，1993~2008 年农田、草地 NDVI 均呈现出降低趋势，而灌丛 NDVI 呈现出增长趋势，2008~2015 年农田和灌丛 NDVI 均呈现出降低趋势，而草地 NDVI 呈现出增长趋势。1982~2015 年哈萨克斯坦植被退化的区域集中分布在西北部的农田和草地交错地带以及南部边缘的农田，退化严重的区域占土地总面积的 24.0%；植被改善的区域分布在中东部的农田以及农田和草地的交错带，提升较大的面积占土地总面积的 11.8%。

植被 NDVI 的变化是气候变化（降水、温度等）和人类活动（过度开垦、过度放牧等不合理土地利用方式）共同作用下导致生态状况发生变化的结果。1991 年苏联解体以及 2000 年之后哈萨克斯坦政府恢复农业和畜牧业的一系列措施都是造成 NDVI 变化的重要人为因素，哈萨克斯坦 1982~2015 年 NDVI 呈现出先增长（1982~1993 年）再降低（1993~2008 年）然后又增长（2008~2015 年）的变化趋势，恰好反映了社会制度和政策变迁对生态状况的影响。在干旱−半干旱区域，气候（特别是降水）是影响植被生长的另一个重要因素，近几十年来，哈萨克斯坦气候呈现冬季温度上升、夏季降水减少的暖干化趋势（de Beurs and Henebry，2004；Bolch，2007；Eisfelder et al.，2014），使得植被生长自然条件恶化，植被退化。

1982~2015 年哈萨克斯坦草地的 NDVI 呈现出先增长（1982~1993 年）再降低（1993~2008 年）然后又增长（2008~2015 年）的变化趋势，该趋势恰好与牲畜数量变化的趋势相吻合，即 1990~2012 年哈萨克斯坦放牧牲畜的数量呈现出先减少后增加然后又减少的趋势（Kraemer et al.，2015）。农田 NDVI 呈现先增长（1982~1993 年）再降低（1993~2015 年）的变化趋势，这与 Kraemer 等（2015）研究结果中的饲料作物种植面积变化趋势十分吻合，然而却与作物种植面积变化趋势有所不同，在 2000 年之前，农田 NDVI 的变化趋势与 Kraemer 等（2015）研究结果中的作物种植面积变化趋势一致。2000 年之后，农田 NDVI 的变化趋势与作物种植面积变化趋势却不同，这可能是随着政治制度的改变，作物种植类型较 2000 年之前发生了变化，出现了作物种植面积增加但作物 NDVI 却下降的情况。

哈萨克斯坦植被生长得到提升的区域集中分布在中东部的农田以及农田和草地交错区

域，这些区域水资源丰富，有利于植被的生长。在干旱半干旱区域，降水是影响植被生长的主要自然因素，Propastin 等（2007）借助降水数据分析哈萨克斯坦土地覆被的变化，发现植被的生长状况和降水之间存在很强的相关性。遥感信息直观地体现了哈萨克斯坦生态退化时空格局的形成是多种因素共同作用的结果，对生态系统变化成因的深刻认识需要综合气候变化、社会制度、耕地利用、放牧强度等多方面的信息。

9.2 社会制度变迁对土地利用的影响

哈萨克斯坦百年来社会制度变迁频繁，对农牧业土地利用方式造成了较大的影响。按照重大的历史性事件，本研究将其分为俄国移民潮时期（1900～1915 年）、社会制度动荡多变期（1916～1935 年）、苏联集体化管理期（1936～1953 年）、赫鲁晓夫土地运动期（1954～1963 年）、社会经济发展持续强化期（1964～1991 年）、苏联解体后（1992～2018 年）6 个时期（图9-4），并分别阐述各阶段的社会制度变迁对农牧业土地利用方式的重要影响。

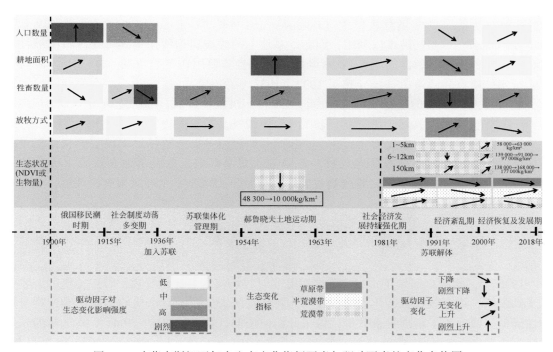

图 9-4　哈萨克斯坦百年来生态变化指征要素与驱动要素的变化态势图

9.2.1 俄国移民潮时期（1900～1915 年）

1900～1915 年俄国移民潮使个体化的农业生产取代了传统的游牧业。早在 17 世纪就有小规模的俄国移民，19 世纪末期呈现快速上升的趋势，出现移民潮，20 世纪初期

（1910 年）达到高峰。俄国移民主要包括哥萨克军队和俄国欧洲部分的农民。1900 年，少量俄国居民移民至哈萨克斯坦北部；1905 年，讲俄语的人口约有 84.4 万人，占总人口的 28.9%；1915 年，北部的移民密度逐渐增加，且移民逐渐转向东南部（Aldashev and Guirkinger，2017）。据历史资料显示，移民主要分布于哈萨克斯坦北部，少部分分布于东南部；移民大量集中于省会地区，之后逐渐扩散到周边其他地区，但省会地区的俄国移民密度仍然很高（Demko，1969）。这与哈萨克斯坦的地理环境有关，其北部为典型草原带，雨水丰沛，土壤肥沃；东南部为高山草原区，气候湿润，适宜耕作和放牧。在这一时期，随着俄国移民的大量迁入，也带来了先进的耕作技术，促进了游牧经济向半定居农业经济转型，推动了草原土地的开垦，种植业开始得到推广。但是这一时期的种植业范围小，对草地整体生态系统影响并不大，故草地整体的生态质量状况良好。

9.2.2　社会制度动荡多变期（1916～1935 年）

1916～1935 年，哈萨克斯坦社会制度多变，生产方式与规模变化剧烈。初期主要受到俄国的制约和影响，哈萨克斯坦牧民生活方式从"逐水草而居"过渡到半定居状态，放牧方式也转变为季节性转场放牧模式（Robinson and Milner-Gulland，2003）。西部荒漠草地由于夏季缺水、草质坚硬难以利用，而冬季草地上的梭梭属和沙拐枣等可在深雪中被牲畜采食利用（赵万羽等，2004），该地区开始被利用且主要用作冬季牧场。1930 年，政府强制实行集体所有化政策，直接导致了 1932～1933 年发生的饥荒事件——哈萨克斯坦大饥荒，超百万人和 80% 的牲畜死亡（Olcott，1995）。饥荒事件后，哈萨克斯坦中部和东南部的大片干旱牧场无人放牧，草地的生态压力得到缓解。

这一时期，生态压力先增大后减小。牧民开始进行冬夏季牧场迁徙放牧模式，夏季在高纬度的典型草地和半荒漠草地放牧，冬季进入荒漠草地；荒漠草地在重牧下极易沙漠化。1930 年饥荒事件发生后，牲畜数量骤降，放牧压力减小，生态压力有所缓解，生态系统有所恢复。

9.2.3　苏联集体化管理期（1936～1953 年）

1936 年，哈萨克斯坦正式加入苏联，苏联对牧场实行集体化管理，牧民传统的游牧方式受到限制。许多牧场被转化为国有牧场，新建设的大型牧场有严格的边界，导致牲畜流动性降低。政府为了增加牲畜数量，做了开始使用偏远牧场的决定。1941～1942 年的冬季已经有牛羊开始被赶往偏远牧场（Robinson and Milner-Gulland，2003）；1942 年 3 月起，政府为了恢复国民经济，迅速提升牲畜数量，大面积使用南部的偏远牧场，如沙质土壤的莫因库姆荒漠牧场再次被用作南部牧场冬季放牧（Alimaev et al.，1986）。这一时期，造成荒漠带生态压力逐渐增大的原因主要是政府主导的偏远牧场放牧及牲畜数量的持续增加。

9.2.4　赫鲁晓夫土地运动期（1954～1963 年）

1954～1963 年，"处女地运动"推动了大面积的耕地开垦，而不合理的开发利用导致了土地退化。为缓解苏联粮食短缺，1954~1963 年苏联推行"处女地运动"，在哈萨克斯坦北部年均降水量 300mm 以上的草原带进行开垦，约 $2.3×10^5 km^2$ 生产力最高的牧场被开垦用于耕作（Kraemer et al.，2015）。这种快速的耕地开垦有效促进了苏联的农业生产（特别是小麦的生产），但也导致了诸如土壤退化、土壤有机质减少、盐渍化和沙尘暴等一系列生态环境问题（Hahn，1964；Amerguzhin，2003；Lal et al.，2007；Josephson et al.，2013）。1960~1963 年，受干旱的影响，40% 的耕地（"处女地运动"整个开垦区域，包括俄罗斯和哈萨克斯坦等地）遭到风蚀（Rowe，2011）。

赫鲁晓夫土地运动期，大片肥沃的草地（主要位于典型草原带）被开垦以扩大耕地面积，进而扩大粮食生产；与此同时，牲畜数量也大幅度增加，半荒漠带和荒漠带草地成为放牧的核心区。20 世纪 60 年代，半荒漠和荒漠地区新建了 155 个专门用于饲养绵羊的牧场（Asanov and Alimaev，1990）。由于荒漠带草地对重牧十分敏感，原有种类很快被可食的一年生草替代，再被不可食的一年生草替代。重牧下，荒漠带草场牧草平均生物量从 48 300kg/km² 下降到 10 000kg/km²，如南部荒漠蒿属和猪毛菜牧场草地非常脆弱，在载畜量过高时，仅放牧一个月就可能导致植被受损（赵万羽等，2004）。

9.2.5　社会经济发展持续强化期（1964~1991 年）

1964~1991 年，哈萨克斯坦土地持续开垦，牲畜数量稳步增加，生态压力增大。土地的开垦并未随着土地运动的结束而彻底终止，部分地区土地开垦依旧进行，只是进度放缓。科斯塔奈州在"处女地运动"期间，由于大范围开垦，农田从 1.0 万 km² 增加到 6.4 万 km²（ASK，2003），直到 1990 年耕地面积还持续扩大（Alimaev et al.，1986）。同时，由于苏联政府采取利用偏远牧场等措施，牲畜数量不断增加；到 20 世纪 80 年代，羊群数量达到 1916 年的两倍，为 3600 万只（Lal et al.，2007）。这也意味着将更大程度使用半荒漠和荒漠牧场，进一步导致其生态退化。1960 年以后，放牧迁徙模式主要分跨生态分区、跨州甚至跨国的长途迁徙和同一生态区的短距离迁徙两类，前者主要是迁徙至荒漠带的偏远牧场，后者主要是迁徙至半荒漠带的偏远牧场。此时新建的牧场中，秋—冬—春或春—夏—秋牲畜可以在同一牧场放牧，一般只在相邻区域轮换（Lal et al.，2007）。Zhambakin（1995）的研究表明，这种放牧制度会导致牧草退化。至 20 世纪 80 年代后期，牲畜数量开始趋于平稳，但是草地生产力有所下降（Lal et al.，2007）。1964~1991 年，哈萨克斯坦的土地开垦缓慢且持续地进行，同时牲畜数量持续增加，导致半荒漠和荒漠带生态压力不断增加；除此之外，由于短距离迁徙放牧模式的转变，牧场退化更为严重。

9.2.6　苏联解体后（1992~2018 年）

1991 年苏联解体后，哈萨克斯坦经历了解体初期的经济紊乱阶段和后期的经济恢复及发展阶段，耕地大面积弃耕后逐步复垦、牲畜数量急剧下降后快速增长。

苏联解体初期，原本经济落后的哈萨克斯坦人口数量［图 9-5（a）］、GDP［图 9-5（b）］、牲畜数量（图 9-6）等均有不同程度的下降。由于经济紊乱，诸如失业、贫困、犯罪、人口和生态等一系列社会问题屡出（常庆，2003）。与此同时，中亚五国建立明确的国界线，限制牲畜的流动性（Robinson，2007；Gupta et al.，2009）。加之缺水和基础设施崩溃，近$1\times10^6\,km^2$的牧场在哈萨克斯坦被遗弃或利用不足（Robinson，2000；Behnke，2003）。尽管哈萨克斯坦畜牧业急剧下降，但由于只有30%~40%的干旱草地用于放牧（范彬彬等，2012），且国有牧场被取缔后牧民只能在定居点附近的公共牧场放牧，局部干旱草地的超载过牧仍在加剧，局部干旱草地退化较为严重，并表现为斑块状退化现象（吉力力·阿不都外力和马龙，2015）。2000~2018年，随着社会的逐步稳定，经济迅速恢复，被弃耕的土地和被放弃的国有牧场也开始重新得到利用。另外，政府采取了诸如盐碱地治理、季节性放牧以及建立保护区的生态环境治理与修复措施，生态环境有所改善。

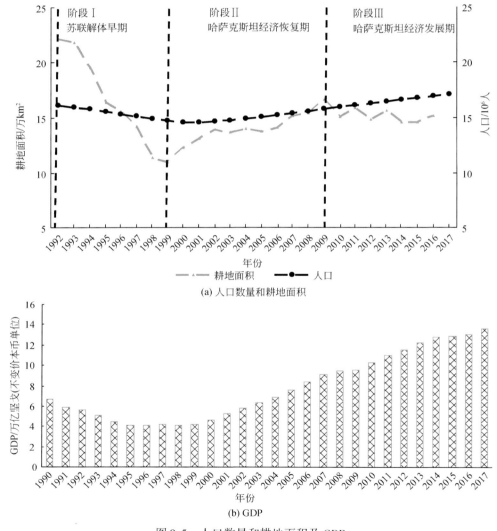

图 9-5　人口数量和耕地面积及 GDP

人口数量数据来源：http://www.fao.org，耕地面积数据来源：http://data.worldbank.org；

GDP 数据来源：https://data.worldbank.org

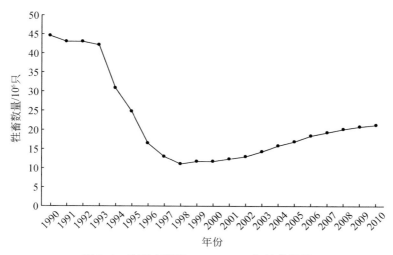

图 9-6　哈萨克斯坦 1990～2010 年牲畜数量

牲畜数量指绵羊、山羊和牛的数量（World Bank，2004；Embassy of the Kingdom of the Netherlands，2011；Hauck et al.，2016）

9.3　生态系统对社会制度变迁的响应

　　社会制度变迁背景下，哈萨克斯坦人口数量与结构、农牧业生产方式与强度发生着剧烈的骤升骤降的变动，使生态系统随之产生了格局和质量上的变化响应，主要表现为：①社会制度瓦解与重建发生的突然弃耕与逐步复垦，导致的土壤盐渍化、土地退化等；②畜牧业生产方式变化导致的草地退化、农业的开垦—弃耕—复垦导致的土地退化，以及不合理的引水灌溉措施导致的水资源萎缩等现象。

9.3.1　伴随开垦——弃耕——复垦过程产生的生态景观格局变化

　　百年来，哈萨克斯坦在人口激增、农业技术引进与粮食需求驱动下产生了大范围草地开垦，社会制度瓦解与重建发生的突然弃耕与逐步复垦，农业的开垦——弃耕——复垦主要发生在 "处女地运动" ——苏联解体初期——哈萨克斯坦经济发展期。然而哈萨克斯坦农田被遗弃的时空分布特征及其主导因素尚不明确，可能是由政府实施的相关农业经济干预措施（如区域贸易管制等）所致（Anderson and Swinnen，2008；Löw et al.，2015）。赫鲁晓夫土地运动期，北部 23 万 km^2 的草原被开垦，农业用地急剧性增加，草地生态系统遭到严重的破坏。苏联解体初期，弃耕地约达到 26 万 km^2（俄罗斯、白俄罗斯、乌克兰、哈萨克斯坦）（Lambin and Meyfroidt，2011）。哈萨克斯坦经济恢复及发展期，许多弃耕地重新被开垦种植（Stefanski et al.，2014），但是由于退耕地的景观退化、侵蚀风险的增加，也有部分弃耕地未重新开垦（Power，2010）。

　　赫鲁晓夫土地运动期，草原地带表层土壤结构遭到扰动破坏，腐殖质减少了 5%～30%（赵万羽等，2004）。科斯塔奈州农用地持续扩张的同时伴随着广泛的土壤盐渍化，尤其是在弃耕——复垦高发的边缘地带，会加快土地的退化（Geipel，1964；Alimaev et al.，1986；Funakawa et al.，2000；OECD，2013）。哈萨克斯坦南部的克孜奥尔达（Kyzyl-Orda）区域由于土地利用频繁变化，30%~40%的灌溉区域土壤有机质流失，进而加剧了土壤退化（Ibraeva et al.，2010）。可见哈萨克斯坦农业用地的开垦——弃耕——复垦随着社会制度及政策的变化而不断变化，使原本肥沃的土壤产生了土壤盐渍化、土地退化等一系列生态问题。

哈萨克斯坦北部的科斯塔奈州是农业开垦——弃耕——复垦过程最为典型的区域，其南部处于农牧交错地带。该地区1953年耕地还是零星分布于各处，但是在1953~1961年耕地迅速增加，草地开垦主要集中在最适合农业种植区域。1961年后，无论土地农业适宜性如何，依旧继续扩张。苏联解体后，弃耕主要发生在边缘土地；到2000年后，在土壤性质良好的土地上进行复垦，其余土地仍然遗弃（Kraemer et al.，2015）。1960~1963年，严重的干旱使得40%的开垦土地遭到风蚀，并导致努尔苏丹发生沙尘暴（Brunn，2011）。在哈萨克斯坦南部的克孜奥尔达地区，存在约997km²的废弃农田和土地，占其总面积的47.53%。根据退耕年限的不同，克孜奥尔达地区可能生长着杂草、灌木（3~5年）甚至树木，一旦遭到强烈的土壤盐渍化，植被将无法在弃耕地生长（Löw et al.，2015），进而导致生态系统改变。莫因库姆地区具有冬季牧场的价值，但植被严重退化（Babaev，1985；Asanov and Alimaev，1990；Dzhanpeisov et al.，1990），尤其是在水井周围退化特别严重，植被盖度从30%~50%下降至10%~15%（Ibraeva et al.，2010）。

9.3.2 伴随农业高强度开发产生的生态退化

哈萨克斯坦北部的农业产值在其国民经济中占有重要比例，且亚洲中部干旱区85%以上的水资源用于发展绿洲农业经济（胡汝骥等，2011），集中的农业生产等人类活动对区域水环境产生了较大的影响。哈萨克斯坦北部区域近年来湖泊趋势变化明显，1987~2010年一直处于萎缩趋势，湖泊数量和面积均大幅缩减。主要特征为小湖泊的数量在减少，较大湖泊的面积在缓慢萎缩。20多年间，北部区域的湖泊面积变化率为-28.4%，湖泊数量减少了170个，处于快速萎缩阶段（李均力等，2013）。

咸海、巴尔喀什湖、田吉兹湖、腾吉兹湖和阿克莫拉湖等均存在水位下降的现象，其中咸海的萎缩现象最为严重（李均力等，2011）。咸海曾是中亚地区第一大咸水湖，面积将近7万km²。苏联时期为了扩大棉花种植，实施引水灌溉工程，将咸海主要水源河流（阿姆河和锡尔河）进行改道，从1961年开始，水位就处于急剧下降的状态，导致咸海水源枯竭（加帕尔·买合皮尔和图尔苏诺夫，1996；Kostianoy and Kosarev，2010）。咸海的枯竭使117万t的干涸湖底沉积物，在风力作用的影响下形成盐沙暴，导致大量盐碱撒向周围地区，使咸海周围的农田盐碱化加剧，平原地区逐渐沙漠化，同时随着水位下降，植被退化、草地沙化，加速形成了新的沙漠带（吉力力·阿不都外力和马龙，2012）。

9.3.3 伴随草地被耕地挤占和牧场集中制管理产生的草地退化

草地急剧退化主要发生在赫鲁晓夫土地运动期，由于当时大量草原被开垦用于农业种植，同时伴随着牲畜数量持续增加，荒漠草原带的生物量急剧下降。草地局部退化主要发生在苏联解体初期，受政府政策的制约，大量的国有牧场被废弃，牧民被限制在居住地附近放牧，从而造成草地斑块状退化。

苏联解体后，由于政府有关规定的颁布实施，草地退化程度随着距定居点的距离而变化；距定居点越近，草地退化程度越严重。以哈萨克斯坦阿拉木图某村庄为例（ICARDA，2001），1989～1990 年，距村庄的远近与自然植被的生物量干重无明显相关性；1999～2000 年和 2000～2001 年，距村庄的远近与自然植被的生物量呈现明显正相关性（距离越远，生物量越大）。1989～2001 年，距村庄 6～12km 处生物量干重先减少后增加；苏联解体后，距村庄 150km 处生物量干重显著增加（表9-2）。

表9-2　阿拉木图某村自然植被（灌丛和草地）生物量干重

距村庄距离/km	生物量干重/(kg/km^2)		
	1989～1990 年	1999～2000 年	2000～2001 年
1～5	—	58 000	63 000
6～12	139 000	91 000	97 000
150	138 000	168 000	177 000

9.4　启　示

1）哈萨克斯坦社会制度的变迁使农牧业土地利用方式发生巨大变化，进而对生态系统产生深刻影响。尤其是在俄罗斯移民潮时期、赫鲁晓夫土地运动期和苏联解体后，农牧业土地利用方式变动最为剧烈。俄罗斯移民潮时期，人口增加并带来先进的农耕技术，导致部分游牧定居开垦种植，个体化的农业生产取代了传统的游牧业；赫鲁晓夫土地运动期开垦了 23 万 km^2 的草原用于种植，同时牲畜数量的急剧增加导致荒漠草地过度使用；苏联解体导致人口、经济、土地利用方式受到强烈冲击，土地大面积弃耕、牲畜大量减少、国有牧场被废弃，直到 2000 年以后撂荒的耕地和废弃的牧场又逐渐被恢复使用。

2）社会制度的变迁引发土地利用方式变化，导致生态系统出现草地生物量下降和局部退化、耕地的开垦——弃耕——复垦、水资源萎缩等一系列生态退化问题。苏联实施集体化管理及荒漠带牧场使用的政策，导致部分荒漠带草地生物量由 48 300kg/km^2 下降至 10 000kg/km^2；苏联解体初期，政府限制牧民在定居点周围放牧，导致半径 5km 内的草地严重退化，从而形成草地斑块状退化；长期处于开垦——弃耕——复——垦动荡中的土地（尤其是农牧交错带），会朝着恶性演替方向发展，最终成为土壤退化、盐渍化和沙漠化的高风险区；为加大农业生产，采取河水改道以达到饮水灌溉等不合理的措施，极易导致水资源萎缩（如咸海），以致形成盐沙暴，进而使农田盐碱化、植被退化和沙化加剧。

3）哈萨克斯坦生态变化最为剧烈的地区通常位于农牧交错带，该地区更易受到社会体制变化带来的人口迁移与农牧业生产布局的影响。1900～1915 年俄国移民潮使个体化的农业生产取代传统的游牧业，气候湿润、土壤肥沃的哈萨克斯坦北部的典型草原带和东南部高山草原区首先被开垦。苏联解体前，哈萨克斯坦作为苏联的大粮仓，耕地面积处于长期的波动式扩张状态，挤占了优质的草原牧区，导致畜牧业生产的扩张向脆弱的荒漠植被地带推移，农用地扩张的同时伴随着广泛的土壤盐渍化。苏联解体初期，大量土地被弃耕，尤其是边缘地区的土地扩张和随意废弃加快了土地退化。2000年后，在土壤性质良好的土地上进行复垦，其余被遗弃的耕地仍处于荒芜的状态。

第 10 章　中国西南石漠化地区生态退化与生态治理过程

本章主要基于文献资料与调研资料，揭示中国西南石漠化地区生态退化与生态治理恢复的过程，分析当前石漠化治理技术的退化问题针对性，结合案例总结不同石漠化退化阶段采用的治理途径与措施，阐明不同岩溶地区石漠化治理模式的共性与特性，形成石漠化治理的配置原则，以期为今后石漠化理论研究与实践治理工作提供依据。

10.1　百年来中国西南喀斯特地区石漠化过程

石漠化是土地荒漠化的主要类型之一，袁道先先生提出石漠化指植被、土壤覆盖的岩溶地区转变为岩石裸露的岩溶景观、土地贫瘠化的过程（Yuan，1997）。根据发生区域、岩性和原因的不同，石漠化有广义与狭义之分，广义石漠化指南方湿热地区人类活动和自然因素所导致的地表出现岩石裸露的过程与景观，它包括喀斯特地区石漠化、花岗岩石漠化、红色岩系石漠化、紫色砂页岩石漠化等（王德炉等，2004）；狭义石漠化指喀斯特石漠化，即在亚热带脆弱的喀斯特环境背景下，受人类不合理社会经济活动的干扰破坏所造成的土壤严重侵蚀，基岩大面积出露，土地生产力严重下降，地表出现类似荒漠景观的土地退化（王世杰，2002）。

早在明清时期就有了关于我国西南喀斯特地区生态环境问题的历史记载。明嘉靖年间《贵州通志·风俗》记载："风土艰于禾稼，惟耕山而食"。清康熙年间《贵州通志序》记载："今黔田多石，而维草其宅，土多瘠而舟楫不通"。清雍正年间《大清世宗宪皇帝实录》记载："有本来似田而难必其成熟者，如山田泥面而石骨，土气本薄，初种一二年，尚可收获，数年之后，虽种籽粒，难以发生。且山形高峻之处，骤雨瀑流，冲去天中浮土，仅存石骨"。上述历史资料中描述的现象就是我们现在所说的石漠化。韩昭庆（2006）研究发现，雍正和乾隆时期为了解决贵州矿业开发导致的人口大增问题，"成功"[①] 地引种了玉米、红薯等耐旱、耐瘠高产作物，这一成果是颠覆性的，彻底改变了当地"刀耕火种、渔猎并存、采薪、赶毡"等多样化的传统的生产生活方式，使得人们开始不停地向原本不宜种植粮食的山地开荒，并把这一错误变成新的传统，这是致命的。

19 世纪以来，我国西南喀斯特地区生态环境经历三次严重破坏，奠定了如今喀斯特石漠化问题的局面。第一次是 1840 年以来长达一个多世纪的战乱破坏。第二次是 20 世纪50 年代末至 70 年代的一系列政策，严重破坏了生态环境，大片原始林、次生林毁于一旦；"以粮为纲"和"向山要粮"，大搞开山造田，大肆砍伐树木，都使喀斯特地区生态环境

---

① 引种和增加植被是成功的，但是引种加剧了石漠化进程，从最终结果看，并不是真正的成功。

遭到非常严重的破坏。第三次是在 1978 年开始的以"承包到户"为主的农村经济体制改革过程中，由于承包地和承包荒山相关配套制度和政策没有及时跟上，生态环境再度遭到破坏（李松等，2009）。20 世纪 90 年代以来，我国西南喀斯特地区石漠化问题持续恶化；到 2005 年，石漠化面积达到最大值，总面积为 12.96 万 km^2（蒋忠诚等，2016）。石漠化的发生与发展过程是人类活动破坏生态平衡，导致地表覆盖度降低的土壤侵蚀过程，土地石漠化的演替是植被土壤等因子在人为作用下引起的改变，这种演替有正向发展和逆向发展两个方向。在党中央国务院将"推进西南岩溶地区石漠化综合整治"列入我国"十五"政府工作计划之前，在自然因素和人为因素共同影响下，石漠化演化的主流趋势表现为逆向发展模式：人为因素——林退、草退——土壤侵蚀——耕地减少——石山、半石山裸露——土壤侵蚀——完全石漠化。

10.2　西南石漠化地区生态治理与恢复

10.2.1　石漠化治理过程

我国西南喀斯特地区石漠化不仅带来水土流失加剧、旱涝灾害频发、土壤肥力下降、生物多样性降低甚至丧失等生态问题（温远光等，2003），还带来人口贫困、交通不便、经济与科技文化落后等一系列社会经济问题（黄金国等，2013），已成为制约我国西南地区社会经济发展的关键所在。突出的人地矛盾导致农民长期垦山种粮、伐林烧柴，进而引起大面积水土流失和植被退化（李阳兵等，2004；Guo et al.，2013），使得该地区陷入一个"人口压力大——贫困——掠夺资源——生态退化——进一步贫困"恶性循环的贫困陷阱（曹建华，2009）。因此，石漠化治理对实现我国西南喀斯特地区社会经济可持续发展、生态文明建设和全面小康社会建设具有重要意义（袁道先，2015）。

我国西南喀斯特地区石漠化治理始于 20 世纪 80 年代，如国家"八七"扶贫攻坚计划，退耕还林工程、长江中上游防护林体系工程（"长防"）、长江上游水土保持重点防治工程（"长治"）、珠江上游南北盘江石灰岩地区水土保持综合治理试点工程（"珠治"）、世界银行贷款项目和澳大利亚、新西兰援助计划等一系列国内国际生态治理项目，为石漠化治理积累了宝贵的经验（覃小群等，2006；张军以等，2015）。2000 年，党中央国务院将"推进西南岩溶地区石漠化综合整治"列入我国"十五"政府工作计划，自此石漠化治理工作上升到国家层面（苏维词等，2006；黄秋昊等，2007）；之后的"十一五""十二五"都将石漠化综合治理作为国家生态治理与恢复的目标之一（蒋忠诚等，2016）。特别是自 2008 年国务院批复《岩溶地区石漠化综合治理规划大纲（2006—2015 年）》以来，在西南喀斯特地区首批 100 个石漠化治理试点县开展封山育林育草、人工造林种草、坡改梯、生态移民等石漠化综合治理工程，之后又陆续在 351 个石漠化县开展生态恢复工作。2016 年 3 月，国务院发布《中华人民共和国国民经济和社会发展第十三个五年规划纲要》，明确指出，荒漠化、石漠化、水土流失综合治理是推进国家重点区域生态修复的主要内容（赵英民，2016）。在国家开展大规模石漠化治理的同时，大量学者从不同的角度对我国岩溶地区石漠化概念内涵（袁道先，2001；王世杰，2002；王宇和张贵，2003；王世杰和李阳兵，2007）、发生机制（胡宝清等，2004；Wang et al.，2004；张信宝等，2013）、退化机理与演变过程（王世杰等，2003；李森等，2010；Hao et al.，2012；陈起伟等，2014；王君华等，2014）、空间分布与分级（李瑞玲等，2003；黄秋昊和蔡运龙，2005；熊平生等，2010）以及治理技术、措施、模式（Zhang et al.，2011；彭晚霞等，2011；宋同清等，2011；鹿士杨等，2012；颜萍等，2016）进行了一系列研究，为石漠化综合治理提供了理论基础、技术支撑，并总结出许多典型的治理模式（李阳兵等，2006；曹建华等，2008；肖华等，2014）。

10.2.2　石漠化的治理技术与途径

10.2.2.1　石漠化治理技术

岩溶生态系统特殊的地质、地貌、气候、水文、土壤特征及其组合决定了岩溶生态系统的多样性和高度异质性（Bennett et al.，2009；Cao et al.，2011），使得石漠化治理的经验与模式具有严重的地域局限性或经济不合理性，无法大面积推广（肖华等，2014）。石漠化治理技术是对我国西南喀斯特地区石漠化问题进行治理的基础，各种石漠化治理措施都必须有相应的治理技术作为支撑，各种石漠化治理模式也是由治理技术与措施有机组合形成的，可以说没有石漠化治理技术，石漠化治理措施与模式就无从谈起。因此，石漠化治理技术的研发要结合石漠化的形成机制，并直接针对石漠化地区亟待解决的关键问题。目前，学术界已经对以岩溶区脆弱的生态地质环境为基础、以强烈的人类活动为驱动力这一石漠化成因达成了共识（李阳兵等，2004；蒙吉军和王钧，2007）。

以碳酸盐岩为物质基础的岩溶地区常常缺土少水，造成当地贫困化，过度的农田开垦又进一步加剧了石漠化的发生，形成恶性循环。土壤的主要成分是二氧化硅等，因此与硅酸岩相比，碳酸盐岩中的成土物质就显得先天不足。广西碳酸盐岩的溶蚀形成 1m 厚的土层需要 25 万~85 万年，而贵州则需要 63 万~788 万年。由于缺土、少水，这里的植被易损、难生。碳酸盐岩容易被酸性物质溶解，藻类、苔藓会产生有机酸，常常能直接生活在碳酸盐岩之上，溶蚀岩石，使岩石表面呈蜂窝状，可以储存一部分水分，形成了适宜藻类 – 真菌类共生体生物地衣生长的环境，原始土壤逐渐形成，当适合的种子掉到由苔藓地衣形成的原始土壤表面上时，开始发生植被正向演替过程。但是这样的环境易损难生，薄薄的土层一旦被暴雨冲刷，岩石将迅速大片裸露，就算土壤种子库未被破坏，植被的自然恢复也需要数十年甚至上百年（曹建华，2009）。

针对岩溶生态系统缺水、少土、植被恢复困难导致生态环境脆弱的基本特点，石漠化综合治理必须以蓄水、治土、造林为核心，其实质就是要解决水土保持与植被恢复问题（李先琨和何成新，2002；苏维词等，2002；李先琨等，2003）。但是对我国西南喀斯特地区而言，石漠化防治工作的实质绝不仅仅是水土保持和植被恢复问题。我国西南喀斯特地区石漠化与贫困化具有必然的地理耦合性（李阳兵和王世杰，2005；王建锋和谢世友，2008；田秀玲和倪健，2010；宋同清等，2014）；石漠化是岩溶生态系统脆弱生态环境叠加人类不合理土地开发利用活动的最终表现形式，石漠化现象的产生减少了区域可利用资源量，制约了区域社会经济发展，进而造成贫困化；而贫困又导致人类增加对土地资源开发利用的强度，使得区域石漠化问题更加严重。由此可以看出，石漠化与贫困化之间存在一种内在互动效应（胡业翠等，2009），我国西南喀斯特地区石漠化综合治理不仅要解决水土保持和恢复植被问题，更要解决区域经济发展与社会民生问题。基于上述理论，"水是龙头，土是关键，植被（经济植物）是根本，区域生态经济双赢、农民脱贫致富是目标"（曹建华等，2008）的石漠化综合治理基本思路得到了广大学者的认可。因此，石漠化治理技术的研发就是要解决石漠化地区缺水、少土、植被生长困难和区域贫穷落后四大基本问题。

1）针对石漠化地区缺水的问题，重点研发水资源开发利用技术与水土保持技术。我国西南喀斯特地区虽地处热带、亚热带季风区，水热条件充足，但双层岩溶水文地质结构，使得地表水资源不足，水资源以地下水为主且地下水深埋、开发利用困难。因此，需要研发水资源开发利用技术，通过蓄、引、提、堵等多种形式开发利用地表与地下水资源。同时，在不同地貌部位研发适用的水土保持技术，减少地表水的下渗、充分利用地表径流。此外，在地表与地下水开发利用过程中还要采取水污染防治等相应配套技术。

2）针对石漠化地区少土的问题，重点研发土地整理技术、土壤改良技术与水土保持技术。我国西南喀斯特地区缺土问题主要表现在地表径流对土壤冲刷作用强，使得地表土层薄、土壤养分与有机质含量低、土地生产力低下、可利用土地资源面积小且分散。因此，需要通过土地整理技术调整土地利用结构、改善土地资源利用条件来提高土地资源利用率与生产力；通过土壤改良技术改善土壤的理化性质、增加土壤有机质含量来提高土壤蓄水保肥能力及生产能力，进而为植被生长创造良好的条件；通过水土保持技术削弱地表径流对土壤的冲刷作用来保持土壤空间分布的完整性，进而为农业生产提供良好的耕作条件。

3）针对石漠化地区植被生长困难的问题，重点研发植被恢复与重建技术。植被不仅可以带来生态效益，而且可以带来社会经济效益，可以说植被的恢复与重建是石漠化治理工作的重中之重。我国西南喀斯特地区气候、土壤、水文等条件的组合使得植被立地十分困难，因此，需要收集适生植物、研发苗木繁育和恢复封造等植被恢复与重建技术，因地制宜地营造生态林与经济林，进而实现石漠化治理的生态效益与经济效益的统一。

4）针对石漠化地区贫困落后的问题，重点研发石漠化区域农业结构调整与生态产业培育技术。区域经济落后引起的土地资源不合理开发利用是西南喀斯特地区石漠化现象产生的动因，石漠化综合治理必须兼顾生态效益与经济效益。因此，需要研发石漠化区域农业结构调整与生态产业培育技术，在石漠化综合治理过程中要通过因地制宜地调整农业结构实现区域生态经济双赢，进而使得石漠化综合治理效果具有可持续性（王世杰等，2003；曹建华等，2008；袁道先和曹建华，2008；蒋忠诚等，2011）。

自20世纪80年代我国开始进行西南喀斯特地区生态治理以来，相关工作人员与研究学者已经针对石漠化地区缺水、少土、植被生长困难和区域贫穷落后四大基本问题研发和总结了一系列适用于石漠化治理的关键技术（表10-1）。因此，现阶段石漠化综合治理工作要在厘清治理区域所需解决关键问题的基础上，结合区域特征遴选合适的治理技术。

表 10-1　问题针对性的石漠化治理技术总结

解决问题	技术名称	主要内容
少土	土地整理技术	不同地貌部位土地整理技术、坡改梯工程技术、平整土地工程技术
	土壤改良技术	客土改良技术、不同地貌土壤改良技术（荒地、坡耕地、梯形地等）
	水土保持技术	水土保持生物技术（植物篱技术、坡面植物梯化技术），水土保持工程技术（坡面治理工程技术、洼地治理工程技术）
缺水	水土保持技术	
	水资源开发及高效利用技术	地下水开发技术、岩溶蓄水构造及富水块段水资源开发技术、表层岩溶水资源开发技术、岩溶水资源高效利用技术等
植被生长困难	植被恢复与重建技术	适生植物收集与苗木繁育技术、人工造林技术等
区域贫困落后	种草养畜技术	优良牧草种植技术、养殖技术、岩溶区人工草地管理技术等
	区域农业结构调整与生态产业培育技术	
其他问题/配套技术	洼地内涝防治技术	洼地排涝工程技术、洼地生物与工程相结合防治内涝技术等

资料来源：根据蒋忠诚等（2011）的《广西岩溶山区石漠化及其综合治理研究》第 7 章整理而成

10.2.2.2　石漠化治理措施与途径

石漠化治理途径可以分为自然恢复与人工干预两种：自然恢复主要指在消除人为干扰因素的前提下，通过岩溶生态系统自身的生产与恢复潜力来实现石漠化治理的过程，自然恢复的主要措施有封山育林、移民、生态保护区建设等生态措施；人工干预主要是指在生物、农艺、工程等人工措施的帮助下实现岩溶生态系统植被恢复与生态重建的目标，主要包括退耕还林还草等生物措施，套种轮作等农艺措施以及坡改梯、小型水利设施建设等工程措施（王建锋和谢世友，2008；田秀玲和倪健，2010；熊康宁等，2012）。

封山育林是石漠化地区最直接、最有效、最经济的治理措施（温远光等，2003），通过长时间自然封育，植被在依靠仅有的石缝土顽强地生长起来之后，根系可以直接利用各种裂隙在岩层形成巨大的生态空间，以满足其生长繁殖等自身需求（任海和彭少麟，2001；张竹如和陈黎明，2001；李先琨等，2008），进而实现自我更新演替，形成复合的植物群落。从现有石漠化治理实践来看，植树造林等人工措施很难使植被在岩石表层上直接生长起来，并且由于人工造林难以模拟生态系统自然演替过程，形成的人工林在群落稳定性、生物多样性、生态功能等方面无法与自然恢复的天然林相比。仅从生态恢复的角度来看，在喀斯特地区通过自然途径来实现石漠化治理与恢复的效果要优于人工途径；但针对我国西南喀斯特地区的实际情况，必须兼顾生态与经济效益才能实现石漠化综合治理的目标。因此，我国西南喀斯特地区石漠化综合治理决不能单靠自然恢复来实现。生物、农艺、工程等人工干预措施也是人类活动的一部分，不同石漠化退化阶段的岩溶生态系统对人类活动承载能力的差异决定了采取的石漠化治理措施不同（温远光等，2003）。因此，"在不同石漠化退化阶段应采用不同的治理措施"这一观点的提出对石漠化治理实践工作与理论研究具有重要的指导意义（邓菊芬等，2009）。

1）重度石漠化地区，采取封山育林与人工辅助生态修复措施。重度石漠化地区人地关系、人与自然的关系严重失调，已经形成了"贫困——资源掠夺——生态退化——进一步贫困"的恶性循环。因此，对重度石漠化地区进行生态治理，要减轻人口压力，减少对区域资源的掠夺式开发。在重度石漠化地区采取的治理措施以生态移民、封山育林等自然恢复措施为主。考虑到自然恢复周期较长等问题，在条件允许的情况下，可以采用一些人工播种、补植、种草等林草措施以及铺设人工土、喷注草种泥浆等工程措施来推动植被顺向演替，加快石漠化治理进程。

2）中度石漠化地区，采取林草种植与生态诱导修复措施。大多数中度石漠化地区目前还处于开发利用中，人们通过砍伐、烧毁乔灌开垦土地进行农业生产，使得中度石漠化地区物种单一、生态系统承载力极其不稳定，易向重度石漠化演化。因此，对中度石漠化地区进行生态治理，要在减轻人口压力追求生态效益的同时通过营造经济林果、改善耕作条件等措施兼顾治理的经济效益。在中度石漠化地区采取的治理措施主要有退耕还林还草、劳务输出、坡改梯工程、种植适生经济林果与优良牧草以发展草地畜牧业与庭院经济等。

3）轻度石漠化地区，采取生态恢复与经济发展相结合的治理措施。轻度石漠化地区土地资源具有多功能性，土地开发利用活动多元化，生态环境问题并不严重，生态系统自身恢复能力较强。但是该区域大多属于落后的传统农业区，人地矛盾突出，人类不合理土地利用导致的水土流失等环境问题已经初现。因此，对轻度石漠化地区进行治理主要是通过宣传教育减少人类不合理的土地开发利用活动，并通过配套措施降低人类土地开发利用活动带来的负面效应。在轻度石漠化地区采取的治理措施主要有宣传教育等文化措施，退耕还林还草等林草措施，间种、轮种、套作等农艺措施，基本农田建设、配套水利设施建设、坡面改造等工程措施。

4）潜在石漠化地区，采取水土保持与产业结构优化调整措施。潜在石漠化地区大多具有人口密度大、经济较发达、土地集中连片、农业集约化水平相对较高等特点。但是该区域土地利用存在严重错位现象，虽然没有明显的石漠化现象，一旦破坏，治理也相当困难。因此，对潜在石漠化地区进行治理要以水土保持等预防保护措施为主，同时应采取相应措施调整与优化产业结构解决土地利用错位问题。潜在石漠化地区采取的治理措施主要有植树造林、生态保育、土地整治与改良、坡耕地改造等（熊康宁等，2002；白晓永，2007；盈斌，2009）。

通过调研访谈对石漠化典型区域退化阶段分布进行分析，发现在石漠化地区普遍存在以一种石漠化退化阶段为主，其他各退化阶段并存的现象，因此，在针对石漠化退化阶段选择区域石漠化治理途径与措施时要遵循整体统一性与局部差异性的原则。此外，随着石漠化治理工作的推行与治理成效的显现，区域所处的石漠化退化阶段也会发生变化，要根据区域石漠化现象的动态变化适时调整石漠化治理的途径与措施。

10.2.3 石漠化综合治理模式的典型案例与经验

岩溶地区独特的地貌形态与地域结构对光、热、水、土、气等环境要素进行再分配使得气候、土壤、生物等自然要素在空间上具有水平分布和垂直分布的双重特性，不同区域之间以及同一区域内部的生态环境均存在差异（陈永毕，2008；宋同清等，2014；张军以等，2015；邓艳等，2016）。因此，对不同区域进行石漠化综合治理需要采取不同的蓄水、保土、恢复植被以及促进经济发展措施，不同措施的有机结合就形成了多样的石漠化综合治理模式。以广西平果果化、环江、马山弄拉为代表的峰丛洼地区域垂直分带石漠化综合治理模式为例，其基本思路是在山顶处封山育林构建生态水源林，在垭口和陡坡处以构建水土保持林为主，适当种植经济作物，在山麓及缓坡地带发展经济林果、间种中草药，在洼地底部种植粮食、经济作物或种草养畜（蒋忠诚等，2009）。由于小生境之间的高度异质性及其水文地质结构的复杂性，现有研究还未阐明不同土壤-岩石环境水分状况的差异成因及植物的适应机理（陈洪松等，2013），进而制约了石漠化综合治理模式的推广。但基本可以明确的是，在特定区域石漠化治理模式构建与选择要以小流域为基本单元，借鉴相似区域的石漠化治理模式，结合本区域特点构建适宜本区域生态恢复与经济发展的石漠化治理模式。

　　自 20 世纪 80 年代在西南喀斯特地区开展大规模石漠化治理以来，涌现出许多典型的治理案例，相关学者也以此为基础归纳总结出众多石漠化治理模式。例如，具有区域特色的贵州毕节小流域综合治理模式、贵州晴隆种草养畜模式、贵州花江模式（顶坛花椒模式）、广西平果果化火龙果模式、广西马山弄拉可持续发展生态建设模式、广西环江古周肯福生态移民模式等。也有学者从区域产业与发展的角度将众多模式归纳为林草植被恢复模式、草食畜牧业发展模式、水土保持模式、生态农业模式、生态移民模式、建立生态保护区开发旅游模式以及综合治理模式七大类（肖华等，2014）。

　　要发挥现有石漠化治理模式对石漠化治理工作的指导和借鉴作用，就必须厘清产生多种石漠化治理模式的原因。我国西南喀斯特地区生境高度异质性是石漠化治理模式选择与构建的主导性因素。岩溶地区独特的地貌形态与地域结构是导致区域生境高度异质性的根本原因。因此，针对不同石漠化治理区域要以地形地貌为基础实行分区治理。

　　我国西南喀斯特地区根据其地形地貌特征可以分为岩溶高原、岩溶峡谷、岩溶槽谷、中高山地、断线盆地、峰丛洼地、溶丘槽谷和峰林平原 8 种。各种岩溶地貌的主要分布区域、特点、石漠化治理思路及典型模式见表 10-2。

表 10-2　8 种岩溶地貌的分布区域、特点、石漠化治理思路及典型模式

地貌类型	分布区域	区域主要问题	治理思路	典型模式
岩溶高原	贵州中部长江与珠江分水岭地带（高原面上）	地表水资源短缺、中低产田比例高、人口密度大、贫困面大	保护现有林草植被的基础上，重点保护和发展水源林、改造中低产田、优化农业生产结构	—
岩溶峡谷	黔西南、滇东北、滇西南	土层薄、人口压力大、陡坡开垦、砍伐薪柴严重、地表水资源短缺、承载力低	封山育林、人工造林为主，发展特色农林牧业以及生态旅游业	贵州晴隆人工种草养畜模式、贵州花江模式（顶坛花椒模式）等
岩溶槽谷	黔东北、川东、湘西、鄂西、渝东南、渝中、渝东北	石漠化加重趋势明显、高位岩溶水资源泄露、农业生产结构不合理	保护、开发和合理调配不同高程岩溶水资源、加强水土保持、调整农业结构、发展畜牧业	云南西畴岩溶槽谷小流域石漠化治理模式等

地貌类型	分布区域	区域主要问题	治理思路	典型模式
中高山地	滇东北、川西和四川盆地西部	自然条件差、人口贫困、局部水资源能源短缺、草地退化	保护现有林草植被的基础上，重点加强草地保护与建设，发展畜牧业与生态旅游业	毕节高原岩溶山地开发扶贫生态建设模式等
断线盆地	滇东至四川攀西盐源地区、贵州西部	农村能源短缺、局部无序工矿活动严重、水资源困乏、制约土地资源利用	保护现有林草植被的基础上，重点加强植被建设与特色产业开发	贵州六盘水三变模式、云南蒙自断陷盆地生态建设模式等
峰丛洼地	黔南、黔西南、滇东南、桂西、桂中	缺水、少土、耕地资源困乏、石漠化现象严重、环境恶劣、人地矛盾突出	搞好蓄水保土、提高植被盖度、建设基本农田、针对性生态移民	果化立体生态农业管理模式、环江古周肯福生态移民小流域模式等
溶丘槽谷	湘中、湘南、粤东、粤中	季节性干旱严重、地面塌陷、地面沉降等地质性灾害严重	封山育林育草、合理开发水资源、加大农村新能源建设、调整单一产业结构	广西恭城岩溶丘陵沼气开发利用模式等
峰林平原	桂中、桂东、湘南、粤北	地表水资源匮乏、耕地干旱缺水、地下水开采引发地面塌陷	封山育林、人工造林、合理开发地表水、地下水资源	广西崇左天等模式等

资料来源：根据袁道先（2014）的《西南岩溶石山地区重大环境地质问题及对策研究》相关内容整理而成

在地貌类型区域内部，不同的地形、水分等自然条件相互组合导致区域内部岩溶过程存在差异，进而形成了复杂多样的小生境，小生境之间亦具有高度异质性（张军以等，2015）。例如，生境相对开放的石坑、石沟等小生境土壤有机碳及全氮的含量普遍高于处于相对封闭状态的石槽、石洞和石缝，可为石漠化治理过程中的植被恢复提供良好的土壤条件（廖洪凯等，2012）。在相同气候条件下，岩性与地形是控制表层岩溶水发育的主导因素，山体低凹处表层岩溶水发育相对较好，可为植被恢复与农牧业发展提供良好的水源基础（蒋忠诚，1998）。同一区域，海拔、坡度等因素的差异对石漠化治理过程中植被类型选择与农牧业生产布局也会产生重大的影响。下面以广西平果果化、环江古周/肯福、马山弄拉为代表的峰丛洼地区域垂直分带石漠综合治理模式为例（蒋忠诚等，2009），展开具体的论述，典型治理模式要点概括见表10-3。

表10-3 广西平果果化、环江古周/肯福、马山弄拉石漠化典型治理模式概括

模式类型	模式立地条件	模式治理工程结构	主要成效	预测推广范围
广西平果果化复合型立体生态农业模式	属于典型的岩溶峰丛洼地，洼地由众多连座尖峰与其间各种各样的封闭洼地组成。岩性主要为纯石灰岩和硅质灰岩。由于岩石容易溶解，岩石风化形成的土层很薄、土壤稀少	在洼地底部的耕地上，种植经济作物或果树和一些经济作物套种；在山麓地带的缓坡上，种植果树或经济林或间种药材；在峰丛的垭口区域，种植藤本经济作物或保持水土的作物等；在山地中上部则以封山育林为主，重点发展水源林和生态防护林	区内植被盖度从45%增加到95%，植物种类由25种增加到32种。农民人均纯收入由治理前的686元增加到1347元，提高了96%。农村经济收入结构也有改善，粮经比逐年降低	预测可在广西西南峰丛洼地、低中山区内推广

续表

模式类型	模式立地条件	模式治理工程结构	主要成效	预测推广范围
环江古周/肯福生态移民和混合农林牧经营模式	地貌属高原斜坡峰丛洼地和砂页岩丘陵区，迁出区古周属于典型的洼地，可耕地很少，裸岩石山占治理区总面积的 80% 以上，土层浅薄。由于农民放牧采樵，山上植被退化严重，林木生长缓慢	构建生态移民模式，把岩溶峰丛山区超载人口移民到人口密度相对较低的地区，丘陵荒地进行产业开发与环境保护，原峰丛山区进行土地利用结构调整。对迁入区采取坡地退耕、引种优良作物品种、间种果树、发展畜牧业和修建水柜等一系列相关治理措施，高效利用水资源，实现生态重建和农民脱贫致富	2000～2005 年，移民迁出区植被盖度提高 24.3%，达到 87%；土壤侵蚀模数下降 29.5%，水土流失减少 30%；农民人均纯收入增长 128.5%，达到 1476 元	预测可在广西西北峰丛洼地、高原斜坡区内推广
马山弄拉立体生态农业原貌恢复治理模式	区内主要是石山峰丛，连座石峰达 25 座，石漠化面积约占总面积的 97.7%，岩性主要是白云岩，土壤是棕色石灰土。石峰陡峭，水土流失严重，只存在少量的岩石溶蚀留下的石灰土	对于石漠化程度较高的地区，采用封育和造林相结合的措施。一方面加大天然林抚育力度，另一方面间种一些经济林，为恢复天然林创造良好的条件。石漠化程度较低的地区，需要砌墙保土，改良土壤，发展林果药立体种植、综合发展，在果树下种植金银花等名特优药材，既能恢复生态环境又能提高经济收入	弄拉部分地区从 1964 年就开始封山育林，到现在森林覆盖率已经达到 60% 以上，被列为国家级自然保护区。森林植被通过涵养水分，减少干旱和洪涝作用，生态环境得到有效改善	预测可在广西西南峰丛洼地、部分缓丘平原低中山区内推广

资料来源：根据蒋忠诚等（2009）的《岩溶峰丛山地脆弱生态系统重建技术研究》归纳形成

10.2.3.1　广西平果果化石漠化治理模式

果化石漠化治理区以广西西部的平果县果化镇布尧村、龙何屯为核心，属于复合型岩溶峰丛洼地地貌，面积约 6km²。2001 年开展石漠化治理前，该区的植被覆盖率和森林覆盖率很低（植被覆盖率不足 10%，森林覆盖率不足 1%），岩石裸露率大于 50% 的中度以上的石漠化面积超过土地总面积的一半，石漠化非常严重。石漠化导致旱涝灾害频繁发生，土地生产力水平降低，农业生产十分落后，居民生活贫困。

根据峰丛洼地岩溶地质、水文地质和土壤资源的空间分布格局，提出果化立体生态农业治理模式与技术体系，主要采取以下措施。

1）山地中上部：长期封山育林，重点发展水源林，涵养表层岩溶水，重点研究人工诱导植被恢复技术与表层岩溶水调蓄技术。

2）峰丛的垭口：主要发展金银花、木豆、竹林等水土保持能力强的植物，主要研究土地整理与水土保持技术。

3）山麓地带的缓坡：重点发展优质果树和经济林，间种药材，主要研究果树与药材等生态农业技术。

4）洼地底部：主要为耕地，一部分通过品种改良与土壤改良发展高效旱作农业，一部分发展特色经济作物和种草养畜业。

10.2.3.2　广西环江古周/肯福石漠化治理模式

环江古周石漠化治理区位于环江毛南族自治县下南乡古周村，距县城 80km，为中亚热带气候。封闭的峰丛洼地与丘陵区，最高海拔 876m，最低海拔 417m，地面起伏较大，坡度在 25°以下的土地面积占 10.3%，洼地占 7.0%，森林覆盖率 5.6%。"十五"期间将部分人口移民迁出到环江肯福移民开发区，进行了生态恢复，发展了果树与种草养殖业，但还没有形成稳定的产业，有关技术还需要进一步研究。

选择广西西北典型峰丛洼地环江的古周（移民迁出区）和肯福（移民迁入区）开展峰丛洼地生态重建技术开发与示范。主要针对岩溶山区土地承载量不合理、石漠化加剧、生存环境日趋恶化和异地移民安置中过度开发利用资源加剧生态环境恶化的问题，提出以岩溶峰丛洼地生态重建、生物资源、土地资源、水资源有效利用和区域可持续发展为目标，立足生态，提高石山区生物生产效率。将现有的科技成果配套集成，推导推广，建设以种植-养殖（草食畜禽）-沼气-种植有机结合的农田生态、森林生态、草地生态为一体的良性循环生态链，走农、林、牧综合开发的路子，实现生态效益、社会效益、经济效益相统一的良性循环；引进、筛选和推广有效生物物种，建立配套的先进、适应技术体系；建立岩溶峰丛洼地水资源合理利用、有效开发及科学节水灌溉技术体系；建立异地移民开发的生态-经济建设示范；着重研究岩溶区持续高效发展与生态环境改善的关键技术和产业结构调整问题，使岩溶区的生态、经济和社会得到快速、持续与协调发展。

10.2.3.3　广西马山弄拉石漠化治理模式

马山弄拉石漠化治理区位于广西马山县的东南部，以古零镇弄拉屯为中心，包括东旺屯一部分，总面积约为 17km²。弄拉地貌上属于典型的岩溶峰丛洼地，主要由下弄拉和弄团两个峰丛洼地构成，地势较高、边坡陡峭，地质构造属于广西"山"字形构造前弧西翼，为大明山背斜核部的西北端。弄拉地处右江流域，缺乏地表水文网，降水时水流主要通过洼地中的落水洞及岩溶管道排入南面的古零河。弄拉全屯 23 户，人口 125 人，粮食作物主要为玉米、旱藕。经济收入的 82%来源于林业、果业、药业。

马山弄拉石漠化治理既考虑地貌结构，又考虑生态与农业经济的发展，还要保持水土和涵养水源，因此在弄拉建立了立体生态农业模式，即根据峰丛山区地貌结构和不同地貌部位生态环境的特殊性，在峰丛洼地不同地貌部位发展不同的植被或作物。对于石漠化程度较高的地区，采用封育和造林相结合的措施。一方面加大天然林抚育力度，另一方面间种一些经济林，恢复天然林创造良好的条件。石漠化程度较低的地区，需要砌墙保土，改良土壤，发展林果药立体种植、综合发展，在果树下种植金银花等名特优药材，既能恢复生态环境又能提高经济收入。

10.3　石漠化治理的成效、启示与挑战

10.3.1　石漠化治理成效

20 世纪 80 年代国家开始治理西南喀斯特地区的石漠化问题，实施了包括"长防"和"长治"工程、"珠治"试点工程在内的一系列生态工程，石漠化问题受到越来越多的关

注（覃小群等，2006；张军以等，2015）。随着 2000 年以来退耕还林还草、天然林保护等生态治理工程的实施，喀斯特退化生态系统得到一定程度的恢复（蒋忠诚，2001）。特别是自 2008 年国务院批复《岩溶地区石漠化综合治理规划大纲（2006—2015 年）》以来，在西南喀斯特地区首批 100 个石漠化治理试点县开展封山育林育草、人工造林种草、坡改梯、生态移民等石漠化综合治理工程，之后又陆续在 351 个石漠化县开展生态恢复工作。截至 2015 年，西南喀斯特地区石漠化总面积降至 9.2 万 km²，石漠化面积逐渐减少，石漠化治理成效凸显。在自然和人为因素的共同影响下，西南喀斯特地区的植被覆盖状况呈现持续增长的趋势，主要表现为 2000 年以来植被指数增加速率明显高于 20 世纪 80 年代到 90 年代末。2008 年实施石漠化综合治理工程以来，该地区增强型植被指数（exhanced vegetation index，EVI）的增长速率相比 2000~2007 年明显增加，喀斯特区域植被 EVI 的显著增加在很大程度上源于石漠化综合治理等人类活动的作用。退耕还林还草、宜林荒山荒地和人工造林种草等工程措施引起的土地覆盖类型变化和林地、草地面积增加是该区域植被覆盖和生产力提高的重要原因（Tian et al.，2017，Tong et al.，2017）。

王克林研究员团队与丹麦哥本哈根大学地球科学与自然资源管理系 Rasmus Fensholt 教授团队合作，利用时间序列光学（GEOV2 FCover、MODIS NDVI）与微波遥感数据（L-VOD、X-VOD）以及降水、土壤水分和生态工程数据，分析了 1999~2017 年全球及区域尺度中国西南喀斯特地区植被盖度与地上生物量变化情况。研究结果表明，1999~2017 年中国西南喀斯特地区生长季植被盖度从 1999 年的 69% 增加到 2017 年的 81%，植被生长季 NDVI 从 0.73 增加到 0.79，是全球植被盖度显著增加的热点区域之一。同时发现，尽管 1999~2012 年西南喀斯特地区年均降水量和土壤水分分别下降 8% 和 5% 左右，中国西南 8 省（自治区）植被生物量显著增加区域面积占比约为 55%，其中约 30 万 km² 主要分布在喀斯特地区，占西南喀斯特总面积的 64%，约占全球植被生物量显著增加区域的 5%，这主要归因于西南喀斯特地区大规模生态工程的实施。2002 年以来，平均每年约 2 万 km² 的生态保护与治理面积对喀斯特地区植被盖度和生物量增加产生了巨大作用。研究表明，大规模生态工程背景下，西南喀斯特地区是全球植被盖度和生物量同时显著增加的面积最大且空间一致的区域之一（Tong et al.，2018）。在王克林研究员和岳跃民研究员指导下，中国科学院亚热带农业生态研究所环江喀斯特生态系统观测研究站廖楚杰博士利用生态系统压力–状态–响应评估框架，综合生态系统的压力、活力、状态、结构、服务功能和生态弹性等指标体系，发展了基于遥感的生态系统健康（ecosystem health，ESH）指数，对 2000~2016 年广西西北喀斯特区域生态系统的健康变化状况进行了综合评估（Liao et al.，2018）。研究发现，在生态工程背景下，研究区有 73% 的区域生态系统健康状况持续改善，特别是生态系统健康的高值区域（ESH>0.7）比例由 2000 年的 67.16% 增加到 2016 年的 70.21%，喀斯特区域生态系统健康状况改善比例（37.5%）高于非喀斯特区域的改善比例（35.1%），并发现区域尺度上生态系统健康状况与生态恢复工程的实施强度密切相关。在县域尺度上，生态系统健康指数增加区域面积与生态工程实施面积的比率和喀斯特面积呈现显著相关性，喀斯特分布面积越大的区域其生态系统健康指数增加区域面积和生态工程实施面积的比率越大，工程的实施效果越明显。研究表明，生态工程的实施有效促进了我国西南喀斯特区域生态系统健康状况的改善，生态系统健康等级的划分可为喀斯特区域生态安全预警及后续生态工程建设与布局提供参考（Liao et al.，2018）。

喀斯特研究团队童晓伟博士与丹麦哥本哈根大学 Martin Brandt 博士等合作，将喀斯特地区生态恢复评估与区域生态研究前沿紧密结合，集成长时间序列光学遥感影像、微波遥感影像、生态系统模型、气候变化及生态工程投入与治理地面核查等数据（Brandt et al.，2018），阐明了西南喀斯特地区植被恢复演变特征与生态工程的实施具有较好的一致性，与土地过度利用地区及非工程区的越南、老挝和缅甸等邻国相比，生态工程实施前后喀斯特地区植被生长季叶面积指数（LAI）变化速率由 $0.01km^2/(km^2 \cdot a)$ 增加到 $0.02km^2/(km^2 \cdot a)$（$P<0.05$），植被地上生物量固碳速率由 $14MgC/(km^2 \cdot a)$ 增加到 $30MgC/(km^2 \cdot a)$（$P<0.01$），首次证实了大规模生态工程的投入显著改善了区域尺度喀斯特生态系统属性，生态工程的实施降低了石漠化土地退化的风险，显著提高了区域尺度植被碳固定，生态工程实施后，云南、广西和贵州三省（自治区）植被地上生物量固碳达到 4.7PgC（2012年），增加了 9%（0.05PgC/a），相比 2010~2050 年中国森林 14.95PgC 的固碳潜力，生态工程背景下西南喀斯特地区可能有巨大的固碳潜力；揭示了喀斯特区域生态系统恢复演变与气候变化、生态工程建设强度等的关联机制。在碳酸盐岩特殊地质背景制约下，西南喀斯特地区植被整体恢复较慢，研究表明，即便是不利气候条件下，大规模的生态工程投入也能缓解气候变化对西南喀斯特地区脆弱生态系统的影响，加快喀斯特地区植被结构与功能的恢复，由于地质背景与人类活动强度的差异，西南三省（自治区）中广西峰丛洼地区域植被恢复最为显著、贵州喀斯特高原次之、云南断陷盆地最慢（Brandt et al.，2018）。

2018 年，*Nature*（《自然》）发表英国牛津大学 Marc Macias-Fauria 教授的长篇评述，高度评价中国科学院亚热带农业生态研究所环江喀斯特生态系统观测研究站王克林研究员团队发表在 *Nature* 子刊的中国西南喀斯特区域生态恢复评估研究成果。述评认为，利用三套独立的证据链（相互补充的植被属性、动态生态系统模型、生态工程强度等）相互印证得到一致的研究发现，清晰地展示了生态工程对中国西南喀斯特地区植被的大尺度积极效应，不仅显著提高了区域尺度植被覆盖，同时还获得了让中国西南喀斯特区域成为全球重要碳汇的额外效益，证实了中国政府的生态工程显著促进中国西南喀斯特区域植被恢复的研究结论。同时，该评述也指出了进一步利用卫星影像评估生态工程成效的完善之处，认为研究成果显示的生态工程的积极效应鼓舞人心，但在还没有开展区域尺度土壤侵蚀变化（退耕还林工程主要目标之一）评价的前提下，特别是在没有消除卫星影像时间跨度、影像本身及其他干扰事件等对植被动态变化影响的情况下，生态工程对大区域尺度植被的影响还不应完全作为生态工程全面成功的充分证据（Marc，2018）。

10.3.2 启示与挑战

10.3.2.1 启示

本章通过对中国西南喀斯特地区石漠化治理过程中所采用的治理技术、措施、模式进行梳理，总结出以下石漠化治理技术需求配置原则。

1）针对需要解决的关键生态退化问题，结合区域特征遴选石漠化治理技术：石漠化现象是脆弱生态环境叠加人类不合理经济活动的最终表现形式，石漠化治理需要解决缺水、少土、植被生长困难和区域贫困落后四大关键问题——应用水资源开发利用技术与水土保持技术解决缺水的问题，应用土地整理技术、土壤改良技术与水土保持技术解决少土的问题，应用植被恢复与重建技术解决植被生长困难的问题，应用区域农业结构调整与生态产业培育技术解决贫困落后的问题。

2）针对石漠化退化阶段的差异，确定石漠化治理途径措施与基本思路：根据石漠化地区土地退化程度，可将其分为潜在石漠化地区、轻度石漠化地区、中度石漠化地区和重度石漠化地区。不同石漠化退化阶段应采取不同的治理措施，潜在石漠化地区主要采取水土保持与产业结构优化调整措施；轻度石漠化地区主要采取治生态恢复与经济发展相结合的治理措施；中度石漠化地区主要采取林草种植与生态诱导修复措施；重度石漠化地区主要采取封山育林与人工辅助生态修复措施。

3）结合石漠化综合治理模式的共性特征，以小流域为基本单元，因地制宜地选择与构建石漠化综合治理模式：岩溶地区生态环境的高度异质性，使得石漠化治理过程中形成众多特征鲜明的石漠化治理模式，但各种治理模式亦存在共性特征——理念上顺应自然发展规律、宏观上构建立体生态恢复模式、微观上解决水土植被问题；石漠化治理模式构建与选择要以小流域为基本单元，结合典型石漠化治理模式的共性特征，构建适宜本区域生态恢复与经济发展的石漠化治理模式。

10.3.2.2　挑战

尽管石漠化综合治理工程的实施有效地促进了试点县植被 EVI 的增加，但工程实施面积大、投入资金多并不一定代表工程带来的效益高，工程效益还受到气候、地形及人类管理等要素的影响（Tong et al.，2017）。相关研究发现，云南北部、湖北东部及湖南北部等局部地区存在植被退化趋势。干旱可能是导致该区域植被盖度和生产力下降的主要原因之一。2008～2015 年植被退化区域内年均气温和年均降水量均未发生显著变化，但 2009 年和 2011 年的降水量比多年均值（1097mm）低 14%，限制了植被的生长发育。其他研究也表明，2009 年秋季至 2010 年春季中国西南地区遭受的极端干旱造成经济林和天然植被大面积枯死（马建华，2010），2009～2011 年中国西南地区植被 NPP 比 2001～2011 年均值偏低 $12.55 gC/m^2$（赵志平等，2015）。同时，土地利用变化也可能是导致植被长势变差的另一个重要原因。该区域 72% 的面积发生了土地利用类型转变，主要表现为林地、灌木和农田转变为城市建成区及裸地。这些土地利用方式的转变可能主要源自城市扩张，部分居民开垦新的耕地（Tong et al.，2017），以及非法采伐、过度放牧等其他人类开发利用活动的不断扩张（张勃等，2015）。这表明中国西南喀斯特地区在巨大的经济社会发展压力下，生态修复和治理仍是一个长期的过程，需要国家和地方政府进一步政策引导和技术投入。

人工种草及经果林和水保林的种植有效调节了坡耕地土壤容重和孔隙度，增加了土壤保水能力，改善了土壤结构，提高了土壤的抗侵蚀性（孙泉忠等，2013；柏勇等，2017）。同时，坡改梯、排灌沟渠、蓄水池等小型水利水保配套措施的建设实现了降坡保土、合理拦蓄和利用水资源，有效地改善了石漠化地区土壤水分供应状况，在一定程度上缓解了喀斯特地区因大部分地表降水通过岩体缝隙和地下水系管网流入地下深处造成的地表干旱缺水现象（Sweeting，1993）。此外，封山育林育草能够增加地上凋落物和根系转向土壤的营养输入，增加土壤养分含量（肖金玉等，2015）。国家和地方政府采取的一系列生态恢复措施改变了植被生长发育的环境条件，促进了植被指数的增加和生产力的提高。

生态工程的实施对生态系统过程和功能的影响具有复杂性。大规模的造林可能会使植被蒸腾增加，消耗更多的水分，导致造林区域植被盖度降低（Zhang et al.，2016b）。人工种植的大多是非本地的、快速生长的单一物种，会造成群落结构单一化，对生物多样性产生不利影响，可能导致植被演替的中断或逆向发展（Marc，2018）。植树造林会导致树木冠层以下光照减小，影响林下植物的光合作用（Cao et al.，2009，2011）。目前的研究仅着眼于生态工程对植被盖度和生产力的影响，并没有综合评估生态工程对其他生态功能的影响。因此，需要补充地面观测数据，进一步评估工程对土壤侵蚀、生物多样性的影响，并考虑生态系统功能的权衡与协同关系（Bennett et al.，2009；Jia et al.，2014；Lu et al.，2014），以便更进一步定量评估石漠化治理工程的综合效益，从而支持更有效、更灵活的环境恢复政策。政府和决策者应充分考虑当地的实际情况，因地制宜地制定和调整环境政策。

参 考 文 献

白晓永，2007. 贵州喀斯特石漠化综合防治理论与优化设计研究. 贵阳：贵州师范大学硕士学位论文.

柏勇，杜静，杨婷婷，等，2017. 对石漠化地区不同水土保持措施的生态服务功能评价：以沾益县官麦地小流域为例. 山东农业科学，49（8）：89-93.

曹建华，2009. 一个曾被忽略的方程式：解读石漠化. 人与生物圈，（5）：4-17.

曹建华，袁道先，童立强，等，2008. 中国西南岩溶生态系统特征与石漠化综合治理对策. 草业科学，25（9）：40-50.

曹世雄，刘伟，赵麦换，等，2018. 延安市生态修复双赢模式实证研究. 生态学报，38（22）：7879-7885.

常庆，2003. 哈萨克斯坦的社会变化与社会问题. 俄罗斯中亚东欧研究，（2）：19-25.

陈宝瑞，辛晓平，朱玉霞，等，2007. 内蒙古荒漠化年际动态变化及与气候因子分析. 遥感信息，（6）：39-44.

陈冰冰，2010. 大学英语需求分析模型的理论构建. 外语学刊，（2）：120-123.

陈洪松，聂云鹏，王克林，2013. 岩溶山区水分时空异质性及植物适应机理研究进展. 生态学报，33（2）：317-326.

陈起伟，熊康宁，兰安军，2014. 喀斯特高原峡谷与高原盆地区石漠化及变化特征对比. 热带地理，34（2）：171-177.

陈文倩，丁建丽，谭娇，等，2018. 基于DPM-SPOT的2000-2015年中亚荒漠化变化分析. 干旱区地理，（1）：119-126.

陈永毕，2008. 贵州喀斯特石漠化综合治理技术集成与模式研究，贵阳：贵州师范大学硕士学位论文.

程国栋，2012. 中国西部生态修复试验示范研究集成. 北京：科学出版社.

程国栋，张志强，李锐，2000. 西部地区生态环境建设的若干问题与政策建议. 地理科学，20（6）：503-510.

笪志祥，汪绍盛，方天纵，2009. 国内外水土保持研究现状. 亚热带水土保持，21（2）：24-26.

邓菊芬，崔阁英，王跃东，等，2009. 云南岩溶区的石漠化与综合治理. 草业科学，26（2）：33-38.

邓艳，曹建华，蒋忠诚，等，2016. 西南岩溶石漠化综合治理水–土–植被关键技术进展与建议. 中国岩溶，35（5）：476-485.

董群，陈国良，胡云锋，等，2016. 便携式土地信息协同采集系统设计与实现. 测绘通报，（9）：89-95.

董世魁，刘世梁，邵新庆，等，2009. 恢复生态学. 北京：高等教育出版社.

杜文鹏，闫慧敏，甄霖，等，2019. 西南岩溶地区石漠化综合治理研究. 生态学报，39（16）：5798-5808.

邸富宏，2015. 基于MODIS的近10年来汾河上游植被动态变化监测. 林业资源管理，（4）：109-114.

范彬彬，罗格平，胡增运，等，2012. 中亚土地资源开发与利用分析. 干旱区地理，35（6）：928-937.

高海东，李占斌，李鹏，等，2015. 基于土壤侵蚀控制度的黄土高原水土流失治理潜力研究. 地理学报，70（9）：1503-1515.

葛静，孟宝平，杨淑霞，等，2017. 基于UAV技术和MODIS遥感数据的高寒草地盖度动态变化监测研究：以黄河源东部地区为例. 草业学报，26（3）：1-12.

顾东辉，2008. 社会工作实务中的需求评估. 中国社会导刊，（33）：43.

郭彩赟，韩致文，李爱敏，等，2017. 库布齐沙漠生态治理与开发利用的典型模式. 西北师范大学学报（自然科学版），53（1）：112-118.

郭来喜，张帆，刘宏，等，1997. 在斯洛文尼亚考察喀斯特. 云南地理环境研究，9（2）：1-6.

郭庆华，刘瑾，陶胜利，等，2014. 激光雷达在森林生态系统监测模拟中的应用现状与展望. 科学通报，59（6）：459-478.

郭瑞霞，管晓丹，张艳婷，2015. 我国荒漠化主要研究进展. 干旱气象，33（3）：505-513.

国家发展和改革委员会，2015. 全国主体功能区规划. 北京：人民出版社.

国家林业局，2012. 岩溶地区石漠化土地状况分布. 北京：中国石漠化状况公报.

国家林业局，2015. 第五次全国荒漠化和沙化监测结果. 北京：中国荒漠化和沙化状况公报.

韩大勇，杨永兴，杨杨，等，2012. 湿地退化研究进展. 生态学报，32（4）：1293-1307.

韩昭庆，2006. 雍正王朝在贵州的开发对贵州石漠化的影响. 复旦学报（社会科学版），（2）：120-127；140.

何盛明，刘西乾，沈云，1990. 财经大辞典. 北京：中国财政经济出版社.

侯庆春，黄旭，韩仕峰，等，1991. 关于黄土高原地区小老树成因及其改造途径的研究：Ⅲ：小老树的成因及其改造途径. 水土保持学报，5（4）：80-86.

侯英雨，何延波，2001. 利用 TM 数据监测岩溶山区城市土地利用变化. 地理学与国土研究，（3）：22-25.

胡宝清，廖赤眉，严志强，等，2004. 基于 RS 和 GIS 的喀斯特石漠化驱动机制分析：以广西都安瑶族自治县为例. 山地学报，22（5）：583-590.

胡健波，张健，2018. 无人机遥感在生态学中的应用进展. 生态学报，38（1）：20-30.

胡汝骥，陈曦，姜逢清，等，2011. 人类活动对亚洲中部水环境安全的威胁. 干旱区研究，28（2）：189-197.

胡小宁，谢晓振，郭满才，等，2018. 生态技术评价方法与模型研究：理论模型设计. 自然资源学报，33（7）：1152-1164.

胡业翠，方玉东，江文亚，2009. 广西喀斯特石漠化与贫困化空间相关性及互动效应研究. 资源与产业，11（5）：105-110.

胡云锋，董群，陈祖刚，等，2017. 安卓手机的草地信息协同采集系统. 测绘科学，42（6）：183-189.

环境保护部，2008. 全国生态脆弱区保护规划纲要. http：//www.gov.cn/gzdt/att/att/site1/20081009/00123f37b41e0a57e2e601.pdf［2019-12-01］.

环境领域技术预测研究组，2015. 环境领域中外技术竞争研究报告. 北京：环境领域技术预测研究组.

黄金国，魏兴琥，王兮之，2013. 粤北岩溶山区土地石漠化成因及其生态经济治理模式. 水土保持研究，20（4）：105-109.

黄明斌，董翠云，李玉山，2001. 黄土高原水土流失区粮食现状与增产潜力研究. 自然资源学报，16（4）：366-372.

黄秋昊，蔡运龙，2005. 基于 RBFN 模型的贵州省石漠化危险度评价. 地理学报，60（5）：771-778.

黄秋昊，蔡运龙，王秀春，2007. 我国西南部喀斯特地区石漠化研究进展. 自然灾害学报，16（2）：106-111.

惠森特，2008. 受损自然生境修复学. 赵忠，等译. 北京：科学出版社.

霍艾迪，张广军，武苏里，等，2007. 国内外荒漠化动态监测与评价研究进展与存在问题. 干旱地区农业研究，（2）：206-211.

吉力力·阿不都外力，马龙，2012. 干旱区湖泊与盐尘暴. 北京：中国环境科学出版社.

吉力力·阿不都外力，马龙，2015. 中亚环境概论. 北京：气象出版社.

加帕尔·买合皮尔，图尔苏诺夫 A A，1996. 亚洲中部湖泊水生态学概论. 乌鲁木齐：新疆科技卫生出版社.

蒋定生，1997. 黄土高原水土流失与治理模式. 北京：中国水利水电出版社.

蒋琴，2011. 甘肃省民勤县水资源利用与绿洲生态安全的经济学分析. 兰州：兰州大学.

蒋忠诚，1998. 中国南方表层岩溶带的特征及形成机理. 热带地理，18（4）：322-326.

蒋忠诚，2001. 广西弄拉峰丛石山生态重建经验及生态农业结构优化. 广西科学，8（4）：308-312.

蒋忠诚，李先琨，曾馥平，等，2009. 岩溶峰丛山地脆弱生态系统重建技术研究. 地球学报，30（2）：155-166.

蒋忠诚，李先琨，胡宝清，等，2011. 广西岩溶山区石漠化及其综合治理研究. 北京：科学出版社.

蒋忠诚，罗为群，童立强，等，2016. 21 世纪西南岩溶石漠化演变特点及影响因素. 中国岩溶，35（5）：461-468.

靳立亚，李静，王新，等，2004. 近 50 年来中国西北地区干湿状况时空分布. 地理学报，59（6）：847-854.

黎云昆，肖忠武，2015. 我国林地土壤污染、退化、流失问题及对策. 林业经济，(9)：3-15.

李宏伟，李发清，1999. 姚安县社区林业参与性评估方法应用研究. 生态经济，(3)：26-31.

李辉霞，刘国华，傅伯杰，2011. 基于 NDVI 的三江源地区植被生长对气候变化和人类活动的响应研究. 生态学报，31（19）：5495-5504.

李均力，陈曦，包安明，2011. 2003-2009 年中亚地区湖泊水位变化的时空特征. 地理学报，66（9）：1219-1229.

李均力，包安明，胡汝骥，等，2013. 亚洲中部干旱区湖泊的地域分异性研究. 干旱区研究，30（6）：941-950.

李蕾蕾，李飞，杨久春，等，2015. 北方农牧交错带农村居民点分布特征及其对土地利用的影响：以科尔沁左翼中旗为例. 地理科学，35（3）：328-333.

李瑞玲，王世杰，周德全，等，2003. 贵州岩溶地区岩性与土地石漠化的相关分析. 地理学报，58（2）：314-320.

李森，魏兴琥，张素红，等，2010. 典型岩溶山区土地石漠化过程：以粤北岩溶山区为例. 生态学报，30（3）：674-684.

李生宝，蒋齐，赵世伟，等，2011. 半干旱黄土丘陵区退化生态系统恢复技术与模式. 北京：科学出版社.

李淑霞，马英莲，2007. 基于制图综合原理的 1：50000 缩编工艺的探讨//全国测绘科技信息交流会，成都.

李松，熊康宁，王英，等，2009. 关于石漠化科学内涵的探讨. 水土保持通报，29（2）：205-208.

李先琨，何成新，2002. 西部开发与热带亚热带岩溶脆弱生态系统恢复重建. 土壤与作物，18（1）：13-16.

李先琨，苏宗明，吕仕洪，等，2003. 广西岩溶植被自然分布规律及对岩溶生态恢复重建的意义. 山地学报，21（2）：129-139.

李先琨，何成新，唐建生，等，2008. 广西岩溶山地生态系统特征与恢复重建. 广西科学，15（1）：80-86.

李阳兵，王世杰，2005. 关于西南岩溶区石漠化土地恢复重建目标的讨论. 热带地理，25（2）：123-127.

李阳兵，王世杰，容丽，2004. 关于喀斯特石漠和石漠化概念的讨论. 中国沙漠，24（6）：689-695.

李阳兵，王世杰，谭秋，等，2006. 喀斯特石漠化的研究现状与存在的问题. 地球与环境，34（3）：9-14.

联合国，2019. 联合国生态系统恢复十年（2021～2030 年）. https://www. un. org/zh/sections/observances/international-decades/index. html［2019-12-20］.

廖赤眉，刘燕华，胡宝清，等，2004. 喀斯特土地石漠化的图谱分析与生态重建. 农业工程学报，(6)：266-271.

廖洪凯，龙健，李娟，等，2012. 西南地区喀斯特干热河谷地带不同植被类型下小生境土壤碳氮分布特征. 土壤，44（3）：421-428.

林进，周卫东，1998. 中国荒漠化监测技术综述. 世界林业研究，（5）：59-64.

刘国彬，杨勤科，郑粉莉，2004. 黄土高原小流域治理与生态建设. 中国水土保持科学，2（1）：11-15.

刘国彬，上官周平，姚文艺，等，2017. 黄土高原生态工程的生态成效. 中国科学院院刊，32（1）：11-19.

刘国华，傅伯杰，陈利顶，等，2000. 中国生态退化的主要类型、特征及分布. 生态学报，20（1）：14-20.

刘海江，周成虎，程维明，等，2008. 基于多时相遥感影像的浑善达克沙地沙漠化监测（英文）. 生态学报，（2）：627-635.

刘纪远，岳天祥，张仁华，等，2006. 生态系统评估的信息技术支撑. 资源科学，28（4）：6-7.

刘丽香，张丽云，赵芬，等，2017. 生态环境大数据面临的机遇与挑战. 生态学报，37（14）：4896-4904.

鲁彦，2005. 金陵大学农学院对中国近代农业的影响. 南京：南京农业大学硕士学位论文.

鹿士杨，彭晚霞，宋同清，等，2012. 喀斯特峰丛洼地不同退耕还林还草模式的土壤微生物特性. 生态学报，32（8）：2390-2399.

路云阁，许月卿，蔡运龙，2005. 基于遥感技术和GIS的小流域土地利用/覆被变化分析. 地理科学进展，（1）：79-86，138.

马建华，2010. 西南地区近年特大干旱灾害的启示与对策. 人民长江，41（24）：7-12.

马克平，刘玉明，1994. 生物群落多样性的测度方法 I-α多样性的测度方法（下）. 生物多样性，（4）：231-239.

马林，等，2006. 北京市"十一五"时期经济社会发展科技需求调研报告：2006. 北京：北京科学技术出版社.

马林，2010. 需求导向的科技管理北京探索. 北京：北京科学技术出版社.

马庆国，2005. 应用统计学. 北京：科学出版社.

蒙吉军，王钧，2007. 20世纪80年代以来西南喀斯特地区植被变化对气候变化的响应. 地理研究，26（5）：857-865.

牛莉芹，程占红，2012. 五台山森林群落中物种多样性对旅游干扰的生态响应. 水土保持研究，19（4）：106-111.

彭晚霞，宋同清，曾馥平，等，2011. 喀斯特峰丛洼地退耕还林还草工程的植被土壤耦合协调度模型. 农业工程学报，27（9）：305-310.

任海，彭少麟，2001. 恢复生态学导论. 北京：科学出版社.

阮绩智，2009. ESP需求分析理论框架下的商务英语课程设置. 浙江工业大学学报（社会科学版），8（3）：323-327，344.

邵明安，王云强，贾小旭，2015. 黄土高原生态建设与土壤干燥化. 中国科学院院刊，30（3）：257-264.

邵全琴，樊江文，刘纪远，等. 2016. 三江源生态保护和建设一期工程生态成效评估. 地理学报，71（1）：3-20.

水利部，2019. 水利部发布2018年全国水土流失动态监测成果. 中国水土保持，（7）：7.

宋清洁，崔霞，张瑶瑶，等，2017. 基于小型无人机与MODIS数据的草地植被覆盖度研究：以甘南州为例. 草业科学，34（1）：40-50.

宋同清，彭晚霞，曾馥平，等，2011. 喀斯特峰丛洼地退耕还林还草的土壤生态效应. 土壤学报，48（6）：1219-1226.

宋同清，彭晚霞，杜虎，等，2014. 中国西南喀斯特石漠化时空演变特征、发生机制与调控对策. 生态学报，34（18）：5328-5341.

苏维词，朱文孝，熊康宁，2002. 贵州喀斯特山区的石漠化及其生态经济治理模式. 中国岩溶，21（1）：19-24.

苏维词，杨华，李晴，等，2006. 我国西南喀斯特山区土地石漠化成因及防治. 土壤通报，37（3）：447-451.

孙鸿烈，2011. 我国水土流失问题与防治对策. 中国水利，（6）：16.

孙泉忠，刘瑞禄，陈菊艳，等，2013. 贵州省石漠化综合治理人工种草对土壤侵蚀的影响. 水土保持学报，27（4）：67-72.

孙永光，赵冬至，吴涛，等，2012. 河口湿地人为干扰度时空动态及景观响应：以大洋河口为例. 生态学报，32（12）：3645-3655.

覃小群，朱明秋，蒋忠诚，2006. 近年来我国西南岩溶石漠化研究进展. 中国岩溶，25（3）：234-238.

田佳榕，代婷婷，徐雁南，等，2018. 基于地基激光雷达的采矿废弃地生态修复的植被参数提取. 生态与农村环境学报，34（8）：686-691.

田美荣，高吉喜，邹长新，等，2016. 重要生态功能区生态退化诊断理论、思路与方法探析. 生态与农村环境学报，329（5）：691-696.

田秀玲，倪健，2010. 西南喀斯特山区石漠化治理的原则、途径与问题. 干旱区地理，33（4）：532-539.

万华伟，高帅，刘玉平，等，2016. 呼伦贝尔生态功能区草地退化的时空特征. 资源科学，38（8）：1443-1451.

王兵，张光辉，刘国彬，等，2012. 黄土高原丘陵区水土流失综合治理生态环境效应评价. 农业工程学报，28（20）：150-161.

王德炉，朱守谦，黄宝龙，2004. 石漠化的概念及其内涵. 南京林业大学学报（自然科学版），28（6）：87-90.

王继军，姜志德，连坡，等，2009. 70年来陕西省纸坊沟流域农业生态经济系统耦合态势. 生态学报，29（9）：5130-5137.

王家耀，钱海忠，2006. 制图综合知识及其应用. 武汉大学学报（信息科学版），（5）：382-386；439.

王建锋，谢世友，2008. 西南喀斯特地区石漠化问题研究综述. 环境科学与管理，33（11）：147-152.

王劲峰，葛咏，李连发，等，2014. 地理学时空数据分析方法. 地理学报，69：1326-1345.

王君华，莫伟华，陈燕丽，等，2014. 基于3S技术的广西平果县石漠化分布特征及演变规律. 中国水土保持科学，12（3）：66-70.

王立明，杜纪山，2004. 岷山区域植物多样性及其与生境关系分析. 四川林业科技，（3）：22-26.

王世杰，2002. 喀斯特石漠化概念演绎及其科学内涵的探讨. 中国岩溶，21（2）：101-105.

王世杰，李阳兵，2007. 喀斯特石漠化研究存在的问题与发展趋势. 地球科学进展，22（6）：573-582.

王世杰，李阳兵，李瑞玲，2003. 喀斯特石漠化的形成背景、演化与治理. 第四纪研究，23（6）：657-666.

王涛，朱震达，2003. 我国沙漠化研究的若干问题：1. 沙漠化的概念及其内涵. 中国沙漠，（3）：3-8.

王效科，欧阳志云，肖寒，等，2001. 中国水土流失敏感性分布规律及其区划研究. 生态学报，21（1）：14-19.

王艳强，朱波，王玉宽，等，2005. 重庆市石漠化敏感性评价. 西南农业学报，（1）：70-73.

王宇，张贵，2003. 滇东岩溶石山地区石漠化特征及成因. 地球科学进展，18（6）：933-938.

魏云洁，甄霖，胡云锋，等，2019. 黄土高原典型区水土保持技术评估与需求分析：以安塞为例. 生态学报，39（16）：5809-5819.

温远光，陈放，朱宏光，等，2003. 石漠化综合治理的理论与技术//生态安全与可持续发展：广西生态学学会 2003 年学术年会论文集.

吴正，1991. 浅议我国北方地区的沙漠化问题. 地理学报，58（3）：266-276.

项玉章，祝瑞祥，1995. 英汉水土保持辞典. 北京：水利电力出版社，111.

肖华，熊康宁，张浩，等，2014. 喀斯特石漠化治理模式研究进展. 中国人口·资源与环境，24（S1）：330-334.

肖金玉，蒲小鹏，徐长林，2015. 禁牧对退化草地恢复的作用. 草业科学，32（1）：138-145.

谢永生，李占斌，王继军，等，2011. 黄土高原水土流失治理模式的层次结构及其演变. 水土保持学报，25（3）：211-214.

熊康宁，黎平，周忠发，等，2002. 喀斯特石漠化的遥感-GIS 典型研究：以贵州省为例. 北京：地质出版社.

熊康宁，白利妮，彭贤伟，等，2005. 不同尺度喀斯特地区土地利用变化研究. 中国岩溶，（1）：43-49.

熊康宁，李晋，龙明忠，2012. 典型喀斯特石漠化治理区水土流失特征与关键问题. 地理学报，67（7）：878-888.

熊平生，袁道先，谢世友，2010. 我国南方岩溶山区石漠化基本问题研究进展. 中国岩溶，29（4）：355-362.

徐燕，邹骥，2003. 《联合国气候变化框架公约》下我国技术需求评估研究//全国气候变化学术讨论会文集. 北京：科学出版社：158-162.

许尔琪，张红旗，2015. 中国核心生态空间的现状、变化及其保护研究. 资源科学，37（7）：1322-1331.

解明曙，庞薇，1993. 关于中国土壤侵蚀类型与侵蚀类型区的划分. 中国水土保持. （5）：8 -10

颜萍，熊康宁，檀迪，等，2016. 喀斯特石漠化治理不同水土保持模式的生态效应研究. 贵州师范大学学报（自然科学版），34（1）：1-7.

杨胜天，朱启疆，2000. 贵州典型喀斯特环境退化与自然恢复速率. 地理学报，（4）：459-466.

杨胜天，刘昌明，王鹏新，2003. 黄河流域土壤水分遥感估算. 地理科学进展，（5）：454-462.

盈斌，2009. 岩溶地区土地利用、石漠化与治理工程设计. 贵阳：贵州师范大学硕士学位论文.

应中，李霖，2003. 制图综合的知识表示. 测绘信息与工程，（6）：26-28.

余新晓，毕华兴，2013. 水土保持学（第 3 版）. 北京：中国林业出版社.

虞晓芬，龚建立，张化尧，2018. 技术经济学概论（第 5 版）. 北京：高等教育出版社.

袁道先，2001. 全球岩溶生态系统对比：科学目标和执行计划. 地球科学进展，16（4）：461-466.

袁道先，2008. 岩溶石漠化问题的全球视野和我国的治理对策与经验. 草业科学，25（9）：19-25.

袁道先，2014. 西南岩溶石山地区重大环境地质问题及对策研究. 北京：科学出版社.

袁道先，2015. 我国岩溶资源环境领域的创新问题. 中国岩溶，34（2）：98-100.

袁道先，曹建华，2008. 岩溶动力学的理论与实践. 北京：科学出版社.

张勃，王东，王桂钢，等，2015. 西南地区近 14a 植被覆盖变化及其与气候因子的关系. 长江流域资源与环境，24（6）：956-964.

张汉雄，邵明安，2001. 黄土高原生态环境建设. 西安：陕西科技出版社.

张军以，戴明宏，王腊春，等，2015. 西南喀斯特石漠化治理植物选择与生态适应性. 地球与环境，43（3）：269-278.

张琨，吕一河，傅伯杰，2017. 黄土高原典型区植被恢复及其对生态系统服务的影响. 生态与农村环境学报，33（1）：23-31.

张孟衡，茹江，宋小智，2001. 国际环境保护公约中技术转让障碍问题的探讨. 自然资源学报，16（3）：293-296.

张平仓，丁文峰，2008. 我国石漠化问题研究进展. 长江科学院院报，(3)：1-5.

张萍，周晓英，2015. 高校科研数据管理的需求评估方法研究. 情报杂志，34（11）：188-192，198.

张信宝，王世杰，曹建华，等，2010. 西南喀斯特山地水土流失特点及有关石漠化的几个科学问题. 中国岩溶，29（3）：274-279.

张信宝，王世杰，白晓永，等，2013. 贵州石漠化空间分布与喀斯特地貌、岩性、降水和人口密度的关系. 地球与环境，(1)：1-6.

张兴义，张少良，刘爽，等，2010. 严重侵蚀退化黑土农田地力快速提升技术研究. 水土保持研究，17（4）：1-5.

张竹如，陈黎明，2001. 贵州岩溶石漠化地区生态环境恢复的初步研究：贵阳黔灵山的启示. 中国岩溶，20（4）：310-314.

章程，袁道先，2005. IGCP448 岩溶生态系统全球对比研究进展. 中国岩溶，24（1）：83-88.

章家恩，徐琪，1997. 生态退化研究的基本内容与框架. 水土保持通报，17（6）：46-53.

章家恩，徐琪，1999. 生态退化的形成原因探讨. 生态科学，18（3）：27-32.

赵万羽，李建龙，维纳汗，等，2004. 哈萨克斯坦草业发展现状及其科学研究动态. 中国草地，26（5）：59-64.

赵英民，2016.《“十三五”生态环境保护规划》. 环境经济，37（24）：12-12.

赵志平，吴晓莆，李果，等，2015. 2009—2011 年我国西南地区旱灾程度及其对植被净初级生产力的影响. 生态学报，35（2）：350-360.

甄霖，谢永生，2019. 典型脆弱生态区生态技术评价方法及应用专题导读. 生态学报，39（16）：5747-5754.

甄霖，刘雪林，李芬，等，2009. 脆弱生态区生态系统服务消费与生态补偿研究：进展与挑战. 资源科学，32（5）：797-803.

甄霖，王继军，姜志德，等，2016. 生态技术评价方法及全球生态治理技术研究. 生态学报，36（22）：7152-7157.

甄霖，胡云锋，魏云洁，等，2019. 典型脆弱生态区生态退化趋势与治理技术需求分析. 资源科学，41（1）：63-74.

中国林业科学研究院森林生态环境与保护研究所，2016. 中国农业、林业和土地利用减缓气候变化技术需求评估报告. 北京：中国林业科学研究院森林生态环境与保护研究所.

中国-全球环境基金干旱生态系统土地退化防治伙伴关系，中国-全球干旱区土地退化评估项目，2008. 中国干旱地区土地退化防治最佳实践. 北京：中国林业出版社.

周德全，王世杰，张殿发，2003. 关于喀斯特石漠化研究问题的探讨. 矿物岩石地球化学通报，(2)：127-132.

周忠发，2001. 遥感和 GIS 技术在贵州喀斯特地区土地石漠化研究中的应用. 水土保持通报，(3)：52-54；66.

宗宁，石培礼，牛犇，等，2014. 氮磷配施对藏北退化高寒草甸群落结构和生产力的影响. 应用生态学报，25（12）：3458-3468.

UN，1996. 联合国关于在发生严重干旱和/或荒漠化的国家特别是在非洲防治荒漠化的公约. https://www.un.org/zh/documents/treaty/files/A-AC.241-27.shtml［2020-03-21］.

ALDASHEV G，GUIRKINGER C，2017. Colonization and changing social structure：Evidence from Kazakhstan. Journal of Development Economics，127：413-430.

ALIMAEV I，ZHAMBAKIN A，PRYANISHNIKOV S，1986. Rangeland farming in Kazakhstan. Problems of Desert Development，3：14-19.

ALLEN M F，HOEKSTRA T W，1992. Toward a Unified Ecology. New York：Columbia University Press.

AMERGUZHIN H A，2003. Agroecological characteristics of soils of Northern Kazakhstan（Aroekologicheskiye haraketirstiki Pochv Severnogo Kazakhstana）. Moscow：Dokuchaev Soil Institute PhD Dissertation.

ANDERSON K，SWINNEN J，2008. Distortions to Agricultural Incentives in Europe's Transition Economies. Washington：The World Bank.

ASANOV K A，ALIMAEV I I，1990. New forms of organization and management of arid pastures in Kazakhstan. Problems of Desert Development，（5）：37-42.

ASK，2003. Republic of Kazakhstan：50 Years since the Beginning of Virgin Lands Campaign. Statistical digest 1953-2003（Respublika Kazahstan：50-let nachala osvoenija celinnyh I Zalezhnyh zemel'. Statisticheskij sbornik 1953-2003）. Almaty：Agency of Statistics of the Republic of Kazakhstan.

BABAEV A G，1985. Map of anthropogenic desertification of arid zones of the USSR. Ashgabat，Turkmenistan：Institute of Deserts.

BARBAZETTE J，2006. Training Needs Assessment：Methods，Tools，and Techniques. San Francisco：Pfeiffer.

BEHNKE R H，2003. Reconfiguring property rights in livestock production systems of western Almaty Oblast，Kazakhstan//Kerven C K. Prospects for Pastoralism in Kazakhstan and Turkmenistan：From State Farms to Private Flocks. London：Routlege and Kegan Paul.

BEKELE S，HOLDEN S T，1999. Soil erosion and smallholders' conservation decisions in the highlands of Ethiopia. World Development，27（4）：739-752.

BENNETT E M，PETERSON G D，GORDON L J，2009. Understanding relationships among multiple ecosystem services. Ecology Letters，12（12）：1394-1404.

BOLCH T，2007. Climate change and glacier retreat in northern Tien Shan（Kazakhstan/Kyrgyzstan）using remote sensing data. Global and Planetary Change，56（1-2）：1-12.

BRANDT M，YUE Y，WIGNERON J P，et al.，2018. Satellite-observed major greening and biomass increase in South China Karst during recent decade. Earth's Future，6（7）：1017-1028.

BRUNN S D，2011. Engineering Earth：The Impacts of Megaengineering Projects. Dordrecht：Springer Science & Business Media.

BRYAN B A，GAO L，YE Y，et al.，2018. China's response to a national land-system sustainability emergency. Nature，559（7713）：193-204.

CAO S X，CHEN L，YU X X，2009. Impact of China's Grain for Green Project on the landscape of vulnerable arid and semi-arid agricultural regions：A case study in northern Shaanxi Province. Journal of Applied Ecology，46（3）：536-543.

CAO S，CHEN L，SHANKMAN D，et al.，2011. Excessive reliance on afforestation in China's arid and semi-arid regions：Lessons in ecological restoration. Earth-Science Reviews，104（4）：240-245.

CHEN L D，WEI W，FU B J，et al.，2007. Soil and water conservation on the Loess Plateau in China：review and perspective. Progress in Physical Geography：Earth and Environment，31（4）：389-403.

CHEN X，BAI J，LIX，et al.，2013. Changes in land use/land cover and ecosystem services in Central Asia during 1990-2009. Current Opinion in Environmental Sustainability，5（1）：116-127.

CHOPRA K，LEEMANS R，KUMAR P，et al.，2005. Ecosystems and Human Well-being：Policy Response，Volume 3. Washington D C：Island Press.

DE BEURS K M，HENEBRY G M，2004. Land surface phenology，climatic variation，and institutional change：Analyzing agricultural land cover change in Kazakhstan. Remote Sensing of Environment，89（4）：497-509.

DE ROO A, WESSELING C, RITSEMA C, 1996. LISEM: a single-event physically based hydrological and soil erosion model for drainage basins. I: theory, input and output. Hydrological Processes, 10 (8): 1107-1117.

DEFOURNY P, KIRCHES G, BROCKMANN C, et al., 2016. Land Cover CCI: Product User Guide Version 2. http://maps. elie. ucl. ac. be/CCI/viewer/download/ESACCI-LC-PUG-v2. 5. pdf.

DEMKO G J, 1969. The Russian Colonization of Kazakhstan, 1896-1916. Bloomington: Indiana University.

DENG L, SHANGGUAN Z P, SWEENEY S, 2014. "Grain for Green" driven land use change and carbon sequestration on the Loess Plateau, China. Scientific Reports, 4: 7039.

D'OLEIRE-OLTMANNS S, MARZOLFF I, PETER K, et al., 2012. Unmanned aerial vehicle (UAV) for monitoring soil erosion in Morocco. Remote Sensing, 4 (11): 3390-3416.

DZHANPEISOV R, ALIMBAEV A, MINYAT V, et al., 1990. Degradation of soils of mountain and desert pastures in Kazakhstan. Problems of Desert Development, (4): 15-20.

EISFELDER C, KLEIN I, NIKLAUS M, et al., 2014. Net primary productivity in Kazakhstan, its spatiotemporal patterns and relation to meteorological variables. Journal of Arid Environments, 103: 17-30.

EMBASSY OF THE KINGDOM OF THE NETHERLANDS, 2011. Overview of Agriculture Sector in Kazakhstan. Almaty: Economic Section, Embassy Office Almaty.

FAO, 2001. Silage Making in the Tropics with Particular Emphasis on Smallholders. Rome: Food and Agriculture Organization.

FAO, 2007. Subregional Report on Animal Genetic Resources: Central Asia. Annex to The State of the World's Animal Genetic Resources for Food and Agriculture. Rome: FAO.

FENG X M, FU B J, PIAO S L, et al., 2016. Revegetation in China's Loess Plateau is approaching sustainable water resource limits. Nature Climate Change, 6 (11): 1019-1022.

FOLEY J A, DEFRIES R, ASNER G P, et al., 2005. Global consequences of land use. Science, 309 (5734): 570-574.

FU B J, LIU Y, LÜ Y H, et al., 2011. Assessing the soil erosion control service of ecosystems change in the Loess Plateau of China. Ecological Complexity, 8 (4): 284-293.

FUNAKAWA S, SUZUKI R, KARBOZOVA E, et al., 2000. Salt-affected soils under rice-based irrigation agriculture in southern Kazakhstan. Geoderma, 97 (1-2): 61-85.

GEIPEL R, 1964. Die Neulandaktion in Kasachstan. Geogr. Rundsch, 16: 137-144.

GIBBS H K, RAUSCH L, MUNGER J, et al., 2015. Brazil's soy moratorium. Science, 347 (6220): 377-378.

GLENN N F, NEUENSCHWANDER A, VIERLING L A, et al., 2016. Landsat 8 and ICESat-2: Performance and potential synergies for quantifying dryland ecosystem vegetation cover and biomass. Remote Sensing of Environment, 185: 233-242.

GUO F, JIANG G H, YUAN D X, et al., 2013. Evolution of major environmental geological problems in karst areas of Southwestern China. Environmental Earth Sciences, 69 (7): 2427-2435.

GUPTA R, KIENZLER K, MARTIUS C, et al., 2009. Research prospectus: a vision for sustainable land management research in Central Asia. ICARDA Central Asia and Caucasus Program. Sustainable Agriculture in Central Asia and the Caucasus Series, 1: 84.

HAUCK M, ARTYKBAEVA G T, ZOZULYA T N, et al., 2016. Pastoral livestock husbandry and rural livelihoods in the forest-steppe of east Kazakhstan. Journal of Arid Environments, 133 (oct.): 102-111.

HAHN R, 1964. Klimatische und bodenkundliche Bedingungen der Neulanderschließung in Kasachstan. Osteuropa, 14 (4): 260-266.

HAO Y H, CAO B, ZHANG P C, et al., 2012. Differences in karst processes between northern and southern China. Carbonates and Evaporites, 27 (3-4): 331-342.

HIGGINBOTTOM T P, SYMEONAKIS E, 2014. Assessing land degradation and desertification using vegetation index data: Current frameworks and future directions. Remote Sensing, 6 (10): 9552-9575.

HIGGS E S, 1997. What is good ecological restoration? Conservation Biology, 11 (2): 338-348.

HIGGSE S, 2003. Nature by design: people, natural process, and ecological restoration. Massachusetts: MIT Press.

IBRAEVA M A, OTAROV A, WIŁKOMIRSKI B, et al., 2010. Humus level in soils of Southern Kazakhstan irrigated massifs and their statistical characteristics. Nat Environ. Monitoring Środowiska Przyrodniczego, 11: 55-61.

ICARDA, 2001. Integrated feed and livestock production in the steppes of Central Asia. In: IFAD Technical Assistance Grant: ICARDA- 425 Annual Report (2000- 2001). Syria, ICARDA (International Center for Agricultural Research in the Dry Areas). 1-161.

JIA X Q, FU B J, FENGX M, et al., 2014. The tradeoff and synergy between ecosystem services in the Grain-for-Green areas in Northern Shaanxi, China. Ecological Indicators, 43: 103-113.

JIA X X, SHAO M A, ZHU Y J, et al., 2017. Soil moisture decline due to afforestation across the Loess Plateau, China. Journal of Hydrology, 546: 113-122.

JOSEPHSON P, DRONIN N, MNATSAKANIAN R, et al., 2013. An Environmental History of Russia. Cambridge: Cambridge University Press.

JUNG S, RAWANA E P. 1999. Risk and need assessment of juvenile offenders. Criminal Justice and Behavior, 26 (1): 69-89.

KAPLOWITZ M D, HOEHN J P, 2001. Do focus groups and individual interviews reveal the same information for natural resource valuation? Ecological Economics, 36 (2): 237-247.

KESSLER J J, LABAN P, 1994. Planning strategies and funding modalities for land rehabilitation. Land Degradation and Rehabilitation, 5: 25-32.

KIERNAN K, 2009. Distribution and character of karst in the Lao PDR. Acta Carsologica, 38 (1): 1-18.

KOSTIANOY A G, KOSAREV A N, 2010. The Aral Sea Environment. Handbook of Environmental Chemistry, 7 (4): 511-512.

KRAEMER R, PRISHCHEPOV A V, MÜLLER D, et al., 2015. Long- term agricultural land- cover change and potential for cropland expansion in the former Virgin Lands area of Kazakhstan. Environmental Research Letters, 10 (5): 054012.

LAL R, LORENZ K, HÜTTL R F, et al., 2012. Recarbonization of the Biosphere: Ecosystems and the Global Carbon Cycle. Dordrecht: Springer Netherland.

LAL R, SULEIMENOV M, STEWART B, et al., 2007. Climate Change and Terrestrial Carbon Sequestration in Central Asia. New York: Taylor- Francis.

LAMBIN E F, MEYFROIDT P, 2011. Global land use change, economic globalization, and the looming land scarcity. Proceedings of the National Academy of Sciences of the United States of America, 108 (9): 3465-3472.

LI X L, GAO J, BRIERLEY G, et al., 2013. Rangeland and degradation on the Qinghai- Tibetan Plateau: Implications for rehabilitation. Land Degradation & Development, 24 (1): 72-80.

LIAO C J, YUE Y M, WANG K, et al., 2018. Ecological restoration enhances ecosystem health in the karst regions of southwest China. Ecological Indicators, 90: 416-425.

LINDE R, 1997. Participatory rural appraisal beyond rural settings: A critical assessment from the nongovernmental sector. Knowledge and Policy, 10 (1-2): 56-70.

LIU F, YAN H M, GU F X, et al., 2017. Net primary productivity increased on the Loess Plateau following implementation of the Grain to Green Program. Journal of Resources and Ecology, 8 (4): 413-421.

Liu Y X, Lü Y H, Fu B J, et al., 2019. Quantifying the spatio-temporal drivers of planned vegetation restoration on ecosystem services at a regional scale. Science of the Total Environment, 650: 1029-1040.

LÖW F, FLIEMANN E, ABDULLAEV I, et al., 2015. Mapping abandoned agricultural land in Kyzyl-Orda, Kazakhstan using satellite remote sensing. Applied Geography, 62: 377-390.

LU N, FU B J, JIN T T, et al., 2014. Trade-off analyses of multiple ecosystem services by plantations along a precipitation gradient across Loess Plateau landscapes. Landscape Ecology, 29 (10): 1697-1708.

LUO L, DU W P, YAN HM, et al., 2017. Spatio-temporal Patterns of Vegetation Change in Kazakhstan from 1982 to 2015. Journal of resources and ecology, 8 (4): 378-384.

NIEMEIJER D, MAZZUCATO V, 2002. Soil degradation in the West African Sahel: How serious is it. Environment Science & Policy for Sustainable Development, 44 (2): 20-31.

MA H, ZHAO H, 1994. United Nations: Convention to combat desertification in those countries experiencing serious drought and/or desertification, particularly in Africa. Int. Legal Mater, 33: 1328-1382.

MARC M F, 2018. Satellite images show China going green. Nature, 553 (7689): 411-413.

MCDONALD T, GANN G, JONSON J, et al., 2016. International Standards for the Practice of Ecological Restoration-Including Principles and Key Concepts. Washington, DC: Society for Ecological Restoration.

MEYER L, 1984. Evolution of the universal soil loss equation. Journal of Soil and Water Conservation, 39 (2): 99-104.

MILLER H J, GOODCHILD M F, 2015. Data-driven geography. GeoJournal, 80 (4): 449-461.

MOREAU P, RUIZ L, MABON F, et al., 2012. Reconciling technical, economic and environmental efficiency of farming systems in vulnerable areas. Agriculture Ecosystems & Environment, 147 (2): 89-99.

MORGAN R, QUINTON J, SMITH R, et al., 1998. The European soil erosion model (EUROSEM): documentation and user guide.

NAGARAJAN S, GANESH K, PUNNIYAMOORTHY M, et al., 2012. Framework for knowledge management need assessment. Procedia Engineering, 38: 3668-3690.

NEARING M, LANE L, ALBERTS E, et al., 1990. Prediction technology for soil erosion by water: status and research needs. Soil Science Society of America Journal, 54 (6): 1702-1711.

OECD, 2013. OECD Review of Agricultural Policies: Kazakhstan. Paris: OECD.

OLCOTT M B, 1995. The Kazakhs, Stanford, California: HOOVER INSTITUTION PRESS Stanford University.

PAGIOLA S, 1999. The Global Environmental benefits of land degradation control on agricultural land// Environment Paper 16. Global Overlays Program, Washington, DC: World Bank.

PAPOUTSA C, KOUHARTSIOUK D, THEMISTOCLEOUS K, et al., 2016. Monitoring of land degradation from overgrazing using space-borne radar and optical imagery: a case study in Randi Forest, Cyprus//International Society for Optics and Photonics.

PASTOROK R A, MACDONALD A, SAMPSON J R, et al., 1997. An ecological decision framework for environmental restoration projects. Ecological Engineering, 9 (1-2): 89-107.

PENDER J, 2004. Development pathways for hillsides and highlands: Some lessons from Central America and East Africa. Food Policy, 29: 339-367.

POWER A G, 2010. Ecosystem services and agriculture: Tradeoffs and synergies. Philosophical Transactions of the Royal Society B: Biological Sciences, 365 (1554): 2959-2971.

PROPASTIN P, KAPPAS M, ERASMI S, et al., 2007. Assessment of desertification risk in Central Asia and Kazakhstan using NOAA AVHRR NDVI and precipitation data. Современные Проблемы Дистанционного зондирования Земли Из Космоса, 4 (2): 304-313.

QI Y, CHANG Q, JIA K, et al., 2012. Temporal-spatial variability of desertification in an agro-pastoral transitional zone of northern Shaanxi Province, China. Catena, 88 (1): 37-45.

RAJAN K, NATARAJAN A, KUMAR K A, et al., 2010. Soil organic carbon-the most reliable indicator for monitoring land degradation by soil erosion. Current Science, 99 (6): 823-827.

REVIERE R, BERKOWITZ S, CARTER C C, et al., 1996. Needs Assessment-A Creative and Practical Guide for Social Scientists. New York: Routledge.

ROBINSON S, 2000. Pastoralism and land degradation in Kazakhstan. Coventry: University of Warwick PhD thesis.

ROBINSON S, 2007. Pasture management and condition in Gorno-Badakhshan: A case study. Report on Research Conducted for the Aga Khan Foundation. Tajikistan: Aga Khan Foundation.

ROBINSON S, MILNER-GULLAND E J, 2003. Political change and factors limiting numbers of wild and domestic ungulates in Kazakhstan. Human Ecology, 31 (1): 87-110.

ROBINSON S, MILNER-GULLAND E J, ALIMAEV I, 2003. Rangeland degradation in Kazakhstan during the Soviet era: Re-examining the evidence. Journal of Arid Environments, 53 (3): 419-439.

ROSE C, WILLIAMS J, SANDER G, et al., 1983. A mathematical model of soil erosion and deposition processes: I. Theory for a plane land element 1. Soil Science Society of America Journal, 47 (5): 991-995.

ROWE W C, 2011. Turning the Soviet Union into Iowa: the virgin lands program in the Soviet Union. Engineering Earth, 237-256.

ROYSE D, STATON-TINDALL M, BADGER K, et al., 2009. Needs Assessment. Oxford: Oxford University Press.

SANKEY T T, LEONARD J M, MOORE M M, 2019. Unmanned Aerial Vehicle-Based Rangeland Monitoring: Examining a Century of Vegetation Changes. Rangeland Ecology & Management, 72 (5): 858-863.

SANZ M J, DEVENTE J, CHOTTE J L, et al., 2017. Sustainable Land Management contribution to successful land-based climate change adaptation and mitigation. A Report of the Science-Policy Interface. Bonn, Germany: United Nations Convention to Combat Desertification (UNCCD).

SATYANARAYANA J, REDDY L A K, KULSHRESTHA M J, et al., 2010. Chemical composition of rain water and influence of air mass trajectories at a rural site in an ecological sensitive area of Western Ghats (India). Journal of atmospheric chemistry, 66 (3): 101-116.

SHAMES S, BUCK L E, SCHERR S J, 2011. Reducing costs and improving benefits in smallholder agriculture carbon projects: Implications for going to scale//Wollenberg E, Nihart A, Tapio-Bistrom M, et al. Agriculture and Climate Change Mitigation. London, UK: Earthscan.

SHANG Z H, MA Y S, LONG R J, et al., 2008. Effect of fencing, artificial seeding and abandonment on vegetation composition and dynamics of 'black soil land' in the headwaters of the Yangtze and the Yellow Rivers of the Qinghai-Tibetan Plateau. Land Degradation & Development, 19 (5): 554-563.

SHENG W P, ZHEN L, XIAO Y, et al., 2019. Ecological and socioeconomic effects of ecological restoration in China's Three Rivers Source Region. Science of the Total Environment, 650: 2307-2313.

SHI H, SHAO M A, 2000. Soil and water loss from the Loess Plateau in China. Journal of Arid Environments, 45 (1): 9-20.

SOCIETY FOR ECOLOGICAL RESTORATION, 1996. Minutes of the annual meeting of the Board of the Directors. Madison: Society for Ecological Restoration.

SOCIETY FOR ECOLOGICAL RESTORATION, 2004. The SER International Primer on Ecological Restoration. Version 2. Society for Ecological Restoration International Science and Policy Working Group.

SORIANO F I, 2013. Conducting Needs Assessment- A Multidisciplinary Approach. 2nd Edition. London: SAGE Publications, Inc.

STEFANSKI J, CHASKOVSKYY O, WASKE B, 2014. Mapping and monitoring of land use changes in post-Soviet western Ukraine using remote sensing data. Applied Geography, 55: 155-164.

STOW D, SCOTT D, HOPE A, et al., 2003. Variability of the seasonally integrated normalized difference vegetation index across the north slope of Alaska in the 1990s. International Journal of Remote Sensing, 24 (5): 1111-1117.

SUN W Y, SONG X Y, MU X M, et al., 2015. Spatiotemporal vegetation cover variations associated with climate change and ecological restoration in the Loess Plateau. Agricultural and Forest Meteorology, 209-210: 87-99.

SWEETING M M, 1993. Reflections on the development of Karst geomorphology in Europe and a comparison with its development in China. Zeitschrift Fur Geomorphologie, 37: 127-136.

TIAN Y C, BAI X Y, WANG S J, et al., 2017. Spatial- temporal changes of vegetation cover in Guizhou Province, Southern China. Chinese Geographical Science, 27 (1): 25-38.

TONG X, WANG K, YUE Y, et al., 2017. Quantifying the effectiveness of ecological restoration projects on long-term vegetation dynamics in the karst regions of Southwest China. International Journal of Applied Earth Observation and Geoinformation, 54: 105-113.

TONG X W, BRANDT M, YUE Y M, et al., 2018. Increased vegetation growth and carbon stock in China karst via ecological engineering. Nature sustainability, 1 (1): 44.

UNCCD, 1999. United Nations Convention to Combat Desertification in Those Countries Experiencing Serious Drought And/or Desertification, Particularly in Africa. Bonn: UNCCD.

UNDP, 2010. Handbook for Conducting Technology Needs Assessment for Climate Change. New York: UNDP.

UNDP, 2015. UNDP in Focus 2014/2015-Time for Global Action. New York: UNDP.

UNEP, 1994. United Nations Convention to Combat Desertification. Nairobi: United Nations Environmental Programme.

UNFCCC, 2002. Report of the Conference of the Parties on its seventh session, held at Marrakech from 29 October to 10 November 2001 - Addendum part two: Action taken by the Conference of the Parties, FCCC/CP/2001/13/Add. 1.

U. S. NATIONAL RESEARCH COUNCIL, 1992. Restoration of Aquatic Ecosystem: Science, Technology and Public Policy. Washington DC: National Academy Press.

WORLD BANK, 2004. Kazakhstan's Livestock Sector-Support its Renewal. Washington DC: World Bank.

WANG C, ZHEN L, DU B Z, 2017. Assessment of the impact of China's Sloping Land Conservation Program on regional development in a typical hilly region of the loess plateau—A case study in Guyuan. Environmental Development, 21: 66-76.

WANG H, LI Q, DU X, et al., 2018. Quantitative extraction of the bedrock exposure rate based on unmanned aerial vehicle data and Landsat- 8 OLI image in a karst environment. Frontiers of Earth Science, 12 (3): 481-490.

WANG S J, LI R L, SUN C X, et al., 2004. How types of carbonate rock assemblages constrain the distribution of karst rocky desertified land in Guizhou Province, PR China: Phenomena and mechanisms. Land Degradation & Development, 15 (2): 123-131.

WANG Y Q, SHAO M A, 2013. Spatial variability of soil physical properties in a region of the Loess Plateau of PR China subject to wind and water erosion. Land Degradation & Development, 24 (3): 296-304.

WILCOVE D S, GIAM X, EDWARDS D P, et al., 2013. Navjot's nightmare revisited: Logging, agriculture, and biodiversity in Southeast Asia. Trends in Ecology & Evolution, 28 (9): 531-540.

WISCHMEIER W R H, SMITH D D, 1949. Predicting rainfall-erosion losses from cropland east of the Rocky Mountains: Guide for selection of practices for soil and water conservation. US Department of Agriculture.

WITKIN B R, ALTSCHULD J W, 1999. Planning and Conducting Needs Assessment-A Practical Guide. London: Sage Publications.

XIAO J, SHEN Y, TATEISHI R, et al., 2006. Development of topsoil grain size index for monitoring desertification in arid land using remote sensing. International Journal of Remote Sensing, 27 (12): 2411-2422.

YANG T, XU C Y, CHEN X, et al., 2010. Assessing the impact of human activities on hydrological and sediment changes (1953-2000) in nine major catchments of the Loess Plateau, China. River Research and Applications, 26 (3): 322-340.

YUAN D X, 1997. Rock desertification in the subtropical karst of south China. Zeitschrift fur Geomorphologie, 108: 81-90.

ZHAMBAKIN Z, 1995. Pastbisha Kazakhstana [Pastures of Kazakhstan]. Almaty: Kainar.

ZHANG M Y, WANG K L, ZHANGC H, et al., 2011. Using the radial basis function network model to assess rocky desertification in northwest Guangxi, China. Environmental Earth Sciences, 62 (1): 69-76.

ZHANG Y, DONG S K, GAO Q Z, et al., 2016a. Responses of alpine vegetation and soils to the disturbance of plateau pika (Ochotona curzoniae) at burrow level on the Qinghai-Tibetan Plateau of China. Ecological Engineering, 88: 232-236.

ZHANG Y, PENG C H, LI W Z, et al., 2016b. Multiple afforestation programs accelerate the greenness in the 'Three North' of China from 1982 to 2013. Ecological Indicators, 61: 404-412.

ZHAO G, MU X, WEN Z, et al., 2013. Soil erosion, conservation, and eco-environment changes in the Loess Plateau of China. Land Degradation and Development, 24 (5): 499-510.

ZHEN L, YAN H M, HU Y F, et al., 2017. Overview of ecological restoration technologies and evaluation systems. Journal of Resources and Ecology, 8 (4): 315-324.

ZHEN L, DU B Z, WEI Y J, et al., 2018. Assessing the effects of ecological restoration approaches in the alpine rangelands of the Qinghai-Tibetan Plateau. Environmental Research Letters, 13: 095005.

附　　录

附录一　生态技术需求可行性评价主要指标计算方法

A.1　林草盖度变化率

先计算原有林草盖度，即林草面积占土地总面积之比，再计算新增林草所增加的林草盖度，按式（A-3）计算累积达到的林草盖度

$$C_b = f_b / F \qquad (A-1)$$
$$C_a = f_a / F \qquad (A-2)$$
$$C_{ab} = (f_b + f_a) / F \qquad (A-3)$$

式中，f_b 为原有林草（包括人工林草和天然林草）面积（km²）；f_a 为新增林草（包括人工林草和封育林草）面积（km²）；F 为土地总面积（km²）；C_b 为原有林草盖度（%）；C_a 为新增林草所增加的盖度（%）；C_{ab} 为累积达到的林草盖度（%）。f_b 与 f_a 均为实有保存面积。

A.2　生物多样性提升程度

生物多样性指数变化：治理后物种多样性指数–治理前物种多样性指数

$$\text{Simpson 多样性指数 } D = 1 - \sum P_i^2 \qquad (A-4)$$

式中，P_i 指物种的个体数占群落中总个体数的比例。

A.3　土壤侵蚀模数变化

A.3.1　水土保持的减沙作用（水保法）

$$\Delta S_c = \Delta S_1 \pm \Delta S_2 - \Delta S_3 + \Delta S_4 \qquad (A-5)$$

式中，ΔS_c 为治理后年均减沙量（t）；ΔS_1 为各项水土保持措施年均减沙量（t）；ΔS_2 为泥沙运行中泥沙年均增减量（t）；ΔS_3 为各类活动年均河道增沙量（t）；ΔS_4 为降水量偏小影响年均减沙量（t）。

A.3.2　就地入渗措施的效益

计算方法包括两个步骤：先求得减少径流与侵蚀模数，再计算减少径流与减少侵蚀的总量。

减流与减蚀模数的计算，用有措施（梯田、林、草）坡面的径流模数、侵蚀模数与无措施（坡耕地、荒坡）坡面的相应模数对比，按式（A-6）和式（A-7）计算

$$\Delta W_{\mathrm{m}} = W_{\mathrm{mb}} - W_{\mathrm{ma}} \qquad (\text{A-6})$$

$$\Delta S_{\mathrm{m}} = S_{\mathrm{mb}} - S_{\mathrm{ma}} \qquad (\text{A-7})$$

式中，ΔW_{m} 为减少径流模数（$\mathrm{m^3/km^2}$）；ΔS_{m} 为减少侵蚀模数（$\mathrm{t/km^2}$）；W_{mb} 为治理前（无措施）径流模数（$\mathrm{m^3/km^2}$）；W_{ma} 为治理后（有措施）径流模数（$\mathrm{m^3/km^2}$）；S_{mb} 为治理前（无措施）侵蚀模数（$\mathrm{t/km^2}$）；S_{ma} 为治理后（有措施）侵蚀模数（$\mathrm{t/km^2}$）。

各项措施减流、减蚀总量的计算，应用各项措施的减流、减蚀有效面积与相应的减流、减蚀模数相乘，按式（A-8）和式（A-9）计算

$$\Delta W = F_{\mathrm{e}} \Delta W_{\mathrm{m}} \qquad (\text{A-8})$$

$$\Delta S = F_{\mathrm{e}} \Delta S_{\mathrm{m}} \qquad (\text{A-9})$$

式中，ΔW 为某项措施的减流总量（$\mathrm{m^3}$）；ΔW_{m} 为减少径流模数（$\mathrm{m^3/km^2}$）；ΔS 为某项措施的减蚀总量（t）；ΔS_{m} 为减少侵蚀模数（$\mathrm{t/km^2}$）；F_{e} 为某项措施的有效面积（$\mathrm{km^2}$）。

A.4 土壤改良效益

计算的基本方法：在实施治理措施前后，取土样分别进行物理性质、化学性状分析，将分析结果进行前后对比，取得改良土壤的定量数据，具体如下：

1）对比内容。将梯田与坡耕地对比，保土耕作法与一般耕作法对比，坝地、引洪漫地与旱地对比，造林种草与荒坡或退耕地对比。

2）取样深度与土壤物理化学性质分析方法，可按土壤物理化学性质分析的有关规定执行。

3）改良土壤计算项目的增产量，可按式（A-10）计算

$$\Delta q = q_{\mathrm{b}} - q_{\mathrm{a}} \qquad (\text{A-10})$$

式中，Δq 为改良土壤计算项目的增减量；q_{a} 为有措施地块中项目的含量；q_{b} 为无措施地块中项目的含量。

A.5 保护现有土地不被沙化的面积

保护现有土地不被沙化的面积可按式（A-11）计算

$$\Delta f = f_{\mathrm{b}} - f_{\mathrm{a}} \qquad (\text{A-11})$$

式中，Δf 为保护土地不被沙化的面积（$\mathrm{hm^2}$）；f_{b} 为治理前每年沙化损失的面积（$\mathrm{hm^2}$）；f_{a} 为治理后每年沙化损失的面积（$\mathrm{hm^2}$）。f_{b} 与 f_{a} 的数值均通过调查获得。

A.6 岩石裸露率的监测和计算方法

岩石裸露率：监测点数据获取采用样线法，在退化区坡地采用与坡向呈45°设置样线，平地采用东北、西南方向设置样线、沿线记录岩石裸露的长度，累计长度占样线长度的百分比即岩石裸露率。

退化区岩石裸露率栅格数据计算：获取空间分辨率优于30m的遥感数据，通过目视解译，估算岩石裸露率，或通过建立地面岩石裸露率测定数据与对应的敏感波段影像波段值之间的遥感模型，估算岩石裸露率。

A.7　退化指示植物的监测记录

发现以下种类植物时，不论多少，均应记录，并注明数量（百分率）。

1）盐化土易生植物：盐角草、地枣、黄须、滨藜、盐木、梭梭柴、西伯利亚白刺、黑果枸杞、柽柳、红沙、珍珠、盐爪爪、补血草、茇茇草；

2）碱化土易生植物：碱蒿、星星草；

3）沙化土易生植物：沙米、绵蓬、小叶锦鸡儿、糙隐子草、油蒿、羊柴、沙竹、差巴嘎蒿、白蒿、紫花针茅、闭穗、兴安胡枝子、狗尾草、黄蒿、阿尔泰狗娃花、变蒿。

A.8　污染缓解程度

A.8.1　地表水水质达到或优于Ⅲ类比例提高幅度

水质达到或优于Ⅲ类比例指区内主要监测断面水质达到或优于Ⅲ类水的比例，执行《地表水环境质量标准》（GB 3838—2002）。水质达到或优于Ⅲ类比例提高幅度是指当前水质达到或优于Ⅲ类比例与去年相比提高的幅度。

A.8.2　地表水劣Ⅴ类水体比例下降幅度

劣Ⅴ类水体比例是指区内主要监测断面劣Ⅴ类水体比例。劣Ⅴ类水体比例下降幅度指当前劣Ⅴ类水体比例与去年相比下降的幅度。要求基本消除区内劣Ⅴ类水体（占比不超过5%），执行《地表水环境质量标准》（GB 3838—2002）。

A.9　单位面积年增产量与年增产值

A.9.1　产品（实物）的增产量（治理前后种植同一作物）

可按式（A-12）计算

$$\Delta p = p_a - p_b \tag{A-12}$$

式中，Δp 为该项措施实施后每年单位面积增产量（kg/hm²）；p_a 为该项措施实施前每年单位面积产量（kg/hm²）；p_b 为该项措施实施后每年单位面积产量（kg/hm²）。

A.9.2　年总增产值

可按式（A-13）计算

$$z = y\Delta p = y(p_a - p_b) \tag{A-13}$$

式中，z 为年总增产值（元/hm²）；y 为上述措施的产品单价（元/kg）。为便于对比研究，y 值应采用不变价格。

A.9.3　年净增产值

可按式（A-14）、式（A-15）及式（A-16）计算

$$j = z - \Delta u \tag{A-14}$$

$$\Delta u = u_a - u_b \tag{A-15}$$

$$j = (yp_a - u_a) - (yp_b - u_b) \tag{A-16}$$

式中，j 为年净增产值（元/hm²）；Δu 为该项措施实施后单位面积年增加的生产费用（元/hm²）；u_b 为该项措施实施前单位面积年生产费用（元/hm²）；u_a 为该项措施实施后单位面积年生产费用（元/hm²）。

A.10　提高劳动生产率

调查统计治理前和治理后的全部农地从种到收需用的总劳工（工·日）所获得的粮食总产量（kg），求得治理前和治理后单位劳工生产的粮食 [kg/（工·日）]，进行对比，计算其提高的劳动生产率。

A.11　节约的农地面积

节约的农地面积按式（A-17）计算

$$\Delta F = F_b - F_a = V/P_b - V/P_a \tag{A-17}$$

式中，ΔF 为节约的农地面积（hm²）；V 为粮食总需求量（kg）；F_b 为需坡耕地面积（hm²）；F_a 为需基本农田面积（hm²）；P_b 为坡耕地粮食单位面积产量（kg/hm²）；P_a 为基本农田粮食单位面积产量（kg/hm²）。

A.12　减贫作用

调查统计治理前和治理后区域内人均产值与纯收入（元/人），进行对比，并用国家和地方政府规定的脱贫与小康标准衡量和对比，确定区域内贫、富、小康状况的变化。

A.13　产投比与回收年限

A.13.1　单项措施单位面积的产投比与回收年限

按式（A-18）计算产投比

$$K = j/d \tag{A-18}$$

式中，K 为产投比；j 为单项措施生效年单位面积的净增产值（元/hm²）；d 为单项措施生效年单位面积的基本建设投资（元/hm²）。

式（A-18）计算得到的产投比 K，只有一年的增产效益，未能全面反映水土保持的一次基建投资后若干年内应有的增产效益。

按式（A-19）计算基本建设投资回收年限

$$H = m + d/j = m + 1/K \tag{A-19}$$

式中，H 为基本建设投资回收年限；m 为该项措施生效所需时间。

A.13.2　措施实施期末的产投比

基本建设总投资 D 可按式（A-20）计算

$$D = Fd = nfd \tag{A-20}$$

式中，F 为该项措施实施总面积（hm²）；f 为该项措施年均实施面积（hm²）；n 为该项措施实施期（年）。

累计净增产值可按式（A-21）计算

$$J_r = F_r j = fRj \qquad\qquad (A-21)$$

式中，J_r 为累计净增产值（元）；F_r 为该项措施累计有效面积（hm^2）；R 为该项措施累计有效面积系数。

产投比 K_r 可按式（A-22）计算

$$K_r = J_r / D = fRj / nfd = Rj / nd \qquad\qquad (A-22)$$

附录二　全球典型脆弱生态区生态技术需求调研问卷

QUESTIONNAIRE FOR
NEEDS ASSESSMENT OF RESTORATION TECHNOLOGY

Background:

In 2016, the Ministry of Science and Technology of China launched a key Research and Development Program entitled "Methods and indicator systems for assessing ecological restoration technology, and evaluation of ecosystem rehabilitation approaches from around the world (2016–2020). The main objectives are to evaluate promising ecological restoration technology (ERT) from China and the representative countries for combating desertification, soil and water erosion, and karst rocky desertification, in order to identify the most appropriate ERT for regions with specific needs.

The purpose of this survey is to explore and assess the existing ERT and identify the needs for ERT.

Your cooperation is very much appreciated. Thank you very much!

Contacts:

Prof Dr. Lin Zhen (Project leader)
Email: zhenl@ igsnrr. ac. cn

Affiliation:

Institute of Geographic Science and Natural Resources Research (www. igsnrr. ac. cn)
Chinese Academy of Sciences
11A Datun Road, Chaoyang District
Beijing 100101
PR China

QUESTIONNAIRE FOR
NEEDS ASSESSMENT OF ECOLOGICAL RESTORATION TECHNOLOGY

Please write your personal information below:

Name _____ Title _____ Gender _____ Country_____

Affiliation _____

Your job description _____

Your position _____

Email _____

1. Please write the name and location of your study area (*the one you are most familiar with. If you don't know a study area, please write the name of the country*):

   Name of the study area_____

   Location of study area in the country (specify) _____

2. In your aforementioned study area or country, what are the main ecological degradation issues, associated driving factors, and ecological restoration technology (ERT) currently applied. (*note: if more than one issue exists in your study area, please fill them up in different rows as indicated in the Left column of the table. Maximum 3 issues can be provided for one study area*)

No.	Ecological degradation issue (√only one in one row)	Driving factors (√all that apply)	Name of applied ERT (specify)	Purpose to use this ERT (key words)	Evaluation of this ERT (Score: 1, 2, 3, 4, 5. The higher the score, the higher the value of the criteria)	
					Criteria	Score
1	A-Desertification B-Soil erosion C-Soil salinization D-loss of biodiversity E-Karst rock desertification F-Others (specify)	A-Drought B-Wind C-Water erosion D-Chemical deterioration E-Overgrazing F-Intensive farming G-Mining H-Others (specify)	ERT 1:		Readiness[①]	
					Suitability	
					Easy to use	
					Cost	
					Effectiveness	
					Potential to transfer to other regions	
			ERT 2:		Readiness	
					Suitability	
					Easy to use	
					Cost	
					Effectiveness	
					Potential to transfer to other regions	
2	A-Desertification B-Soil erosion C-Soil salinization D-loss of biodiversity E-Karst rock desertification F-Others (specify)	A-Drought B-Wind C-Water erosion D-Chemical deterioration E-Overgrazing F-Intensive farming G-Mining H-Others (specify)	ERT 1:		Readiness	
					Suitability	
					Easy to use	
					Cost	
					Effectiveness	
					Potential to transfer to other regions	
			ERT 2:		Readiness	
					Suitability	
					Easy to use	
					Cost	
					Effectiveness	
					Potential to transfer to other regions	

① Readiness: refers to the development and application level, or maturity level of the ERT.

Continued

No.	Ecological degradation issue (√only one in one row)	Driving factors (√all that apply)	Name of applied ERT (specify)	Purpose to use this ERT (key words)	Evaluation of this ERT (Score: 1, 2, 3, 4, 5. The higher the score, the higher the value of the criteria)	
					Criteria	Score
3	A-Desertification B-Soil erosion C-Soil salinization D-loss of biodiversity E-Karst rock desertification F-Others (specify)	A-Drought B-Wind C-Water erosion D-Chemical deterioration E-Overgrazing F-Intensive farming G-Mining H-Others (specify)	ERT 1:		Readiness	
					Suitability	
					Easy to use	
					Cost	
					Effectiveness	
					Potential to transfer to other regions	
			ERT 2:		Readiness	
					Suitability	
					Easy to use	
					Cost	
					Effectiveness	
					Potential to transfer to other regions	

3. With regard to each of the degradation issues as you selected in the above question for your study area or country, please describe anyunsolved or remaining degradation problems that haven't been solved or tackled by the current ecological restoration technologies (ERT).

Issue in your study area (refer to above question)	Description of unsolved degradation problem by current ERT in your study area (as specific as possible)	What kind of ERT do you think can solve this remaining problem (as specific as possible)
A-Desertification		
B-Soil erosion		
C-Soil salinization		
D-Biodiversity Loss		
E-Karst rock desertification		
F-Others (specify)		

4. Considering multi-lateral collaboration between your country and other countries in terms of ecological restoration technology, please give answers to the following questions:

(1) To your knowledge and experience, which of your country's or study area's ecological restoration technologies (ERT) would you like to recommend to China, and the reasons?

Name of ERT from your country	Reason to recommend (key words)	Restrictions of this ERT	How can this ERT be transferred and applied in China	From where you know this ERT (reference)
1.				
2.				
3.				

(2) To your knowledge and experience, which of other countries' or study area's ecological restoration technologies (ERT) do you think can be transferred and applied to your country, and the reasons:

Name of RT from other country	Reason to be used in your country (Key words)	Restrictions of this RT	How can this RT be transferred and applied in your country	From where you know this ERT (reference)
1.				
2.				
3.				

附录三　全球典型脆弱生态区生态技术评价及技术需求评估表
（全球"一区一表"）

土耳其水土流失区		
国家地理位置	横跨欧洲和亚洲，邻格鲁吉亚、亚美尼亚、阿塞拜疆、伊朗、伊拉克、叙利亚、希腊和保加利亚，濒地中海、爱琴海、马尔马拉海和黑海	
国家基本情况	自然条件	气候类型多样，东南部较为干旱，中部安纳托利亚高原较为凉爽湿润。地形复杂多样，从沿海平原到山区草场，从雪松林到绵延的大草原，是世界植物资源最丰富的地区之一。国土面积为 78.36 万 km^2，森林面积达 20 万 km^2
	社会经济	工农业均有一定基础，轻纺、食品工业发达，粮食、棉花、蔬菜、水果、肉类等基本实现自给自足。农业生产总值占 GDP 的 20% 左右，从事农业的劳动力占全国劳动力的 50% 左右。大部分耕地用来种植粮食作物，其中小麦和大麦的种植面积最大。经济作物（棉花和烟草）是重要的出口商品。牧场养殖绵羊及少量的牛和山羊
生态退化问题：水土流失		
退化问题描述	20 世纪 70 年代，每年土壤侵蚀量约为 5 亿 t，2016 年土壤侵蚀量为 1.54 亿 t	
驱动因子	自然：水蚀 人为：土地过度利用	
现有主要技术		
技术名称	1. 轮牧	2. 滴灌
效果评价		
存在问题	适宜性较差、推广潜力不大	推广难度大
技术需求		
需求技术名称	1. 增加植被盖度	2. 边坡防护
功能和作用	保持水土	防治坡面水土流失
推荐技术		
推荐技术名称	1. 人工造林	2. 边坡种植
主要适用条件	水热条件适宜的地区	坡度较缓的坡面

菲律宾水土流失区		
国家地理位置	位于亚洲东南部，北隔巴士海峡与中国台湾省遥遥相对，南和西南隔苏拉威西海、巴拉巴克海峡与印度尼西亚、马来西亚相望，西濒南中国海，东临太平洋	
国家基本情况	自然条件	季风性热带雨林气候，高温多雨，湿度大，台风频发。年均气温为27℃，年均降水量为2000~3000mm，森林面积为15万km²，覆盖率达50.1%。国土面积为29.97万km²，菲律宾群岛地形以山地为主，其占国土面积的3/4以上
	社会经济	出口导向型国家，第三产业在国民经济中地位突出，其次是农业和制造业。20世纪90年代初，90%的家庭依赖小农。2016年农林渔业生产总值为294.23亿美元，占GDP的8.0%
生态退化问题：水土流失		
退化问题描述	约45%的土地遭受中度到重度的侵蚀，土地生产力和保水能力降低了30%~50%，是坡地蔬菜可持续生产的主要制约因素	
驱动因子	自然：水蚀 人为：土地过度利用	
现有主要技术		
技术名称	1. 灌木等高篱技术	2. 石墙梯田技术
效果评价		
存在问题	技术推广难	结构耐久性差、后期维护所需费用较高
技术需求		
需求技术名称	1. 坡地保水种植	2. 保护性耕作
功能和作用	缓解坡地水土流失	缓解农用地水土流失
推荐技术		
推荐技术名称	1. 蔬菜梯田	2. 秸秆覆田
主要适用条件	水分适宜的缓坡地	蒸发量较大、土壤流失严重的耕地

泰国水土流失区			
国家地理位置		位于中南半岛中南部，与柬埔寨、老挝、缅甸、马来西亚接壤，东南临泰国湾（太平洋），西南濒安达曼海（印度洋）	
国家基本情况	自然条件	热带季风气候，温暖潮湿，年均降水量约为1000mm。国土面积为51.3万km²。地势北高南低，自西北向东南倾斜，地形以平原和低地为主（占其国土总面积的50%以上）。湄南河是泰国最主要的河流，纵贯泰国南北，全长约1352km	
	社会经济	东南亚第二大经济体，制造业、农业和旅游业是其支柱产业。农业是传统经济产业，全国耕地面积约为22.4万km²，占其国土总面积的43.66%，是世界上稻谷和天然橡胶出口量最大的国家。农产品出口是外汇收入的主要来源之一	

生态退化问题：水土流失			
退化问题描述		土地退化治理成本每年约为27亿美元，其中40%是由于生态系统服务供给受到影响（如粮食供应、木材生产等）而产生的。全国土壤侵蚀总面积（包括不同程度的侵蚀）为17.42万km²，占其国土面积的33.96%	
驱动因子		自然：水蚀，季节性暴雨 人为：土地过度开采，陡坡耕地	

现有主要技术			
技术名称		1. 小台阶梯田技术	2. 截水沟技术
效果评价			
存在问题		不适合机械化耕作	排出水流可能带来场外侵蚀

技术需求			
需求技术名称		1. 侵蚀控制	2. 保护性耕作技术
功能和作用		保水固土	减少农用地水土流失

推荐技术			
推荐技术名称		1. 植树造林	2. 免耕少耕
主要适用条件		水分条件较好的地区	由于过度耕作而发生退化的耕地

埃塞俄比亚阿姆哈拉州水土流失区		
国家地理位置	非洲东北部内陆国，东与吉布提、索马里毗邻，西同苏丹、南苏丹交界，南与肯尼亚接壤，北接厄立特里亚	
国家基本情况	自然条件	地处热带，由于纬度跨度和海拔差距较大，各地温度冷热不均、降水不均，局部干旱。国土面积110.36万km²，高原占全国土地面积的2/3，平均海拔近3000m，素有"非洲屋脊"之称。水资源丰富，号称"东非水塔"。境内河流湖泊较多，青尼罗河发源于此，但利用率不足5%。目前森林覆盖率为9%
	社会经济	世界最不发达国家之一。以农牧业为主，工业基础薄弱。农业系国民经济和出口创汇的支柱，占GDP约40%。农牧民占总人口85%以上。以小农耕作为主，广种薄收，常年缺粮。苔麸、小麦等谷类作物占粮食作物产量的84.15%。经济作物有咖啡、恰特草、鲜花、油料等。以家庭放牧为主，抗灾力弱，产值约占GDP的20%。牲畜存栏总数居非洲之首、世界第十

生态退化问题：水土流失	
退化问题描述	农田土壤流失严重，每年约有19亿t土壤随雨水流失，带来土壤养分大量流失，沙漠化、石漠化等土地退化问题，位于西北部的阿姆哈拉州是埃塞俄比亚水土流失最严重的地区
驱动因子	自然：雨季集中且降雨量大 人为：土地过度开垦和过度放牧

现有主要技术		
技术名称	1. 石头堤岸与排灌沟槽技术	2. 人工建植技术
效果评价		
存在问题	成本较高	幼苗成活率较低

技术需求		
需求技术名称	1. 基于自然的人工建植	2. 林分改造
功能和作用	提高植被盖度、维护生物多样性	提高植被盖度、拦截径流、涵养水源

推荐技术		
推荐技术名称	1. 草地群落近自然配置	2. 近自然林
主要适用条件	人工草地	人工林

肯尼亚东部水土流失区

国家地理位置		位于非洲东部，赤道横贯中部，东非大裂谷纵贯南北。东邻索马里，南接坦桑尼亚，西连乌干达，北与埃塞俄比亚、南苏丹交界，东南濒临印度洋，海岸线长536km
国家基本情况	自然条件	全境位于热带季风区，沿海地区湿热，高原气候温和，全年最高气温为22～26℃，最低为10～14℃。境内多高原，平均海拔1500m。国土面积为58.3万km²，森林面积8.7万km²，占国土面积的15%，林木储量9.5亿t
	社会经济	肯尼亚是撒哈拉以南经济基础较好的非洲国家之一。农业是国民经济的支柱，产值约占国GDP的1/3，其出口占肯尼亚总出口一半以上。全国约80%的人口从事农牧业。可耕地面积9.2万km²（约占国土面积的16%），其中已耕地占73%。2016年，茶叶、园艺产品、咖啡是其重要的出口创汇产业。渔业资源丰富，且大多来自境内的淡水湖泊

生态退化问题：水土流失	
退化问题描述	由于降水集中及过度开垦和放牧，东部地区牧场水土流失严重，每年约有19亿t土壤随雨水流失，水土流失威胁着数百万人并严重降低了土地的生产力
驱动因子	自然：气候干旱、降水集中 人为：限制游牧民移动政策，人口压力

现有主要技术		
技术名称	1. 人工造林	2. 旱作农业
效果评价		
存在问题	未兼顾物种多样性	成本较高、推广高

技术需求		
需求技术名称	1. 水资源高效利用	2. 农林复合经营
功能和作用	蓄水保水、增加产量	提高土地多元化利用程度、充分发挥土地潜力

推荐技术		
推荐技术名称	1. 集雨滴灌	2. 地埂灌木+台地经济林
主要适用条件	降水量小且地下水资源缺乏的地区	立地条件较好的宜林山地

赞比亚卢萨卡市水土流失区

国家地理位置	位于非洲中南部，内陆国家。东接马拉维、莫桑比克，南接津巴布韦、博茨瓦纳和纳米比亚，西邻安哥拉，北靠刚果（金）及坦桑尼亚	
国家基本情况	自然条件	热带草原气候，湿度低，海拔 1000~1500m，地势大致从东北向西南倾斜。境内河流众多，水网稠密，水力资源非常丰富，主要河流是赞比西河，是非洲第四大河，全长 2660km，国土面积为 75.3 万 km²。57% 土地适宜从事农业生产，其中 39 万 km² 为中高产地，年均降水量为 800~1000mm
	社会经济	经济以农业、矿业和服务业为主，其中采矿业是国民经济主要支柱之一。农业是赞比亚国民经济的重要部门，生产总值约占 GDP 的 18%。全国 80% 以上人口从事农业生产，目前已开发的耕地面积为 6.2 万 km²，只占全部可耕地的 14%。主要农作物是玉米、小麦、大豆、水稻等。耕地普遍缺乏灌溉系统，农作物抗灾能力较弱

生态退化问题：水土流失

退化问题描述	首都卢萨卡市水土流失造成的土地退化严重。土地退化造成土地生产力降低，作物产量下降；在依赖农业发展的区域，土地退化影响了其社会经济发展，加剧了农村地区的贫困	
驱动因子	自然：降水量季节性分布不均 人为：森林砍伐	

现有主要技术

技术名称	1. 免耕技术	2. 农林复合种植技术
效果评价		
存在问题	难以被农户接受	成本较高、适宜的区域范围有限

技术需求

需求技术名称	1. 牧场经营	2. 土壤防蚀
功能和作用	缓解土地退化、提高动物生产力	土壤保持、增加土壤抗蚀性、保护农田

推荐技术

推荐技术名称	1. 轮牧	2. 围栏封育
主要适用条件	放牧压力较大的草场	土壤侵蚀发生的林草地

哈萨克斯坦北部水土流失区

国家地理位置	位于亚洲中部，北邻俄罗斯，南与乌兹别克斯坦、土库曼斯坦、吉尔吉斯斯坦接壤，西濒里海，东接中国	
国家基本情况	自然条件	属大陆性气候，冬季寒冷，夏季温和。1月平均温度为−19～−4℃，7月平均温度为19～26℃。年均降水量为150mm，国土面积为272.49万km²
	社会经济	经济以石油、采矿、煤炭和农牧业为主。2017年农业生产总值占比为8.9%。农业可用土地面积达220万km²，其中耕地面积为29.41万km²，牧场为188万km²

生态退化问题：水土流失、荒漠化		
退化问题描述	哈萨克斯坦北部存在由风蚀和水蚀等因素引起的水土流失、荒漠化问题	
驱动因子	自然：风蚀、水蚀 人为：矿产开采	

现有主要技术		
技术名称	1. 围栏封育	2. 草方格沙障
效果评价		
存在问题	草场面积大带来的总成本高	需要专业人员培训、成本高

技术需求		
需求技术名称	1. 可持续养殖管理	2. 建立生物保护带
功能和作用	防止过度放牧导致的荒漠化	防风固沙

推荐技术		
推荐技术名称	1. 划区禁牧/轮牧/休牧	2. 生态垫结合植物措施治理流动沙地
主要适用条件	中亚、西亚荒漠化退化草地	城市、农田周围缓冲地带

印度西部荒漠化区		
国家地理位置	位于南亚，东北部同中国、尼泊尔、不丹接壤，孟加拉国夹在东北国土之间，东部与缅甸为邻，东南部与斯里兰卡隔海相望，西北部与巴基斯坦交界。东临孟加拉湾，西濒阿拉伯海	
国家基本情况	自然条件	大部分属于热带季风气候，降水少且分配不均，干旱频发，土壤条件不利于集约化作物生产。国土面积约为298万km²，拥有世界10%的可耕地，面积约为160万km²。高密度的人口和牲畜给区域自然资源带来压力。游牧民族广泛分布，耕地扩张也威胁着脆弱的生态系统
国家基本情况	社会经济	经济以耕种、现代农业、手工业、现代工业以及其支撑产业为主，是世界上最大的粮食生产国之一。农村人口占总人口的72%
生态退化问题：荒漠化		
退化问题描述	土壤侵蚀导致71%以上的土地发生荒漠化，其中水蚀占61.7%，风蚀占10.24%。同时存在涝渍、盐碱化等土地退化问题。印度西部干旱严重的拉贾斯坦邦58%的土地均为流沙地和沙丘，严重威胁农田、灌渠和公路	
驱动因子	自然：水蚀、风蚀、干旱 人为：森林砍伐、工业和采矿活动	
现有主要技术		
技术名称	1. 防风固沙林带	2. V形水渠等高线保墒技术
效果评价		
存在问题	成本较高	居民接受意愿低、推广潜力低
技术需求		
需求技术名称	1. 保水集水	2. 控制沙化区域
功能和作用	缓解干旱、控制侵蚀	防止退化范围扩张
推荐技术		
推荐技术名称	1. 水坝引水	2. 种植树带或人工草地
主要适用条件	坡面	发生退化的林地和草地

伊朗荒漠化区		
国家地理位置	位于亚洲西南部，同土库曼斯坦、阿塞拜疆、亚美尼亚、土耳其、伊拉克、巴基斯坦和阿富汗相邻，南濒波斯湾和阿曼湾，北隔里海与俄罗斯和哈萨克斯坦相望	

国家基本情况	自然条件	属大陆性气候，冬冷夏热，大部分地区干燥少雨。境内多高原，东部为盆地和沙漠。国土面积为 164.5 万 km^2，近 11.2% 的土地是农业用地，森林、牧场和沙漠分别占 7.5%、54.6% 和 19.7%，其余 7% 的土地被划分为盐碱地、建筑用地和基础设施用地等
	社会经济	2018 年，伊朗 GDP 总计约为 4300 亿美元，人均 GDP 为 5220 美元。人口约为 8165 万人，人口密度为 49.63 人/km^2。农耕资源丰富，全国可耕地面积超过 52 万 km^2，占其国土面积的 30% 以上。农业人口占总人口的 43%，农民人均耕地为 510m^2。农业机械化程度较低，但粮食生产已实现 90% 自给自足

生态退化问题：荒漠化		
退化问题描述	土壤侵蚀（风蚀和水蚀）是伊朗土地退化的最重要因素之一。在全国土地总面积中，约有 75 万 km^2 受到水蚀、20 万 km^2 受到风蚀影响从而加速了荒漠化的发生，其余 5 万 km^2 受到过度放牧等其他因素的影响发生退化，约有 2 万 km^2 土地发生盐碱化	
驱动因子	自然：风蚀、水蚀、干旱 人为：过度开发土地，缺乏土地管理与规划	

现有主要技术		
技术名称	1. 放牧管理	2. 雨水收集
效果评价		
存在问题	技术支持、认知与普及程度低	集水设施的修建与维护

技术需求		
需求技术名称	1. 保水措施	2. 草地可持续管理
功能和作用	高效利用有限水资源	避免过度利用

推荐技术		
推荐技术名称	1. 人工草地	2. 季节性轮牧
主要适用条件	发生严重退化的草地	放牧压力较大的草地

213

蒙古国荒漠化区		
国家地理位置	地处亚洲中部，东、南、西与中国接壤，北与俄罗斯相邻	
国家基本情况	自然条件	属典型的大陆性气候，国土面积为156.65km²，90%的国土处于干旱、半干旱气候区，易发生荒漠化；平均海拔超过1500m，以山丘和高原为主，南部为戈壁荒漠，占国土总面积的1/4；冬季长，冬季平均气温−24～−4℃，常有大风雪，年降水量120～250mm；以栗钙土和盐碱土为主，植被类型以草原为主
	社会经济	总人口320万，人口密度约为2人/km²，其中农村人口占总人口的32.4%。2018年人均GDP为4104美元，畜牧业是传统产业和国民经济的基础，以自然放牧（游牧）为主，现阶段难以实现大规模、现代化生产

生态退化问题：荒漠化	
退化问题描述	全国76.8%的土地已遭受不同程度荒漠化（2017年），其中乌布苏省、中戈壁省、东戈壁省等已完全成为干旱荒漠区；东方省、肯特省等优良草原荒漠化加剧。1.5%的农村人口生活在退化农用地上，其中偏远地区农村人口占1.0%；每年退化土地造成的损失占GDP的43%（2010年）
驱动因子	自然：风蚀、干旱和暴雪 人为：过度放牧，无序开矿

现有主要技术		
技术名称	1. 社区−牧民联合管理草场	2. 季节性休牧/轮牧
效果评价		
存在问题	缺少利益相关者培训，效果不明显	实施效果不明显，牧民积极性有待提高

技术需求		
需求技术名称	1. 人工草地	2. 牧草青贮
功能和作用	提高草地盖度	增加冬季和返青季饲料来源、提高适口性

推荐技术		
推荐技术名称	1. 豆科牧草种植	2. "面包草"青贮加工技术
主要适用条件	发生退化的草地	干旱、半干旱地区和高寒草地

约旦荒漠化区		
国家地理位置	位于亚洲西部，阿拉伯半岛西北，西与巴勒斯坦、以色列为邻，北与叙利亚接壤，东北与伊拉克交界，东南和南部与沙特阿拉伯相连，西南一角濒临红海的亚喀巴湾是唯一出海口	

国家基本情况	自然条件	西部高地属亚热带地中海型气候，气候温和，1月平均气温为7~14℃，7月平均气温为26~33℃。约旦西部山区和约旦河谷地区年均降水量为380~630mm，而东部沙漠地区气候恶劣，日夜温差大，干燥，风沙大，年均降水量低于50mm，国土面积为8.9万km²
	社会经济	2018年约旦GDP约为420.1亿美元，人均GDP为3956美元。2019年人口约为1062万人，人口密度为119.33人/km²，可耕地少，农业发展较为落后，农业生产值占GDP总量的4.2%，水资源短缺成为制约农业发展的最大障碍。主要粮食作物为小麦和大麦

生态退化问题：荒漠化		
退化问题描述	由于区域气候干燥及风力侵蚀等自然驱动作用，加之城市化发展进程的推进，过度放牧、过度开垦等人为影响，该区域荒漠化、生态系统退化和土壤侵蚀等现象日趋严重	
驱动因子	自然：气候干旱、风蚀 人为：过度放牧、过度开垦、城市化	

现有主要技术		
技术名称	1. 人工造林	2. 水循环利用技术
效果评价		
存在问题	物种比较单一	成本高

技术需求		
需求技术名称	1. 防风固沙技术	2. 抗旱品种选育
功能和作用	土壤保持、蓄水保水、增强抗风沙和侵蚀能力	土壤保持、蓄水保水

推荐技术		
推荐技术名称	1. 基于自然的植被恢复技术	2. 土壤秸秆覆盖
主要适用条件	约旦山区和坡地	耕地、绿洲地区

俄罗斯高加索荒漠化区		
国家地理位置	横跨欧亚大陆。邻国西北面有挪威、芬兰，西面有爱沙尼亚、拉脱维亚、立陶宛、波兰、白俄罗斯，西南面是乌克兰，南面有格鲁吉亚、阿塞拜疆、哈萨克斯坦，东南面有中国、蒙古国和朝鲜。东面与日本和美国隔海相望	
国家基本情况	自然条件	从西到东大陆性气候逐渐加强；北冰洋沿岸属苔原气候（寒带气候）或称极地气候，太平洋沿岸属温带季风气候。从北到南依次为极地荒漠、苔原、森林苔原、森林、森林草原、草原带和半荒漠带。年均降水量为 150～1000mm。国土面积为 1709.8 万 km^2，地形以平原和高原为主，地势南高北低，西低东高
	社会经济	农业人口 668.4 万人，仅占总人口的 5%。农牧业并重，主要农作物有小麦、大麦、燕麦、玉米、水稻和豆类。经济作物以亚麻、向日葵和甜菜为主。畜牧业以养殖牛、羊、猪为主

生态退化问题：荒漠化	
退化问题描述	受沙漠侵害的土地面积以每年 40 万～50 万 hm^2 的速度增长，且每年约有 77 万 hm^2 的水浇地出现盐碱化，遭到破坏的植被面积则达到 7000 万 hm^2。卡尔梅克共和国、达吉斯坦共和国和罗斯托夫州位于高加索及邻近地区，三地已出现土地沙化和退化的趋势
驱动因子	自然：干旱 人为：过度开垦

现有主要技术		
技术名称	1. 综合种植土壤改良	2. 菌根接种植被建设
效果评价		
存在问题	技术难度高	需要专业人员培训

技术需求		
需求技术名称	1. 集约用水	2. 饲草种植
功能和作用	保水、改善土壤	减少牧场放牧压力

推荐技术		
推荐技术名称	1. 人工草地	2. 青贮种植
主要适用条件	发生退化的草地	放牧压力较大的草场

澳大利亚荒漠化区		
国家地理位置	位于南太平洋和印度洋之间，由澳大利亚大陆和塔斯马尼亚岛等岛屿和海外领土组成，东濒太平洋的珊瑚海和塔斯曼海，西、北、南三面临印度洋及其边缘海	
国家基本情况	自然条件	跨两个气候带，北部属于热带，由于靠近赤道，1～2月是台风期；南部属于温带，年平均气温北部为27℃，南部为14℃。中西部是荒无人烟的沙漠，干旱少雨，气温高，温差大；在沿海地带，雨量充沛，气候湿润，国土面积为769.2万 km²
	社会经济	总人口2554万人（2019年）。2013年GDP全球排名第12。2019年人均生产总值达到7.2万澳元。农牧业用地440万 km²，占全国土地面积的57%。主要农作物为小麦、大麦、棉花、高粱等，主要畜牧产品为牛肉、牛奶、羊肉、羊毛、家禽等，是世界上最大的羊毛和牛肉出口国

生态退化问题：荒漠化和草地退化		
退化问题描述	沙漠面积为269万 km²，占国土面积35%。到2006年，共有5.7万 km²的土地盐渍化，主要分布在东南和西南角。目前有约500万 km²的土地属干旱和半干旱地区，其中的68%的地区存在荒漠化，其中26%属严重荒漠化，16%属极严重荒漠化	
驱动因子	自然：气候变化 人为：过度开垦、过度放牧	

现有主要技术		
技术名称	1. 季节性休牧/轮牧	2. 封山禁牧
效果评价		
存在问题	减税和补贴成本高	监管难度大、影响牧民收入

技术需求		
需求技术名称	1. 人工草地	2. 草地改良
功能和作用	提高草地盖度	提高植被盖度、提高存活率

推荐技术		
推荐技术名称	1. 土壤改良	2. 乡土种筛选与繁育
主要适用条件	发生严重退化的草地	非适地适草建造的人工草地

斯洛文尼亚石漠化区		
国家地理位置	位于欧洲中南部,巴尔干半岛西北端。西接意大利,北邻奥地利和匈牙利,东部和南部与克罗地亚接壤,西南濒亚得里亚海	
国家基本情况	自然条件	气候分山地气候、大陆性气候和地中海气候。国土面积 20 273km²。特里格拉夫峰为境内最高山峰,海拔 2864m。最著名的湖泊是布莱德湖。夏季平均气温为 21.3℃,冬季平均气温为 -0.6℃,年平均气温为 10.7℃。森林和水资源丰富,森林覆盖率为 66%
	社会经济	2019 年总人口 209 万人。农业在国民经济中的占比逐年下降。2018 年农业用地为 4800km²,农业人口为 8 万人。2019 年人均 GDP2.2 万欧元,人均月收入 1215 欧元
生态退化问题:石漠化		
退化问题描述	国土中近 9000km² 为喀斯特石漠化地貌所覆盖,主要分布在第纳尔山地和北部的东阿尔卑斯山区。第纳尔喀斯特,特别是喀尔斯高原是世界经典喀斯特地区,也是"喀斯特"一词的诞生地	
驱动因子	自然:喀斯特地貌的外力作用、流水的溶蚀和侵蚀作用 人为:过度开垦、过度放牧	
现有主要技术		
技术名称	1. 人工造林	2. 建立自然保护区
效果评价	(雷达图:应用难度、成熟度、效益、适宜性、推广潜力)	(雷达图:应用难度、成熟度、效益、适宜性、推广潜力)
存在问题	幼苗存活率低、后期管护成本高	建设成本较高、后期管护投入高
技术需求		
需求技术名称	1. 水资源高效利用	2. 农林复合经营
功能和作用	蓄水保水、增加产量	提高生产多样产品、充分发挥土地潜力
推荐技术		
推荐技术名称	1. 集雨滴灌	2. 地埂灌木+台地经济林
主要适用条件	降水量小且地下水资源缺乏的地区	立地条件较好的宜林山地

附录四　中国典型脆弱生态区生态技术需求调研问卷

调查目的：

　　本研究为国家重点研发计划项目，旨在进行生态技术评价、优选、推介，以及相应生态技术*的需求分析，促使生态治理和修复的长效运行，推动技术研发和转让。本次调查的目的是识别典型生态退化区的生态技术需求，作为重要利益相关者，您提供的信息非常宝贵。

　　调查问卷的全部内容仅用于科学研究。感谢您的大力支持！

　　(*生态技术：指用于生态治理和修复的技术。)

　　　　　　　　　　　　　中国科学院地理科学与资源研究所
　　　　　　　　　　　　　国家重点研发计划项目
　　　　　　　　　　　　　"生态技术评价方法、指标体系及全球生态治理技术评价"
　　　　　　　　　　　　　"生态退化分布与相应生态治理技术需求分析"课题组

　　　　　　　　　　　　　联系人：甄霖
　　　　　　　　　　　　　E-mail：zhenl@igsnrr.ac.cn
　　　　　　　　　　　　　通讯地址：北京市朝阳区大屯路甲11号
　　　　　　　　　　　　　中国科学院地理科学与资源研究所

填写说明：
请勾选对应选项，或在横线处填写具体内容。

问卷回收：
请将 PDF 版问卷发至联系人邮箱，或打印纸质问卷，填写后拍照返回

【再次感谢您的参与！】

填写日期：_____年_____月_____日

1. 请填写您的个人信息：

姓名：_____ 年龄：_____ 性别：□ 男 □ 女 专业背景：_____

工作单位：_____ 职称/职务：_____ 已从事相关工作的年限：_____年

主要工作内容 [可多选，并填写具体工作内容]：

□ 生态技术研发：_____ □ 生态技术应用：_____

□ 生态技术监测评估：_____ □ 生态技术转让和推广：_____

□ 其他：_____

联系方式：（E-mail：_____ 电话：_____）

2. 请填写您熟悉的生态退化典型区及其退化问题：

（1）您所熟悉的存在生态退化的典型区具体名称及位置 [行政区或流域名称等。每份问卷仅针对 1 个典型区，如有多个请另页填写]：

典型区名称：_____ 具体位置：_____

（2）上述典型区的生态退化属于以下哪种类型 [请选择一类主要退化问题填写，如有多类问题请另页填写]：

□ 荒漠化 □ 水土流失 □ 石漠化 □ 退化生态系统（请填写具体类型）：_____

□ 其他（请填写具体退化类型）：_____

（3）~（6）请根据（1）和（2）所填写的典型区和退化问题作答

（3）针对上述退化类型，请选择其目前的退化程度 [为便于直观评价，仅考虑单一指标，可多选]：

荒漠化	水土流失	石漠化	退化生态系统	其他评价指标：
面积年扩大率（%）	平均侵蚀模数[t/（km² · a）]	0.2km²图斑岩石裸露率（%）	植被总盖度减少率（%）	_____
□ 轻度（<1）	□ 轻度（<2500）	□ 潜在（20~30）	□ 轻度（11~20）	□ 轻度（____）
□ 中度（1~2）	□ 中度（2500~5000）	□ 轻度（30~50）	□ 中度（20~30）	□ 中度（____）
□ 重度（2~5）	□ 强烈（5000~8000）	□ 中度（50~70）	□ 重度（>30）	□ 重度（____）
□ 极重度（>5）	□ 极强烈（8000~15 000）	□ 重度（70~90）		
	□ 剧烈（>15 000）	□ 极重度（>90）		

（4）生态退化的主要驱动因子 [可多选]：

自然：
□ 风蚀　　　□ 干旱
□ 水蚀　　　□ 洪涝
□ 重力侵蚀　□ 病虫害
□ 盐渍化　　□ 其他 1 _____
□ 冻融　　　□ 其他 2 _____

人为：
□ 过度开垦　□ 基础设施建设
□ 过度放牧　□ 其他 1 _____
□ 过度樵采　□ 其他 2 _____
□ 水资源过度开发
□ 工矿开采

（5）退化发生的年代 [单选]：

□ 距今 50 年以上 □ 距今 30~50 年 □ 距今 10~30 年 □ 距今 0~10 年

（6）是否已应用生态技术？

□ 是（应用的初始年代/年份：_____）

□ 否（请忽略问题 3，直接回答问题 4）

3. 在上述典型生态退化区，采取的主要生态技术有哪些 [建议按单项技术逐列填写]：

(1) 已应用技术的具体名称 [请填写单项技术名称，如梯田、淤地坝]：	技术 1 名称：_____	技术 2 名称：_____
(2) 该技术在上述典型区应用评分： 成熟度：技术体系完整性、稳定性和先进性。 应用难度：技术应用过程中对使用者技能素质的要求及技术应用的成本。 适宜性：技术与应用区域发展目标、立地条件、经济需求、政策法律配套的一致程度。 技术效益：技术应用后对生态、经济和社会带来的促进作用。 推广潜力：在未来发展过程中该项技术持续使用的优势。	指标　1-低　2　3　4　5-高 成熟度 □ □ □ □ □ 应用难度 □ □ □ □ □ 适宜性 □ □ □ □ □ 效益 □ □ □ □ □ 推广潜力 □ □ □ □ □	指标　1-低　2　3　4　5-高 成熟度 □ □ □ □ □ 应用难度 □ □ □ □ □ 适宜性 □ □ □ □ □ 效益 □ □ □ □ □ 推广潜力 □ □ □ □ □
(3) 该技术在上述典型区应用中存在的具体问题 [请在对应选项处填写具体表现，可多选]：	①出现新的生态退化问题或趋势： □ 气候变化剧烈：_____ □ 人类干扰加剧：_____ □ 其他：_____ ②技术带来生态与环境问题或消耗更多资源： □ 环境污染：_____ □ 耗水过多：_____ □ 其他：_____ □ 技术应用中存在的其他问题： _____ _____ □暂无	①出现新的生态退化问题或趋势： □ 气候变化剧烈：_____ □ 人类干扰加剧：_____ □ 其他：_____ ②技术带来生态与环境问题或消耗更多资源： □ 环境污染：_____ □ 耗水过多：_____ □ 其他：_____ □ 技术应用中存在的其他问题： _____ _____ □暂无

4. 您认为还需要引进哪些技术，以更好地解决当前技术应用中存在的问题［建议按单项需求技术逐列填写］：

（1）需求技术的具体名称或技术描述［技术描述限15个字以内］：	需求技术1： _____	需求技术2： _____
（2）该需求技术的类型［单选］：	□ 生物　　□ 农作　　□ 工程 □ 其他（请填写）：_____	□ 生物　　□ 农作　　□ 工程 □ 其他（请填写）：_____
（3）该需求技术的功能和作用［可多选］：	□ 土壤保持　　　□ 防风固沙 □ 蓄水保水　　　□ 水质维护 □ 增加土壤抗蚀性　□ 维持生物多样性 □ 水源涵养　　　□ 防灾减灾 □ 增加植被覆盖　□ 农田保护 □ 拦截径流　　　□ 提高产量 □ 拦沙减沙　　　□ 其他_____ □ 减少重力侵蚀　_____	□ 土壤保持　　　□ 防风固沙 □ 蓄水保水　　　□ 水质维护 □ 增加土壤抗蚀性　□ 维持生物多样性 □ 水源涵养　　　□ 防灾减灾 □ 增加植被覆盖　□ 农田保护 □ 拦截径流　　　□ 提高产量 □ 拦沙减沙　　　□ 其他_____ □ 减少重力侵蚀
（4）该需求技术适用的地类［请填写具体类型，如旱地和水田、灌木和疏林地等，可多选］：	□ 林地_____　□ 未利用地_____ □ 草地_____　□ 水域_____ □ 耕地_____　□ 其他_____	□ 林地_____　□ 未利用地_____ □ 草地_____　□ 水域_____ □ 耕地_____　□ 其他_____
（5）该需求技术作用的具体部位［可多选］：	植被　　　　　环境要素 □ 叶　　　　　□ 土壤结构 □ 茎　　　　　□ 土壤养分 □ 根　　　　　□ 水量 □ 花　　　　　□ 水质 □ 果实　　　　□ 气温 □ 种子/基因　　□ 光照 □ 群落/景观结果　□ 风 □ 其他（请填写）：□ 其他（请填写）： _____　_____	植被　　　　　环境要素 □ 叶　　　　　□ 土壤结构 □ 茎　　　　　□ 土壤养分 □ 根　　　　　□ 水量 □ 花　　　　　□ 水质 □ 果实　　　　□ 气温 □ 种子/基因　　□ 光照 □ 群落/景观结果　□ 风 □ 其他（请填写）：□ 其他（请填写）： _____　_____
（6）该需求技术应用的关键适宜性因子［如仅适用于平原或501~1000m地区等，可多选］：	地形地貌　　坡度（°）　土壤厚度（cm） □ 平原/高原　□ >25　　　□ 0~20 □ 山脊　　　□ 15~25　　□ 20~50 □ 山坡　　　□ 6~15　　 □ 50~80 □ 山脚　　　□ 2~6　　　□ 80~120 □ 谷底　　　□ 0~2　　　□ >120 年均降水量　海拔　　　其他因子 （mm）　　（m a.s.l.）（请填写因子名称和适宜范围）： □ >4000　　□ >4000 □ 3000~4000　□ 3500~4000 □ 2000~3000　□ 3000~3500 □ 1500~2000　□ 2500~3000 □ 1000~1500　□ 2000~2500 □ 750~1000　□ 1500~2000 □ 500~750　□ 1000~1500 □ 250~500　□ 500~1000 □ <250　　□ <500	地形地貌　　坡度（°）　土壤厚度（cm） □ 平原/高原　□ >25　　　□ 0~20 □ 山脊　　　□ 15~25　　□ 20~50 □ 山坡　　　□ 6~15　　 □ 50~80 □ 山脚　　　□ 2~6　　　□ 80~120 □ 谷底　　　□ 0~2　　　□ >120 年均降水量　海拔　　　其他因子 （mm）　　（m a.s.l.）（请填写因子名称和适宜范围）： □ >4000　　□ >4000 □ 3000~4000　□ 3500~4000 □ 2000~3000　□ 3000~3500 □ 1500~2000　□ 2500~3000 □ 1000~1500　□ 2000~2500 □ 750~1000　□ 1500~2000 □ 500~750　□ 1000~1500 □ 250~500　□ 500~1000 □ <250　　□ <500

(7) 您从哪里了解到该技术 [可多选]:	□ 实地调研。技术应用的典型区名称和位置： _____	□ 实地调研。技术应用的典型区名称和位置： _____
	□ 主要研发或应用机构。机构名称和所在位置：	□ 主要研发或应用机构。机构名称和所在位置：
	□ 公开出版物。包括期刊/专著/报告等，请填写作者、出版物名称和年份中的任意两项：	□ 公开出版物。包括期刊/专著/报告等，请填写作者、出版物名称和年份中的任意两项：
	□ 学术交流。请填写会议名称和年份或相关推荐人姓名和工作单位：	□ 学术交流。请填写会议名称和年份或相关推荐人姓名和工作单位：
	□ 网络信息。如新闻报道等，请填写网站名称或网址：	□ 网络信息。如新闻报道等，请填写网站名称或网址：
	□ 其他： _____	□ 其他： _____

5. 请根据您的知识和经验，对上述需求技术在问题 2（1）中填写的典型区应用的可行性及预期效果进行判断和打分 [请根据指标的变化趋势打分：–2-强烈负向变化，–1-微弱负向变化，0-无变化/影响，1-微弱正向变化，2-强烈正向变化；如有其他相关指标，请填写其名称并打分]：

评价维度	需求技术 1						需求技术 2					
	指标名称	–2	–1	0	1	2	指标名称	–2	–1	0	1	2
（1）生态与环境	①植被覆盖度	□	□	□	□	□	①植被覆盖度	□	□	□	□	□
	②土壤侵蚀量	□	□	□	□	□	②土壤侵蚀量	□	□	□	□	□
	③土壤有机质含量	□	□	□	□	□	③土壤有机质含量	□	□	□	□	□
	④径流量	□	□	□	□	□	④径流量	□	□	□	□	□
	⑤水质	□	□	□	□	□	⑤水质	□	□	□	□	□
	⑥自然灾害风险	□	□	□	□	□	⑥自然灾害风险	□	□	□	□	□
	⑦环境污染风险	□	□	□	□	□	⑦环境污染风险	□	□	□	□	□
	⑧其他1： _____	□	□	□	□	□	⑧其他1： _____	□	□	□	□	□
	⑨其他2： _____	□	□	□	□	□	⑨其他2： _____	□	□	□	□	□
	指标名称	–2	–1	0	1	2	指标名称	–2	–1	0	1	2
（2）经济	①作物/牧草/木材产量	□	□	□	□	□	①作物/牧草/木材产量	□	□	□	□	□
	②生产收益/投入比	□	□	□	□	□	②生产收益/投入比	□	□	□	□	□
	③农牧户收入	□	□	□	□	□	③农牧户收入	□	□	□	□	□
	④产品多样性	□	□	□	□	□	④产品多样性	□	□	□	□	□
	⑤形成产业链/市场优势	□	□	□	□	□	⑤形成产业链/市场优势	□	□	□	□	□
	⑥其他1： _____	□	□	□	□	□	⑥其他1： _____	□	□	□	□	□
	⑦其他2： _____	□	□	□	□	□	⑦其他2： _____	□	□	□	□	□

	指标名称	-2	-1	0	1	2	指标名称	-2	-1	0	1	2
	①粮食安全	□	□	□	□	□	①粮食安全	□	□	□	□	□
	②居民健康状况	□	□	□	□	□	②居民健康状况	□	□	□	□	□
	③扶贫减贫	□	□	□	□	□	③扶贫减贫	□	□	□	□	□
	④受教育/就业机会	□	□	□	□	□	④受教育/就业机会	□	□	□	□	□
（3）社会文化	⑤当地居民认知和接受意愿	□	□	□	□	□	⑤当地居民认知和接受意愿	□	□	□	□	□
	⑥缓解土地权属/邻里矛盾	□	□	□	□	□	⑥缓解土地权属/邻里矛盾	□	□	□	□	□
	⑦缓解宗教信仰冲突	□	□	□	□	□	⑦缓解宗教信仰冲突	□	□	□	□	□
	⑧其他1：_____	□	□	□	□	□	⑧其他1：_____	□	□	□	□	□
	⑨其他2：_____	□	□	□	□	□	⑨其他2：_____	□	□	□	□	□
	指标名称	-2	-1	0	1	2	指标名称	-2	-1	0	1	2
	①政策法规（保障技术有效实施的相关政策法规完备）	□	□	□	□	□	①政策法规（保障技术有效实施的相关政策法规完备）	□	□	□	□	□
	②机构设置（设有保障技术有效实施的协调机构）	□	□	□	□	□	②机构设置（设有保障技术有效实施的协调机构）	□	□	□	□	□
（4）机制保障	③资金投入（中央和地方投资充裕）	□	□	□	□	□	③资金投入（中央和地方投资充裕）	□	□	□	□	□
	④社区参与（从规划到实施全程参与）	□	□	□	□	□	④社区参与（从规划到实施全程参与）	□	□	□	□	□
	⑤监测评估（有效的技术监测和评估体系）	□	□	□	□	□	⑤监测评估（有效的技术监测和评估体系）	□	□	□	□	□
	⑥其他1：_____	□	□	□	□	□	⑥其他1：_____	□	□	□	□	□
	⑦其他2：_____	□	□	□	□	□	⑦其他2：_____	□	□	□	□	□

附录五　中国典型脆弱生态区生态技术评价及技术需求评估表
（中国"一区一表"）

甘肃定西水土流失区			
地理位置	位于甘肃省中部，地处黄土高原和西秦岭山地交汇区，位于我国北方农牧交错带西段，103°52′E ~ 105°13′E，34°26′N ~ 35°35′N		
案例区描述	自然条件	属温带半湿润和中温带半干旱气候区，总面积1.96万km²，海拔1420~3941m，年均气温7℃，年均降水量350~600mm，年均蒸发量1400mm，年均无霜期122~160天。土壤以黄绵土、灰钙土为主。植被类型从北到南为荒漠草原、干旱草原、草甸草原	
	社会经济	辖六县一区，常住人口280.8万人（2017年），其中城镇人口96.4万人（占总人口34.3%），农村人口184.4万人。现有耕地1210万亩，城镇、农村居民全年人均可支配收入分别为22 543元和6855元（2019年）	

生态退化问题：水土流失			
退化问题描述	水土流失面积15 800km²，占全市土地总面积的80.6%；年均流失泥沙总量约8786万t，占黄河年均输沙量的5.6%，年均土壤侵蚀模数5253t/km²，严重地区高达12 000t/km²，年流失土层厚度4~10mm		
驱动因子	自然：水蚀 人为：过度开垦		
治理阶段	处于生态治理中期阶段，以小流域为单元，遵循"荒山封禁造林、坡地退耕种草、梯田覆膜种薯、沟道筑坝拦蓄"的治理开发模式，实行山、水、林、田统一规划，规模治理，综合开发		

现有主要技术			
技术名称	1. 乔灌草空间配置	2. 梯田	3. 淤地坝
效果评价			
存在问题	未能针对不同环境（海拔、坡向、降水）匹配物种	部分梯田质量较差；道路修建不合理，机械化程度较低	部分淤地坝滞洪能力不足、未能定时维护检修、缺少配套的排水技术

技术需求		
需求技术名称	1. 植物护坡	2. 林分改造
功能和作用	保持水土、保护农田	增加植被盖度、拦截径流、涵养水源

推荐技术		
推荐技术名称	1. 缓冲植被带	2. 近自然林
主要适用条件	坡度小于15°的山地	立地条件较好的宜林山地

甘肃天水罗玉沟流域水土流失区			
地理位置	位于甘肃省天水市北郊,地处黄土高原丘陵沟壑区第三副区,是耤河(渭河一级支流)支沟,105°30′E ~ 105°45′E,34°34′N ~ 34°40′N		
案例区描述	自然条件	属温带大陆性季风气候,流域呈狭长羽状,总面积71.2km², 海拔1165 ~ 1895m,年均气温10.7℃,年均降水量554.2mm,年均蒸发量1293mm,年均无霜期184天。土壤以山地褐色土、山地灰褐土和冲积土为主。流域内乔木均为人工种植	
	社会经济	天水市常住人口333万人(2017年),其中城镇人口134万人(40%)、农村人口199万人(60%)。城镇、农村居民全年人均可支配收入分别为24 612元、7693元(2018年)。罗玉沟流域农耕地占流域总面积的55.0%,主要农作物有小麦、玉米、马铃薯,近年来经济林发展较快,以樱桃、苹果、杏、梨、核桃为主	
生态退化问题:水土流失			
退化问题描述	流域内水土流失面积47.9km²,占流域总面积67.6%,年均径流量30 700m³/km², 年均土壤侵蚀模数7500t/km²		
驱动因子	自然:水蚀 人为:过度开垦		
治理阶段	1941年成立"农林部水土保持实验区"开始水土保持实验研究,现为"黄河水土保持天水治理监督局/天水水土保持科学试验站";1956 ~ 1983年,以罗玉沟试验场为中心的试验研究和以农村基点为典型的示范推广在流域展开;1984 ~ 1998年,作为黄土高原丘陵沟壑区第三副区的代表流域进行观测试验研究;1999年至今,开始实施黄河水土保持生态工程耤河示范区总体规划下的规模治理及监测评价		
现有主要技术			
技术名称	1. 梯田	2. 淤地坝	3. 人工造林种草
效果评价			
存在问题	劳动力成本高、破坏动植物栖息地	坝体损毁,存在安全隐患;维修养护难度较高;缺乏配套的防汛管理	树种过于单一,病虫害易发
技术需求			
需求技术名称	1. 提高人工植被存活率		2. 农林复合经营
功能和作用	提高植被成活率、降低抚育成本、提高生产水平		提高产品多样性、充分发挥土地潜力
推荐技术			
推荐技术名称	1. 套笼植树		2. 地埂灌木+台地经济林
主要适用条件	树苗易受到家畜、鼠兔啃食危害的地区		立地条件较好的宜林山地

陕西榆林水土流失区			
地理位置	位于陕西省最北部,与山西、宁夏、甘肃、内蒙古交界,地处黄土高原和毛乌素沙地南缘的交界处,位于北方农牧交错带中心,107°28′E ~ 111°15′E,36°57′N ~ 39°35′N		
案例区描述	自然条件	温带半干旱大陆性季风气候,土地面积为 42 921.1km²,年均气温 10℃,年均降水量 400mm,年均日照时数 2593 ~ 2914h。土壤以粟钙土、黑垆土为主。北部为风沙草滩区(占总面积的 42%),南部为黄土丘陵沟壑区(占总面积的 58%)	
	社会经济	下辖 1 市 2 区 9 县,常住人口 340.3 万人(2017 年),其中城镇人口 196.5 万人(占总人口 57.7%),农村人口 143.8 万人(42.3%)。全市居民全年人均可支配收入 22 183 元,城镇、农村居民全年人均可支配收入分别为 31 317 元和 12 034 元(2018 年)	

生态退化问题:水土流失			
退化问题描述	水土流失面积 41 700km²,占全市土地总面积的 95.69%,年均土壤侵蚀模数 12 200t/km²,相当于每年流失近 1cm 的表土层,局部地区高达 44 800t/km²,是黄河中游水土流失最严重的区域,12 个县(区、市)皆为全国水土流失重点治理地区		
驱动因子	自然:干旱、水蚀 人为:过度开垦、过度人类活动		
治理阶段	处于生态治理全面发展阶段,近年来致力于丰富沙区造林树种的多样性,建立沙化土地产权制度,建立荒漠生态效益补偿制度,构建特色经济林果产业体系等		

现有主要技术			
技术名称	1. 淤地坝	2. 梯田	3. 人工造林种草
效果评价			
存在问题	工程设计的环境针对性有待提高;管护维修难度较高;配套设施不完善	劳动力成本高;后期的管理、维护不到位	建植树种单一,因地选种有待加强;管护维修难度较高

技术需求		
需求技术名称	1. 边坡防护	2. 梯田加固
功能和作用	蓄水保水、增加植被盖度	土壤保持、农田保护、防灾减灾

推荐技术		
推荐技术名称	1. 坡面植被种植	2. 配套排水渠+陡坎加固
主要适用条件	坡地	>3°的坡地

甘肃敦煌荒漠化区			
地理位置	位于甘肃省西北部，地处河西走廊最西端，92°13′E～95°30′E，39°40′N～41°40′N		
案例区描述	自然条件	属暖温带干旱气候，总面积31 200km²，平均海拔1139m，年均气温9.9℃，年均降水量42mm，年均蒸发量2500mm，年均日照时数3200h，年均无霜期152天。土壤以灌淤土为主。天然植被以旱生灌木、草本植物为主	
	社会经济	下辖9镇，2017年常住人口19.0万人，其中城镇人口12.8万人，农村人口6.2万人。绿洲面积仅1400km²（占总面积的4.5%），农作物播种面积116km²。城镇、农村居民全年人均可支配收入分别为31 332元、16 583元	

生态退化问题：荒漠化			
退化问题描述	沙化土地面积7551km²，占全市土地总面积的24.2%，其中，中度和重度荒漠化土地占荒漠化土地总面积的65%		
驱动因子	自然：风蚀 人为：水资源过度利用（抽水灌溉、旅游业发展需求）		
治理阶段	处于荒漠化治理中期阶段，遵循"南护水源、中建绿洲、西拒风沙、北通疏勒"的总体规划；紧抓流域水量合理分配、农业高效节水灌溉、节水型社会建设工程、"引哈济党"工程、生态治理和修复、流域综合管理调度六方面的工作		

现有主要技术			
技术名称	1. 农林间作	2. 固沙林带	3. 石方格
效果评价			
存在问题	抚育管理难度高	幼苗存活率低	砾石需求大，但多依赖于从区外购买，成本较高，运输困难

技术需求		
需求技术名称	1. 土壤防蚀	2. 水资源高效利用
功能和作用	土壤保持、增加土壤抗蚀性、保护农田	蓄水保水

推荐技术		
推荐技术名称	1. 绿洲区秸秆覆盖防蚀	2. 集雨滴灌
主要适用条件	蒸发量过高或易受到风沙危害的农田	降水量小且地下水资源缺乏的地区

内蒙古锡林郭勒荒漠化区

地理位置	位于内蒙古自治区中部，111°59′E～120°00′E，42°32′N～46°41′N	
案例区描述	自然条件	属温带大陆性气候，总面积20.3万km²，草地面积17.96万km²，海拔800～1800m，年均气温0～3℃，年均降水量295mm，年均蒸发量1500～2700mm，年均日照时数2800～3200h，无霜期110～130天。土壤有黑土、黑钙土等多种类型。植被类型为草甸草原、典型草原、荒漠草原
	社会经济	常住人口105.83万人（2019年），其中城镇人口70.56万人，农村人口35.33万人，汉族人口66.4万人，蒙古族人口33.1万人。人均可支配收入32 460元，城镇、农村居民人均可支配收入分别为40 778元、17 391元

生态退化问题：荒漠化

退化问题描述	锡林郭勒盟草地普查结果（2009年）表明：全盟沙化草地面积19 400km²（占全盟草地总面积10.1%），其中重度沙化3200km²（占草地总面积1.64%），中度沙化草地面积8300km²（4.31%），轻度沙化草地面积7900km²（4.07%）
驱动因子	自然：干旱、大风 人为：过度开垦、过度放牧
治理阶段	2000～2018年，依托京津风沙源治理、退耕还林等重点生态工程，累计完成防沙治沙林业生态建设任务1954万亩。目前处于治理中期阶段，主要措施包括强化科技，注重成效，不断加大防沙治沙适用技术的推广应用和科技支撑力度，重点推广抗旱造林、雨季容器苗造林、飞播造林、工程固沙等先进适用技术，聘请科研院所为科技支撑单位，把科研、推广与生产有机结合，提高防沙治沙的质量和成效

现有主要技术

技术名称	1. 禁牧/休牧/轮牧	2. 飞播种草	3. 舍饲
效果评价			
存在问题	监管难度高、动态监测难度大、影响牧民收入	成本较高、管护跟不上	成本高（种植、棚圈、青贮窖等）、对牧民舍饲养殖知识有较高要求

技术需求

需求技术名称	1. 基于自然的人工建植	2. 人工养殖
功能和作用	提高植被盖度、维护生物多样性	减轻草场放牧压力

推荐技术

推荐技术名称	1. 草地群落近自然配置	2. 高产饲草料种植技术
主要适用条件	需人工补植的退化草地	草场资源有限的牧区

宁夏中卫沙坡头荒漠化区			
地理位置	隶属于宁夏回族自治区中卫市，位于宁夏、甘肃、内蒙古三省（自治区）交界、腾格里沙漠的东南缘，104°17′E ~ 106°10′E，36°06′N ~ 37°50′N		
案例区描述	自然条件	属温带大陆性气候，总面积6877km²，海拔1100 ~ 2955m，年均气温9.6℃，年均降水量186.6mm，年均蒸发量3000mm，年均日照时数2776h，无霜期约179天。土壤以风沙土为主，沙层厚度一般在20 ~ 30m，最厚达50m	
	社会经济	2017年，常住人口41.1万人，其中城镇人口22.9万人，农村人口18.2万人，城镇化率55.7%。汉族人口37.2万人，占总人口90.5%，回族人口2.7万人，占总人口6.6%。城镇、农村居民全年人均可支配收入分别为26 488元和11 249元	

生态退化问题：荒漠化			
退化问题描述	自然景观以沙漠为主，植被稀少，地表裸露，荒漠化依然严重，生态环境十分脆弱		
驱动因子	自然：干旱、风蚀 人为：过度开垦、过度放牧、水资源过度开发		
治理阶段	治理始于20世纪50年代（1955年沙坡头沙漠研究试验站成立，1958年包兰铁路竣工）；80年代形成以麦草方格为核心的"五带一体"治沙体系；1984年成立中国第一个"沙漠自然生态保护区"；"十一五"以来开展"三北"防护林4期工程、退耕还林工程、天然林资源保护工程及自治区"六个百万亩"生态林业建设工程等重点项目。目前着力于发展沙产业，包括沙漠林业、风能发电、光伏发电、沙漠旅游		

现有主要技术			
技术名称	1. 草方格沙障	2. 固沙林带	3. 人工生物结皮
效果评价			
存在问题	劳动力成本高；麦草获得难，抗腐蚀性差	幼苗存活率低	尚处于研发阶段；成本高，存活率低；对环境条件要求高

技术需求		
需求技术名称	1. 新型沙障	2. 化学固沙
功能和作用	防风固沙，与传统材料相比抗腐蚀性强、运输方便、污染小、成本低	防风固沙

推荐技术		
推荐技术名称	1. 聚乙烯沙障	2. 合成高分子类化学固沙
主要适用条件	易受风沙侵害的地区	易受风沙侵害的地区，常用于机场、铁路和公路沿线

甘肃民勤荒漠化区			
地理位置	位于甘肃省中部，地处河西走廊东北部，东西北三面被腾格里、巴丹吉林沙漠包围，101°49′E ~ 104°12′E，38°3′N ~ 39°27′N		
案例区描述	自然条件	属温带大陆性干旱气候，总面积 15 800km²，平均海拔 1400m，年均气温 8.8℃，年均降水量 113.2mm，年均蒸发量 2675.6mm，年均日照时数 3134.5h，无霜期约 152 天。土壤以灰棕漠土、风沙土为主。土地类型为荒漠戈壁、沙质草地及少量的绿洲（约 1800km²，占总面积 11.39%）	
	社会经济	下辖 18 个镇，2017 年常住人口 24.1 万人，其中城镇人口 7.3 万人（占总人口 30.3%），农村人口 16.8 万人。2016 年城镇、农村居民全年人均可支配收入分别为 20 340 元、11 250.2 元，2018 年退出甘肃省贫困县	
生态退化问题：水土流失区			
退化问题描述	荒漠化面积已达 15 200km²，占全县土地总面积的 96.2%。其中，极重度荒漠化面积为 5760km²（占总面积的 36.46%），重度荒漠化面积为 2650km²（占总面积的 16.77%），中度荒漠化面积为 4414km²（占总面积的 29.74%）。其中风蚀荒漠化面积 13 200km²（占荒漠化土地总面积的 86.84%），盐渍化面积 1260km²（占荒漠化土地总面积的 8.29%）		
驱动因子	自然：干旱、鼠害 人为：超载过牧、过度开发活动		
治理阶段	先后实施了国家重点公益林、"三北"防护林、退耕还林、封沙育草等生态工程。目前处于治理中期阶段，着力点在节水，主要工作包括灌区节水改造并严格落实水资源管理制度；调整农业结构，以水定产、以水定规模、以水布局；加大生态配水比例		
现有主要技术			
技术名称	1. 人工造林	2. 自然封育	3. 草方格沙障
效果评价			
存在问题	造林树种单一，因地选种不足；管护维修难度较高	封育后群落结构单一	劳动力成本高；麦草获得难且易降解
技术需求			
需求技术名称	1. 新型沙障		2. 水资源高效利用技术
功能和作用	防风固沙（耐腐蚀、成本低、无污染）		蓄水保水、提高产量
推荐技术			
推荐技术名称	1. 聚乙烯沙障		2. 集雨滴灌
主要适用条件	易受风沙侵害的地区		降水量少且地下水资源缺乏的地区

云南泸西石漠化区			
地理位置	隶属于云南省红河哈尼族彝族自治州，地处云南省东南部，地处 $103°30'E \sim 104°03'E$，$24°15'N \sim 24°46'N$		
案例区描述	自然条件	属亚热带季风气候区，干湿分明，夏季多雨，冬季干旱。泸西县土地总面积 $1674km^2$，海拔 $820 \sim 2459m$，位于南盘江小河口，气候差别较大。年均气温 $13 \sim 14℃$，年均降水量 $1000mm$ 左右，气温较低，影响农作物的生长发育；农业可利用水资源匮乏，有效灌溉面积较少，大部分耕地属雨养农业，农作物产量低而不稳；母岩以石灰岩红壤、砂页岩黄红壤为主	
	社会经济	农业人口占比 99.3%，少数民族人口占比 16.2%；农业人口人均占有耕地 1.5 亩；人口密度 121 人/km^2	
生态退化问题：石漠化			
退化问题描述	石漠化总面积 $746.6km^2$，占全县土地面积的 44.6%。"壮年小树被盗伐，砍倒林木就开荒，耕地多林地少，只见红土不见树"是当地退化问题的真实写照		
驱动因子	自然：基岩裸露、地形陡峭 人为：过度开垦、过度樵采		
治理阶段	2010 年开始综合治理和水资源合理开发利用，主要措施是修建田间生产道路、排灌沟渠、水池水窖等		
现有主要技术			
技术名称	1. 封育	2. 经果林	3. 坡改梯
效果评价			
存在问题	封育补贴成本高	产量不稳定	机整梯田和配套设施成本高
技术需求			
需求技术名称	1. 耐干旱贫瘠、抗逆性强树种		2. 水资源开发利用
功能和作用	土壤保持、蓄水保水、增加土壤抗蚀性		蓄水保水
推荐技术			
推荐技术名称	1. 欧李（钙果）种植		2. 地下河提水
主要适用条件	阳坡砂地、山地灌丛，海拔 $100 \sim 1800m$		岩溶地下水富集处

贵州关岭石漠化区			
地理位置	关岭布依族苗族自治县隶属于贵州省安顺市，位于贵州省西南部		
案例区描述	自然条件	海拔565~1432m，地形自西南向东北倾斜，切割较强，耕地零星破碎，碳酸盐广泛分布，水源奇缺；气温时空分布不均，5~10月降水量占全年总降水量的83%，海拔850m以下为南亚热带干热河谷气候，900m以上为中亚热带河谷气候，95%的面积为石谷兀地	
	社会经济	1990年以前（治理前），片区内95%的人口长期靠吃救济粮为生，人均粮食不足100kg，人均收入不足200元，是全县最贫困的地区；治理后，片区95%以上农户种植花椒，2008年底，人均年纯收入达到了5000多元	

生态退化问题：石漠化			
退化问题描述	土壤肥力低，荒山荒坡及石质坡地占用比例过高，原生植被破坏严重，村民放火烧山、毁林毁草种地开垦，加剧了水土流失，石漠化严重。2006年以前，全县约67.9%的土地发生轻度及以上石漠化，中度石漠化比例达37.8%		
驱动因子	自然：基岩裸露 人为：过度开垦、过度樵采		
治理阶段	1992年，以"因时因地制宜，改善生态环境，依靠中粮稳农，种植花椒致富"的治理思路，在顶坛片区发展花椒产业		

现有主要技术			
技术名称	1. 封育	2. 经果林	3. 坡改梯
效果评价			
存在问题	封育补贴成本高	产量不稳定、花椒品种老化	机整梯田和配套设施成本高

技术需求		
需求技术名称	1. 花椒高产技术	2. 稳定的替代性新能源
功能和作用	提高经济效益、保水保土	节约资源、维护环境清洁

推荐技术		
推荐技术名称	1. 花椒高产种植和管理技术+林下种养	2. 小型沼气工程联户供气+生物质能源利用
主要适用条件	农作区	养殖户

贵州毕节鸭池石桥小流域石漠化区

地理位置	鸭池镇隶属于贵州省毕节市七星关区，位于七星关区东南部，地处城郊，是毕节市七星关区的第一工业重镇，距离毕节市中心7km	
案例区描述	自然条件	流域面积854.1hm²，喀斯特面积占总面积的90.9%。属喀斯特高原峰丛山地地貌区，气候温凉，年均气温14℃，水源点大多出露低洼地带；现存植被为次生林，大部分分布在山坡中上部
	社会经济	农地多分布在山坡上，水资源利用困难，灌溉用水和人畜饮水较为困难。坡耕地占比大于90%，综合生产力低且产量不稳定，人口密度大（374 人/km²），99.8%为农业人口

生态退化问题：石漠化

退化问题描述	陡坡开垦，植被破坏。流域土地总面积中52.8%发生轻度及以上等级石漠化，耕地的60%发生石漠化
驱动因子	自然：水土流失严重 人为：过度开垦
治理阶段	在2006~2010年进行了封山育林、人工造林、农田水利建设等试验示范，并在石桥小流域进行了多项技术措施的空间优化组合

现有主要技术

技术名称	1. 生物坡改梯	2. 人工种草（粮草间作）	3. 封育
效果评价			
存在问题	成本较高	存在物种适应性低、外来物种入侵问题	管护成本高、潜在的复垦问题

技术需求

需求技术名称	1. 坡改梯高效生物配套	2. 本土草种筛选
功能和作用	土壤保持、蓄水保水、增加植被盖度	增加植被盖度

推荐技术

推荐技术名称	1. 经济型生物地埂	2. 筛选本地野生优良草种
主要适用条件	农作区	草地

广西环江石漠化区			
地理位置	环江毛南族自治县隶属于广西壮族自治区河池市，位于广西西北部，地处云贵高原东南缘，107°51′E～108°43′E，24°44′N～25°33′N		
案例区描述	自然条件	属南亚热带向中亚热带过渡的季风气候区，平均海拔300～800m；年均气温南部丘陵一带19.9℃，北部山区15.7℃。全县1月平均气温10.1℃，7月平均气温28℃。无霜期290天，年均日照时数4422h；年均降水量1750mm，年均蒸发量1571.1mm；境内土壤有红壤、黄红壤、黄壤、棕色石灰土、黑色石灰土五个土壤亚类。成土母岩以石灰岩和砂页岩为主，砂岩、页岩次之	
	社会经济	2017年，常住人口28.21万人，其中农村人口19.55万人，占常住人口的69.30%。2018年全县人均GDP为20 003元，城镇居民全年人均可支配收入26 979元，农村居民全年人均可支配收入9907元	
生态退化问题：石漠化			
退化问题描述	全县有岩溶土地328 697.7hm²，占全县土地面积的72.2%，占广西岩溶土地面积的3.9%。其中，石漠化面积为29 176.6hm²，占全县岩溶土地面积的8.9%，占广西石漠化面积的2%；潜在石漠化土地124 483.6hm²，占全县岩溶土地面积的37.9%。土地石漠化每年造成该县大量水土流失和耕地破坏，洪涝、山体滑坡等次生灾害频发。全县岩溶地区每年水土流失量约为600t/hm²，受影响耕地约2000hm²，因灾损失1000余万元，超10万人基本生存条件受到威胁		
驱动因子	自然：岩溶地貌发育，基岩裸露程度大，地质构造、干旱和内涝、侵蚀 人为：过度开垦、过度樵采		
治理阶段	1996年，迁出约40%的村民，共计75户220人，在生态移民、石山生态恢复的基础上，发展果树、种草和养殖业，但尚未形成稳定的产业		
现有主要技术			
技术名称	1. 封育	2. 梯田	3. 炸石造地
效果评价			
存在问题	不合理开垦耕种现象仍存在、农民生计问题有待解决、管护成本高	无法改变（地下）水土流失状况；土层薄、施工成本高；增加地表扰动；施肥污染	应用范围有限，带来环境问题；成本较高
技术需求			
需求技术名称	1. 水土流失阻控技术		2. 土壤保水技术
功能和作用	土壤保持、蓄水保水、增加土壤抗蚀性、拦截径流		蓄水保水
推荐技术			
推荐技术名称	1. 保水剂		2. 岩溶洼地工程排水技术
主要适用条件	年均降水量200mm以上（400mm以上效果更佳）		岩溶洼地落水洞

广西平果果化石漠化区		
地理位置	隶属于广西壮族自治区百色市平果县，位于广西西南部	
案例区描述	自然条件	属亚热带季风气候，年均降水量约1500mm，5～8月降水量占全年的65%；海拔110～570m；典型的喀斯特峰丛洼地，纯灰岩和硅质灰岩，土层贫瘠，水土流失严重；治理前植被覆盖率不足10%，乔木树种单一
	社会经济	2000年，人均耕地面积不足0.06hm^2，粮食作物以玉米、黄豆为主，大部分耕地没有基本的灌溉条件或设施，田间管理粗放，作物产量低（玉米不足3000km/hm^2），种养和劳务输出是居民主要的来源，人均纯收入658元

生态退化问题：石漠化	
退化问题描述	2004～2005年，重度石漠化占全镇土地总面积的61.5%，中度石漠化占土地总面积的16.5%
驱动因子	自然：基岩裸露、土层贫瘠 人为：过度开垦
治理阶段	植被覆盖率由2000年的10%提高到2016年的70%，土壤侵蚀模数由1550kg/km^{2}下降到511kg/km^2

现有主要技术		
技术名称	1. 土壤改良	2. 表层岩溶水资源开发利用	3. 经果林
效果评价			
存在问题	成本高、推广限制条件多	成本高、地质环境脆弱	缺少完整的产业链

技术需求	
需求技术名称	1. 岩溶地下水资源开发	2. 绿色种植土壤改良
功能和作用	解决地表水快速流失和干旱问题	改善土壤肥力

推荐技术	
推荐技术名称	1. 表层岩溶泉蓄引取水	2. 土壤改良益生菌
主要适用条件	地下水开采困难的山区	肥力较差的耕地

内蒙古锡林郭勒退化草地		
地理位置	位于内蒙古自治区中部，111°59′E ~ 120°00′E，42°32′N ~ 46°41′N	
案例区描述	自然条件	属温带大陆性气候，总面积20.3万km²，草地面积17.96万km²，海拔800 ~ 1800m，年均气温0 ~ 3℃，年均降水量295mm，年均蒸发量1500 ~ 2700mm，年均日照时数2800 ~ 3200h，无霜期110 ~ 130天。土壤有黑土、黑钙土等多种类型。植被类型为草甸草原、典型草原、荒漠草原
	社会经济	常住人口105.83万人（2019年），其中城镇人口70.56万人，农村人口35.33万人，汉族人口66.4万人，蒙古族人口33.1万人。人均可支配收入32 460元，城镇、农村居民人均可支配收入分别为40 778元、17 391元

生态退化问题：退化草地	
退化问题描述	2000年草地退化总面积达到1450.57万hm²，占锡林郭勒盟草地总面积的80.26%，其中轻度退化面积约644.74万hm²（约占锡林郭勒退化草地总面积的44.45%）；中度退化面积539.27万hm²（37.18%）；重度退化面积约266.55万hm²（18.37%）
驱动因子	自然：干旱 人为：过度开垦、过度放牧
治理阶段	目前处于生态治理中期阶段，针对30万亩退化草场开展人工种草、划区轮牧等生态治理工程，依托"科研单位+企业+合作社+牧民"合作模式，使区域内草原生态环境得到改善的同时带动牧民增收

现有主要技术		
技术名称	1. 围栏封育	2. 禁牧/休牧/轮牧	3. 以草定畜
效果评价			
存在问题	影响野生动物跨区域觅食	监管难度高、影响牧民收入	监管难度高、缺乏对草地状况的动态监测

技术需求		
需求技术名称	1. 近自然的人工建植	2. 高效的人工建植
功能和作用	提高植被盖度、维护生物多样性	提高植被盖度、降低成本

推荐技术		
推荐技术名称	1. 草地群落近自然配置	2. 飞播
主要适用条件	需要补植的退化草地	平地或者缓坡

内蒙古太仆寺旗盐碱化草地			
地理位置	隶属于内蒙古自治区锡林郭勒盟，南面与河北沽源交界，西面和河北康保相邻，地处 119°14′E ~ 125°57′E，43°50′N ~ 45°50′N		
案例区描述	自然条件	属温带大陆性气候，总面积 850km²，以低山、平原、漫岗为主，海拔高度 1300 ~ 1400m，年平均气温-2.4℃，年均降水量 300 ~ 450mm，无霜期 113 天。地带性土壤多为淡栗钙土和栗钙土，植被类型为典型草原	
	社会经济	太仆寺旗户籍人口 208 685 人，其中蒙古族有 7044 人，汉族有 193 605 人；城镇人口 37 202 人（占总人口 17.8%），农村人口 171 483 人（82.2%）。城镇居民人均可支配收入 33 034 元，农村居民人均可支配收入 10 621 元；城镇居民人均消费性支出 21 729 元，农村居民人均生活消费支出 8235 元	

生态退化问题：盐碱化草地	
退化问题描述	太仆寺旗南部贡宝拉格盐碱化草地面积为 97.4km²，占太仆寺旗草地总面积的 13.8%，其中轻度、中度、重度盐碱化面积分别为 40km²、50km² 和 6.4km²，分别占太仆寺旗草地总面积的 5.7%、7.2% 和 0.9%
驱动因子	自然：干旱 人为：过度利用
治理阶段	目前处于治理中期阶段，坚持保护优先、自然恢复为主的方针，强化土壤修复，与科研院所合作实施"重度盐碱化草地生态修复"项目，筛选适宜盐碱地种植的优质牧草品种。同时人为干预后促进了植物（赖草）在盐碱地的生长，固定随风漂移的"碱面"

现有主要技术		
技术名称	1. 轮作抗盐碱作物	2. 排碱沟	3. 退耕还林
效果评价			
存在问题	管护成本高	耗水量大、劳动强度大	树木管护及灌溉成本高、效益较低

技术需求	
需求技术名称	1. 盐碱地建植	2. 盐碱土改良
功能和作用	增加盐碱地植被盖度、固定碱面	改良盐碱地土壤理化性质

推荐技术	
推荐技术名称	1. 耐盐碱牧草的选育	2. 牧草修复盐碱地
主要适用条件	盐碱化草地	盐碱化草地

青海三江源退化高寒草甸

地理位置	位于青藏高原腹地，青海南部，西南与西藏接壤，东部与四川毗邻，89°24′E ~ 102°41′E，31°39′N ~ 36°16′N，为长江、黄河、澜沧江三条大河的发源地。从行政区划看，包括青海果洛藏族自治州的玛多、玛沁、达日、甘德、久治、班玛和海南藏族自治州的贵南、兴海、同德，玉树藏族自治州的称多、杂多、治多、曲麻莱、囊谦和玉树，黄南藏族自治州泽库和河南以及格尔木唐古拉		

案例区描述	自然条件	平均海拔 3500 ~ 4800m；青藏高原亚热带半湿润区和半干旱区，属内陆高原气候；日照时数多，总辐射量大，光能资源丰富；夏季凉爽，冬季寒冷，热量资源差；降水时空分布差异显著；雪灾、大风、沙暴等气象灾害多。植被类型以高寒草甸、高寒沼泽草甸、高寒草原为主
	社会经济	现有人口 55.6 万人，其中藏族人口占 90% 以上。畜牧业生产水平低而不稳，经济发展相对落后

生态退化问题：退化草地

退化问题描述	退化草地面积大，退化速度加快；草地产草量和载畜能力下降；水土流失严重，生态平衡失调；鼠害加剧
驱动因子	自然：气候暖干化、鼠害 人为：超载放牧
治理阶段	三江源生态保护和建设一期工程（2005 ~ 2013 年）：生态退化趋势得到初步遏制。水资源量增加近 80 亿 m³，草地产草量整体提高了 30%。 三江源生态保护和建设二期工程（2014 ~ 2020 年）治理目标：到 2020 年，林草植被得到有效保护，森林覆盖率由 4.8% 提高到 5.5%；草地植被覆盖度平均提高 25% ~ 30%；土地沙化趋势有效遏制，可治理沙化土地治理率达 50%，沙化土地治理区内植被覆盖率达 30% ~ 50%

现有主要技术

技术名称	1. 围栏封育	2. 生态补偿（草原奖补）	3. 生态移民
效果评价	应用难度 5.0 推广潜力 成熟度 适宜性 效益	应用难度 5.0 推广潜力 成熟度 适宜性 效益	应用难度 5.0 推广潜力 成熟度 适宜性 效益
存在问题	围栏使草原分割，加剧围栏内过牧；影响野生动物迁徙和觅食	生态补偿的补偿标准确定存在争议	经济成本巨大，且需要进一步解决移民生计问题

技术需求

需求技术名称	1. 灭鼠技术	2. 人工建植技术
功能和作用	增加植被盖度、防灾减灾	增加植被盖度、维持生物多样性

推荐技术

推荐技术名称	1. 招鹰架/鹰巢生物灭鼠	2. 多年生人工草地混播建植 （燕麦、中华羊茅、披碱草、冷地早熟禾）
主要适用条件	黑土滩（坡度小于 7°）	黑土滩（坡度小于 7°）

西藏林周高寒退化草地		
地理位置	位于西藏中部、拉萨河上游，90°51′E~91°28′E，29°45′N~30°08′N	
案例区描述	自然条件	属高原季风气候，平均海拔4200m，年均气温5℃，年均降水量491mm，年均日照时数3000h，无霜期120天。天然植被类型为灌丛草原、高寒草甸、高寒草原
	社会经济	下辖1个镇、9个乡，总人口约7万人，有汉族、苗族、回族等少数民族，耕地总面积120km²，占拉萨市耕地面积的30%，人均耕地面积0.17hm²，是西藏主要农区及半农半牧区，2018年退出西藏贫困县

生态退化问题：退化草地	
退化问题描述	河谷及山麓草地严重退化加快，退化面积达全县土地总面积的60%以上；草地产草量及载畜能力下降；水土流失严重，草畜失衡鼠害加剧，并引发山体滑坡、泥石流等自然灾害
驱动因子	自然：冻融、鼠兔灾害 人为：过度放牧
治理阶段	2005年开始退牧还草工程；目前处于治理中期阶段，与中国科学院合作（2018年起），依托退化草地治理技术、人工牧草高产栽培技术、饲草加工技术、高效养殖技术集成，探索生态和生产协同可持续发展模式，开展"生态+科技+扶贫"生态治理模式

现有主要技术		
技术名称	1. 人工种草	2. 围栏禁牧	3. 半舍饲

效果评价			
存在问题	草种单一、缺少配套设施（遮阳网等）	影响野生动物跨区域觅食、影响牧民收入	缺少冬春饲草料、缺少配套的放牧管理优化技术

技术需求		
需求技术名称	1. 节水灌溉	2. 牧草储藏
功能和作用	蓄水保水、提高产量	保存及运输饲草、解决冬春饲草供给问题

推荐技术		
推荐技术名称	1. 光伏节水灌溉	2. 草饲料人工脱水+草饼干
主要适用条件	水资源短缺且太阳能丰富的地区	需要贮藏和运输饲草的地区

宁夏盐池退化草地		
地理位置	隶属于宁夏回族自治区吴忠市，位于宁夏东部，属鄂尔多斯高原，北接毛乌素沙地，南靠黄土高原，106°33′E～107°47′E，37°04′N～38°10′N	
案例区描述	自然条件	属大陆性季风气候，总面积8522.2km²，年均气温8.4℃，年均降水量350～250mm，年均蒸发量2100mm，年均无霜期160天。土壤以灰钙土、风沙土为主。主要植被类型为荒漠草原，另有人工灌溉草地3227km²（占全区总面积的37.9%）
	社会经济	下辖4乡4镇，总人口17.2万人，农村人口14.3万人（占总人口的83%），城镇人口2.9万（占总人口的17%），回族人口4000余人。城镇、农村居民人均可支配收入分别为24 677元、9549元。天然草原5580km²（占土地总面积的64.3%），耕地887km²，是宁夏旱作节水农业和滩羊、甘草的主产区，2018年退出宁夏贫困县

生态退化问题：退化草地	
退化问题描述	退化草地约5550km²（占全县草地总面积的99.6%），其中重度退化4570km²，以每年113km²速度增长。优良牧草数量锐减，产草量与20世纪50年代相比，下降了30%～50%。1992～2000年，全县年均大风9次，沙尘暴8次，扬沙天气45次
驱动因子	自然：干旱、风蚀 人为：过度放牧、过度人类活动
治理阶段	目前处于生态治理中期阶段。近年来，按照"北治沙，中治水，南治土"的治理思路，坚持"五个结合"：草原禁牧与舍饲相结合、封山育林与退牧还草相结合、生物措施与工程措施相结合、建设保护与开发利用相结合、移民搬迁与迁出地生态恢复相结合

现有主要技术		
技术名称	1. 封山禁牧	2. 补播改良	3. 乔灌草空间配置
效果评价		
存在问题	监管难度大、影响牧民收入	配套保护措施不完善（禁牧围封、灭鼠杀虫）	物种选配环境的针对性有待提高

技术需求	
需求技术名称	1. 草地改良	2. 可持续草地利用
功能和作用	增加植被盖度、提高存活率	防治草地退化、防风固沙、维持生物多样性

推荐技术	
推荐技术名称	1. 乡土种筛选与繁育	2. 划区轮牧，季节性放牧
主要适用条件	需人工补植的退化草地	放牧压力过大的草场